现代生物技术前沿

赵国屏 等 编著

("863"生物高技术丛书)

生物信息学

科学出版社
北京

内 容 简 介

本书是"863"生物高技术丛书之一。生物信息学是一门新兴学科,它以获取、加工、储存、分配、分析和释读生物信息为手段,综合运用数学、计算机科学和生物学工具,以达到理解数据中的生物学含义的目的。本书力求从各个重要的角度反映生物信息学今天的面貌:比较全面地介绍了生物信息学的若干个主要分支,并特别介绍了与人类基因组研究相关的生物信息学的一些较新的成果;着重介绍了数据库和数据库的查询、序列的同源比较及其在生物进化研究中的应用;以生物芯片中的生物信息学问题为例,介绍与基因表达相关的生物信息学问题;还介绍了蛋白质结构研究中的生物信息学问题,以及与分子设计和药物设计相关的生物信息学技术。

本书可供生物信息学专业和生命科学相关专业的本科生、研究生和教学科研人员阅读学习,也可供相关的科技和应用机构的科研、管理和决策人员参考。

图书在版编目(CIP)数据

生物信息学/赵国屏等编著.—北京:科学出版社,2002.4
 ("863"生物高技术丛书)
 ISBN 978-7-03-009895-5

Ⅰ.生… Ⅱ.赵… Ⅲ.生物信息学 Ⅳ.Q811.4

中国版本图书馆 CIP 数据核字(2001)第 089676 号

科 学 出 版 社 出版
北京东黄城根北街16号
邮政编码:100717
http://www.sciencep.com

北京盛通商印快线网络科技有限公司 印刷
科学出版社发行 各地新华书店经销
*
2002年4月第 一 版 开本:787×1092 1/16
2019年1月第六次印刷 印张:13
字数:280 000
定价:50.00元
(如有印装质量问题,我社负责调换)

"863"生物高技术丛书编辑委员会

丛书主编：

侯云德　强伯勤　沈倍奋

丛书编委会（按姓氏汉语拼音排序）：

陈永福　陈章良　陈　竺　丁　勇　顾健人　侯云德
黄大昉　贾士荣　李育阳　刘　谦　卢兴桂　马大龙
强伯勤　沈倍奋　唐纪良　许智宏　杨胜利　赵国屏

《生物信息学》编辑委员会

主　编：赵国屏

编著者（按姓氏汉语拼音排序）：

陈　军　　陈凯先　　陈润生　　顾红雅　　蒋华良

来鲁华　　李亦学　　陆祖宏　　罗静初　　罗小民

孙　啸　　王金玲　　赵国屏

丛 书 序 I

生物技术是20世纪末期,在现代分子生物学等生命科学的基础上,发展起来的一个新兴独立的技术领域,已被广泛应用于医疗保健、农业生产、食品生产、生物加工、资源开发利用、环境保护,对农牧业、制药业及其相关产业的发展有着深刻的影响,成为全球发展最快的高技术之一。在近20余年的时间里,各种生物新技术不断涌现。20世纪70年代创建了重组DNA技术和杂交瘤技术之后,动植物转基因技术、细胞大规模培养技术,以及近几年的基因组学、蛋白质组学、生物信息学、组合化学、生物芯片技术和自动化药物筛选技术等相继发展起来。可以说,生物技术的范围在不断地扩展,进入了蓬勃发展的新阶段。

我国的生物技术在"国家高技术研究与发展(863)计划"的支持下,经过全国生物技术科技人员15年的努力拼搏,在农业生物技术和医药生物技术的研究和开发方面都取得了很大的进展。一方面,我们在研究上取得了一批国际影响的创新成果,并获得一批拥有了自己知识产权的专利;另一方面,在开发上已有一批生物技术产品进入市场,还有相当一批产品正在研究开发中;海洋生物技术和环境生物技术也已起步。目前,生物技术研究和产业化已引起了全社会的关注,并将成为我国21世纪的一个新兴支柱产业。

在辞别20世纪,迈入21世纪之际,"863"计划生物领域专家委员会回顾我国生物技术发展历程,展望生物技术发展前景,编写了"'863'生物高技术丛书"。借此机会,我希望所有从事生物技术研究和开发的科技人员,要进一步团结拼搏,增强创新意识,注重成果转化,为我国生物技术不断发展壮大做出新的贡献!

2000年7月15日

丛 书 序 Ⅱ

生物技术是20世纪末人类科技史中最令人瞩目的高新技术,为人类解决疾病防治、人口膨胀、食物短缺、能源匮乏、环境污染等一系列问题带来了希望。国际上科学家和企业家公认,信息技术和生物技术是21世纪关系到国家命运的关键技术和作为创新产业的经济发展增长点。

生物技术是指有机体的操作技术。它从史前时代起就一直为人类所开发利用,造福于人类。在我国的悠久历史中,传统的生物技术在民族经济的发展中一直起重要作用,特别是农业。据传,在石器时代的早期,神农氏曾传授人民如何种植谷物,并实行轮作制度;在石器时代的后期,我国早就善于酒精发酵;在公元前221年的周代后期,我国就能制作豆腐并酿制酱油和醋,其所用基本技术沿用至今。公元前200年,在我国最早的诗集——《诗经》中就提到过采用厌氧菌进行亚麻浸渍处理。早在16世纪,我国的医生就知道,被疯狗咬可以传播狂犬病。公元10世纪,就有了预防天花的活疫苗,到了明朝(1368～1644),这种疫苗就广泛用于大量人群接种,此后,这种疫苗接种技术通过有名的丝绸之路传入欧洲国家。

1953年Watson和Crick提出了脱氧核糖核酸(DNA)的双螺旋结构模型,阐明了它是遗传信息的携带者,从而开辟了现代分子生物学的新纪元。DNA分子是所有生命机体发育和繁殖的蓝本。众所周知,一切生命活动主要是蛋白质的功能,而蛋白质是由基因编码的。60年代初就破译了"遗传密码"。生命现象千姿百态,但生命体的本质却有高度的一致性。它们的蛋白质都是由20种氨基酸以肽键连接而成,核酸都由4种核苷酸以磷酸二酯键构成,其遗传密码在整个生物界也基本一致。于70年代,科学家们发展了一种新技术,也就是众所周知的DNA重组技术。它向人们提供了一种手段,人们可以在试管内,根据人们的意愿来操作基因、改造基因,新的基因信息可以转入一种简单的生命体中,如大肠杆菌,或转入另一种机体,借以提供一种手段来改造谷物和家畜品种,或生产有效药物,制作疫苗和一系列自然蛋白质,或进行基因治疗。显然,新生物技术是一场革命,是生产力的一次解放,被认为是20世纪人类的一项最伟大贡献,它必将深刻地促进世界经济的发展。

广义的新生物技术包括基因工程、细胞工程、发酵工程和酶工程,但新技术的核心是基因工程技术,它能带动其他生物技术的发展,最具有革命性。

近20年来,国际上生物技术飞跃发展,特别是基因操作技术、生物治疗技术、转基因动植物、人类和其他生命体基因组工程、基因治疗技术、蛋白质工程技术、生物信息技术、生物芯片技术等。生物技术的创新正在带动着生物技术巨大产业的发展,它包括基因药物、重组疫苗、生物芯片、生物反应器、基因工程抗体、基因治疗与细胞治疗、组织工程、转基因农作物、兽用生物制品、生物技术饲料、胚胎移植工程、基因工程微生物农药、环保、海洋生物,以及现代生物技术对发酵、制药、轻工食品等传统产业的改造等领域。

目前,生物技术产业与信息产业相比较还处于发展初期,至1998年全世界共有生物技术公司3600余家,主要集中在美国和欧洲,其中年产值超过10亿美元的有约20家。生物技术产业在20年中市场总值增加了50多倍;涨幅最快是在近10年,例如美国在1980年生物技术产品的销售额还处于零增长,1991年达到59亿美元,1996年为101亿美元,1998年增至147亿美元;目前,生物技术仍保持25%左右的增长速度,20%左右的融资率和12.5%就业增长率以及8.76%平均股市涨幅。另一方面,也要看到,美国的1300余家生物技术公司中上市公司为300家,而赢利的公司约为20家,这是由于生物技术产品的研究和开发周期较长,因此从整体看生物技术产业还处在投入阶段。从另一方面来看,尽管美国公司的赢利公司不多,但赢利公司的数量却在稳步上升。

1999年全球生物技术产品的总销售额约为500亿美元,而产生的间接经济效益超过3000亿美元,全球有一半以上的人直接享用过生物技术产品。其主要产品为医药产品、农产品和食品。

我国自1986年实施"863"计划以来的15年中,现代生物技术的开发研究与产业化进入飞速发展阶段:二系法杂交稻的开发与推广对我国的粮食增产起了重要作用,2000年已推广5000万亩以上。1993年我国第一例转基因作物抗病毒烟草进入了大田试验,1997年第一例转基因耐贮存番茄获准进行商品化生产,至1999年5月共有6种转基因作物投放市场。2000年我国转基因抗虫棉花种植面积超过550万亩。1990年我国研制了第一例转基因家畜,1991年山羊克隆获得成功,生物技术饲料添加剂已经实现了规模化生产。我国自1989年第一种基因药物——重组α1b干扰素获准投放市场以来,至1999年我国已有18种基因药物和疫苗获准进行商业化生产,另有26种基因药物处于临床前或临床Ⅰ、Ⅱ期试验,我国生物技术医药产业已初具规模。我国已列为人类基因组计划国际大协作的成员国,承担完成1%的任务,美、英、日、法、德、中科学家于2000年6月26日宣布人类基因组全部DNA序列的工作框架图已经完成。我国在国际上首先发现神经性耳聋的基因,基因治疗已有4个项目进入临床试验阶段,生物芯片技术的开发研究与产业化正在与国际上同步发展。15年来我国在生物技术领域中取得的成就是举世瞩目的,同时还培养了一大批中青年科技人才,为21世纪初"S-863"计划的实施和生物高技术产业化奠定了扎实的基础,也将为21世纪初我国的经济建设做出应有的贡献。

本丛书是在科学技术部中国生物工程开发中心、"863"计划生物技术领域专家委员会的领导下,由在第一线从事"863"生物高技术研究与开发的科技人员撰写的系列丛书。本丛书包括了农、医生物技术的各个方面,不仅基本上概括了近10年来国际上的研究进展和发展趋势,而且还全面反映了我国"863"计划实施15年来在生物技术领域取得的进展和成果。本丛书的出版无疑将进一步推动我国生物技术开发研究和产业化的进程,促进我国经济的持续发展。同时,本丛书也是培养新一代青年生物技术科学家的重要教科书。

2000年1月16日

前　言

生物信息学（bioinformatics）是一门新兴的交叉学科。它所研究的材料是生物学的数据，而它进行研究所采用的方法，则是从各种计算技术衍生出来的。在历史上，生物信息学也曾经被称为"计算生物学"。随着基因组研究的日益深入，生物学数据积累出现了前所未有的飞跃。首先，数据增长的速度之快，已经只有计算机芯片计算能力的增长能与之相匹配（Moore 定律，每 18 个月翻一番的指数增长）；其次，数据的本质出现了从生理生化数据向遗传信息飞跃以及进一步向遗传与结构功能相互关系信息的飞跃。因此，基因组研究启动以来的十年，是生物学研究真正从往日的以描述、定性研究为主的"经典"模式中脱胎，逐步进入以机制、定量研究为主的"信息生物学"模式的十年，是生物信息学技术不断发展的十年。

我国生物信息学的研究和应用最早应追溯到分子生物学时代和计算机时代之前在生物统计方面进行的工作，譬如群体遗传学方面的工作。虽然这方面的工作具有极大的发展潜力，但是，没有分子生物学提供遗传学研究的工具，没有现代的计算机和计算技术提供数据处理的平台，这些工作只能停留在理论模建的阶段。"文化大革命"之后，随着分子生物学特别是蛋白质晶体结构解析能力的提高和蛋白质工程技术的发展和应用，在国家"863"计划等高科技计划的支持下，以蛋白质分子结构的计算及模拟为代表的"计算生物学"技术在我国有了一定的发展。进入 20 世纪 90 年代后期，随着基因组研究在我国的蓬勃发展，我国科学工作者不失时机地开始发展基因组信息技术。应该说，在过去的五年中（第九个五年计划期间），我国基因组信息技术的发展，特别是普及的速度是前所未有的。本书的出版，从一个侧面反映了我国科学家在这方面努力的成果。

生物信息学不仅是一门新兴的学科，随着基因组研究的发展，它又是一门覆盖面极广的综合性学科。本书力求从各个重要的角度反映生物信息学今天的面貌。第一章导论，除比较全面地介绍了生物信息学的各个分支外，强调了与人类基因组研究相关的生物信息学的一些较新的成果。第二、三章着重介绍了数据库和数据库的查询，这是生物信息学和生物信息技术的基础。第四章着重介绍序列的同源比较及其在生物进化研究中的应用，这是今天的实验生物学家运用最为普遍的生物信息技术。第五章以生物芯片中的生物信息学问题为例，介绍与基因表达相关的生物信息学问题，可以预见，随着大规模基因表达谱和蛋白质组研究的发展，这一内容将获得更为广泛的关注。第六章介绍蛋白质结构研究中的生物信息学问题，这些问题对于研究生物分子的结构与功能关系的读者一定是有吸引力的。第七章介绍与分子设计和药物设计相关的生物信息学技术，这一点可能是今后生物信息学应用研究中最为吸引人的部分之一，也是我国今后生物信息学发展的一个重要方面。

遗憾的是，生物信息学的许多重要组成部分未能在本书中得到反映，这固然与本人的能力有限有关，也与我们的一些科学家工作繁忙，无暇顾及写作有关。好在本书只是旨在对生物信息学作一般性的介绍，读者如果通过阅读本书，感觉到生物信息学的重要，并对生物信息学研究的入门有一定的认识，本书的作者们也就感到是完成了任务。

本书的作者们都是在科研第一线从事生物信息学或与生物信息学相关研究的科学家。我对于他们在百忙中完成这一写作任务表示深切的感谢！由于时间限制，我们写作和编辑中难免有错误或问题，希望得到同行们的批评和指正。

我国生物学家正在积极参与基因组的各个层次上的研究工作，他们对发展生物信息学研究、应用生物信息技术具有强烈的需求。另一方面，我国又有特别优秀的物理学和数学基础，我国已经有一批物理学家和数学家积极地投入了生物信息学的研究。因此，生物信息学的研究在我国有望取得突破性成果，这对于增强我国在基础研究领域的实力，在某些方面占据国际领先地位是十分重要的。生物信息学成果的应用也会产生巨大的社会效益和经济效益，为实现我国的社会发展、人民幸福、国家富强贡献力量。本书作者们愿与读者们一起努力，为开创生物信息学发展的大好局面而继续努力。

赵国屏
2001年9月17日

目 录

丛书序 Ⅰ

丛书序 Ⅱ

前言

第一章　生物信息学：导论 …………………………………………………（1）
　一、什么是生物信息学？ ……………………………………………………（1）
　二、生物信息学的研究现状与发展趋势 ……………………………………（4）
　三、生物信息学的生物学内涵 ………………………………………………（6）
　　（一）基因与基因组的信息学 ……………………………………………（7）
　　（二）基因表达的信息学：大规模基因功能表达谱的分析 ……………（20）
　　（三）生物大分子的三维结构信息：蛋白质结构模拟与分子设计 ……（21）
　　（四）代谢和疾病发生途径的信息 ………………………………………（22）
　四、生物信息学的信息学内涵 ………………………………………………（23）
　　（一）生物信息数据库 ……………………………………………………（23）
　　（二）分析工具的发展 ……………………………………………………（26）
　五、生物信息学的应用与发展研究 …………………………………………（26）
　　（一）与疾病相关的基因信息及相关算法和软件开发 …………………（26）
　　（二）建立与动、植物良种繁育相关的基因组数据库，发展分子标记辅助育种技术
　　　　 ………………………………………………………………………（27）
　　（三）研究与发展药物设计软件和基于生物信息的分子生物学技术 …（27）
　六、生物信息学研究和发展中的交叉学科和大科学特点 …………………（28）
　　（一）实验生物学家和计算生物学家 ……………………………………（28）
　　（二）三种科学文化的融合 ………………………………………………（29）
　　（三）跨越整个生命科学的大科学 ………………………………………（29）

第二章　分子生物信息数据库 ………………………………………………（33）
　一、分子生物信息数据库简介 ………………………………………………（33）
　　（一）基因组计划和数据库 ………………………………………………（33）
　　（二）分子生物信息数据库种类 …………………………………………（37）
　二、基因组数据库 ……………………………………………………………（41）
　　（一）GDB …………………………………………………………………（42）
　　（二）AceDB ………………………………………………………………（42）
　三、序列数据库 ………………………………………………………………（43）
　　（一）核酸序列数据库 ……………………………………………………（43）
　　（二）EMBL 和 GenBank 数据库格式 …………………………………（44）
　　（三）常用蛋白质序列数据库 ……………………………………………（50）

（四）其他蛋白质序列数据库 ·· (56)
　四、结构数据库 ··· (57)
　　（一）蛋白质结构数据库 PDB ·· (58)
　　（二）蛋白质结构分类数据库 SCOP 和 CATH ·························· (64)
　五、二次数据库 ··· (66)
　　（一）基因组信息二次数据库 ·· (66)
　　（二）蛋白质序列二次数据库 ·· (68)
　　（三）蛋白质结构二次数据库 ·· (71)

第三章　数据库查询和数据库搜索 ·· (75)
　一、简介 ·· (75)
　二、数据库查询系统 Entrez ·· (75)
　　（一）Entrez 系统使用方法 ·· (76)
　　（二）Entrez 系统的特点 ·· (80)
　三、数据库查询系统 SRS ·· (80)
　　（一）SRS 系统使用方法 ·· (81)
　　（二）SRS 系统的特点 ·· (84)
　四、数据库搜索简介 ·· (85)
　　（一）核苷酸碱基和氨基酸残基代码表 ································ (85)
　　（二）相似性和同源性 ·· (86)
　　（三）局部相似性和整体相似性 ······································ (87)
　　（四）相似性计分矩阵 ·· (88)
　五、数据库搜索工具 BLAST ·· (89)
　　（一）程序简介 ·· (89)
　　（二）BLAST 程序运行实例 ·· (92)

第四章　序列的同源比较及分子系统学和分子进化分析 ·························· (93)
　一、简介 ·· (93)
　二、相似序列的获得 ·· (93)
　　（一）BLAST ·· (94)
　　（二）与 BLAST 相关的一些知识 ····································· (97)
　　（三）获得同源序列的其他方法 ······································ (99)
　三、多序列比对 ··· (101)
　四、系统发育分析 ··· (104)
　　（一）系统树的构建方法 ··· (105)
　　（二）常用的系统树构建程序 ······································· (107)
　　（三）一些需要注意的问题 ··· (111)
　　（四）COG 数据库 ··· (111)
　五、其他分子标记在生物系统学中的应用 ································· (112)
　　（一）RFLP（restriction fragment length polymorphism）标记 ········· (113)
　　（二）PCR 扩增片段长度的多样性 ··································· (113)

（三）SNP 标记 …………………………………………………………………（114）
　　（四）同工酶 …………………………………………………………………（115）
第五章　生物信息学与基因芯片 …………………………………………………（118）
　一、概述 …………………………………………………………………………（118）
　　（一）基因芯片简介 …………………………………………………………（118）
　　（二）基因芯片对于生物分子信息检测的作用和意义 ……………………（121）
　　（三）基因芯片研究和应用中所涉及到的生物信息学问题 ………………（123）
　二、基因芯片设计及优化 ………………………………………………………（124）
　　（一）基因芯片设计的一般性原则 …………………………………………（124）
　　（二）DNA 变异检测型芯片与基因表达型芯片的设计 ……………………（126）
　　（三）cDNA 芯片与寡核苷酸芯片的设计 …………………………………（126）
　　（四）寡核苷酸探针的优化设计 ……………………………………………（127）
　　（五）基因芯片的优化 ………………………………………………………（129）
　三、基于芯片的序列分析 ………………………………………………………（129）
　　（一）测定未知序列 …………………………………………………………（129）
　　（二）直接检测目标序列 ……………………………………………………（130）
　　（三）DNA 序列突变检测分析 ………………………………………………（130）
　　（四）SNP 分析 ………………………………………………………………（131）
　四、基于芯片的基因功能分析 …………………………………………………（133）
　　（一）基因表达分析 …………………………………………………………（133）
　　（二）高密度基因表达芯片 …………………………………………………（133）
　　（三）基因表达图谱 …………………………………………………………（134）
　　（四）寻找基因功能 …………………………………………………………（135）
　五、基因芯片检测结果的分析 …………………………………………………（135）
　　（一）荧光检测图像处理 ……………………………………………………（135）
　　（二）检测结果分析 …………………………………………………………（136）
　　（三）检测结果可靠性分析 …………………………………………………（136）
　六、基因芯片信息的管理和利用 ………………………………………………（136）
　　（一）基因芯片信息管理 ……………………………………………………（136）
　　（二）数据集成和交叉索引 …………………………………………………（137）
　　（三）数据的可比性和归一化问题 …………………………………………（138）
　　（四）基因芯片信息的利用 …………………………………………………（138）
　七、基于基因芯片的数据挖掘及可视化 ………………………………………（138）
　　（一）数据挖掘 ………………………………………………………………（138）
　　（二）基因芯片的多元数据结构 ……………………………………………（139）
　　（三）数据相似程度的量化与距离矩阵 ……………………………………（140）
　　（四）聚类分析 ………………………………………………………………（140）
　　（五）聚类分析结果的树图表示 ……………………………………………（143）
　　（六）基因芯片数据的可视化和与数据库的链接 …………………………（143）

八、基因转录调控网络分析 …………………………………………………………（144）
　　　（一）布尔网络模型 ………………………………………………………………（144）
　　　（二）线性组合模型 ………………………………………………………………（145）
　　　（三）加权矩阵模型 ………………………………………………………………（145）
　　　（四）互信息关联网络 ……………………………………………………………（146）

第六章　蛋白质结构预测的原理与方法 …………………………………………………（149）
　一、引言 ……………………………………………………………………………………（149）
　二、影响蛋白质折叠的因素 ……………………………………………………………（150）
　三、蛋白质结构分析及蛋白质结构数据库 ……………………………………………（151）
　　　（一）有关氨基酸残基的信息 ……………………………………………………（151）
　　　（二）周期性的二级结构 …………………………………………………………（151）
　　　（三）非同期性的二级结构 ………………………………………………………（152）
　　　（四）残基间的相互作用及埋藏 …………………………………………………（152）
　　　（五）超二级结构 …………………………………………………………………（152）
　　　（六）蛋白质结构数据库 …………………………………………………………（152）
　　　（七）蛋白质结构域的折叠模式与蛋白质结构分类数据库 ……………………（153）
　　　（八）蛋白质的进化 ………………………………………………………………（157）
　四、二级结构预测 ………………………………………………………………………（158）
　　　（一）二级结构预测概况 …………………………………………………………（158）
　　　（二）Chou-Fasman方法 …………………………………………………………（158）
　　　（三）GOR方法 ……………………………………………………………………（158）
　　　（四）最近邻居方法 ………………………………………………………………（159）
　　　（五）神经网络方法 ………………………………………………………………（159）
　　　（六）基于多重序列比对的二级结构预测 ………………………………………（159）
　　　（七）二级结构预测的准确度 ……………………………………………………（159）
　　　（八）二级结构在线预测（online prediction）…………………………………（160）
　五、三级结构预测 ………………………………………………………………………（160）
　　　（一）同源蛋白质结构预测 ………………………………………………………（160）
　　　（二）蛋白质折叠类型识别 ………………………………………………………（161）
　　　（三）蛋白质结构从头预测 ………………………………………………………（164）
　六、蛋白质结构预测发展趋势 …………………………………………………………（165）

第七章　生物信息学与药物设计 …………………………………………………………（168）
　一、当代生物医药研究所面临的困难 …………………………………………………（168）
　二、现代生物学给生物医药带来的发展契机 …………………………………………（168）
　三、基因组学、蛋白质组学和生物信息学在药物研究中的应用 ……………………（169）
　　　（一）选择药物作用靶标的标准 …………………………………………………（170）
　　　（二）候选药物作用靶标的发现 …………………………………………………（171）
　　　（三）靶标有效性的验证 …………………………………………………………（174）
　　　（四）药物作用机制的研究 ………………………………………………………（175）

（五）药物的药代动力学及毒理性质的研究 …………………………………………（176）
四、计算机辅助药物设计 ……………………………………………………………………（177）
　　（一）间接药物设计 ……………………………………………………………………（177）
　　（二）直接药物设计 ……………………………………………………………………（178）
　　（三）药物设计实例 ……………………………………………………………………（179）
五、未来药物研究方法展望 …………………………………………………………………（184）
　　（一）人类基因组和生物信息学的发展，将为药物设计研究开辟更广阔的空间 ……
　　　　………………………………………………………………………………………（184）
　　（二）超级计算机的发展将为复杂生物体系的理论计算和药物设计创造有利的条件
　　　　………………………………………………………………………………………（184）
　　（三）计算机辅助药物设计与组合化学技术相结合将显示巨大威力 ………………（185）
　　（四）基于结构的药物设计将向基于作用机制的药物设计方向发展 ………………（185）

第一章

生物信息学：导论

世纪之交，人类基因组计划已经取得了决定性的成功。自全长 1.8Mb 的流感嗜血菌（*Haemophilus influenzae* Rd）基因组序列于 1995 年发表（Fleischmann et al., 1995）以来，数十种模式生物，包括大量微生物（数据参阅：http://www.tigr.org/）以及酵母（Goffeau et al., 1997）、线虫（The *Caenorhabditis elegans* Sequencing Consortium, 1998）、果蝇（Myers et al., 2000）和拟南芥（The Arabidopsis Genome Initiative, 2000）等真核生物的基因组全序列相继公布，至 2001 年的春天，科学家已经公布了人类自身基因组的绝大部分序列（International Human Genome Sequencing Consortium, 2001; Venter et al., 2001）。这一成就意味着，从新世纪开始，人类基因组的研究将全面进入信息提取和数据分析的崭新阶段；人类的遗传语文将被逐渐释读出来，功能基因组和蛋白质组的研究将广泛开展，遗传信息与生物体代谢、发育、分化、进化之间的关系将逐步被人类所认识。当然，在这个已经积累了足够多的基因组数据，但许多重大规律尚未被发现的时候，生物信息学的研究正面临着严峻的挑战和千载难逢的机遇；生物信息学学科正处在它发展成长的关键时刻。因此，普及生物信息学的知识，让更多的科学工作者了解、关心这门科学，善于运用这门科学研究的成果，积极参与这门科学的发展，是必要的、有意义的。本书的编写正是出于这样的一个目的。由于出版过程中的时间差，本章的内容，部分已在本丛书的《基因组科学与人类疾病》一书中关于生物信息学的一章中阐述了。但是，在本书出版时，我们特别依据人类基因组研究工作的进展对内容作了较大的更新，并改进若干行文的方式，使之更符合本书的要求。

一、什么是生物信息学？

生物信息学（bioinformatics）是一门新兴的交叉学科。它所研究的材料是生物学的数据，而它进行研究所采用的方法，则是从各种计算技术衍生出来的（Benton, 1996）。

20 世纪 50 年代，DNA 双螺旋结构的阐明开创了分子生物学的时代。以生物学和医学为主要研究内容的生命科学研究从此进入了前所未有的高速发展的阶段。分子生物学和遗传学的文献积累从 60 年代中期的接近 10 万篇迅速增长至 60 年代末期的 20 多万篇，即在 3～4 年间，翻了一番。此后，至 80 年代中期，上升至约 30 万篇，即平均每年增长 6000～7000 篇。至 90 年代中期，文献数已上升至 40 多万篇；即在 10 年中，平均每年增长1万篇。到2000年，则增长至约50万篇，即在约5年间，又增长了10万篇（根据http://www.ncbi.nlm.nih.gov有关PubMed数据整理）。与此同时，更为大量的数据已经不再以传统的文献形式发表了；这里，最为典型的是DNA序列的数据。美国的核酸数据库GenBank（Banson et al.，1998）从1979年开始建设，1982年正式运行；欧洲分子生物学实验室的EMBL数据库也于1982年开始服务；日本于1984年开始建立国家级的核酸数据库DDBJ，并于1987年正式服务。即是说，DNA序列的数据已经从80年代初期的百把条序列、几十万碱基上升至90年代末的数十亿碱基及包括人类基因组在内的一大批（数百万）EST、cDNA、基因和基因组序列了。至2000年底，国际数据库中记录的接近一千万条DNA序列的碱基数已超过100亿！这就是说，在短短的约18年间，数据量增长了近十万倍（数据来自http://www.ddbj.nig.ac.jp/ddbjnew/statistics-e.html 和 http://www.ebi.ac.uk/genomes/mot/）！事实上，在今天的一个大型的基因组测序中心，每天可进行十万个测序反应，产生出10^7的序列数据。参与人类基因组测序的公共部分合作的各国测序中心，自1999年6月开始进入大规模测序阶段，在短短的8个月内，测序能力上升了将近8倍。至2000年6月，这些中心在6个星期内的测序量就相当于一个人的基因组。也就是说，每周7天，每天24小时，每秒即可产出1000个碱基的数据！至2000年10月，从230亿（23Gb）的测序数据中产生的草图（draft/pre-draft）总数据数已达45亿碱基（4.5Gb）（International Human Genome Sequencing Consortium，2001）。与之相应，自90年代以来，被鉴定的基因数据和被解析的蛋白质结构的数据也摆脱了以往缓慢增长的局面，达到了每两年增长一倍的速度（数据来自http://www.rcsb.org/pdb/holdings.html）。应该指出，由于人类基因组草图的完成以及注释工作的深入，人类疾病基因的定位克隆和鉴定已经大大加快了。同时，由于结构基因组工作的广泛开展，可以预见，蛋白质结构解析的速度也必然大大加快。

与上述生物学数据的海量特征相比，生物学数据的复杂特征则更具有挑战性。生物学数据的复杂性一方面固然是源于生物体的结构和功能以及生命活动过程本身的多样性和复杂性，另一方面则是由生物学研究的"社会学原因"所造成的（Benton，1996）。在生物学研究中，即便存在标准的方法，即便使用商业化的"试剂盒"，在具体实验中，这些方法也往往是以创新的方式或组合加以运用的，因而也就使整个实验方法具有了与众不同的独特性。从信息科学的角度看，除了少数例外，生物学的实验数据，一般是在既无标准词法（semantics）、又无句法（syntax）的条件下生成的。这一情况，必然进一步加剧生物学数据的复杂性。

生物学数据在量（海量）与质（复杂性）方面所提出的挑战是严峻的。事实上，在20世纪80年代中，人们对于是否应该进行人类基因组大规模测序的争论的一个重要焦点问题就是对于大规模测序所产生的数据进行处理和释读的能力的评估。十分幸运的是，在过去的二十多年里，电子计算机芯片对于数字处理的能力的增长基本符合Moore定律（指数增长）。每个CPU所含晶体管数从70年代初的几千个迅速而稳定地增长到80年代末的上百万个，即平均每2年翻一番；此后，至90年代末，又上升至上亿个，即平均每2.5年翻一番（数据来自：http://www.physics.udel.edu/wwwusers/watson/scen103/intel.html）。也就是说，如今的大型计算机的数据处理能力，已经发展到每秒数千亿次乃至数万亿次计算的水平了。有了这一技术支持条件，连同计算方法的创新和发展，基因组研究和其他生物学研究所产生的海量数据，才能够得以有效地加以管理和运行，生物信息学才得以形成和发展。

总之，生物学相关信息量的革命性的爆炸，产生了对海量生物信息进行处理的需求；而计算机技术的革命性发展，形成了处理海量生物信息的能力。于是，生物信息学便在综合计算生物学的研究和生物学信息的计算机处理的基础上迅速而成功地发展起来了。生物信息学是计算机和网络大发展、各种生物数据库迅猛增长形势下如何组织数据，并从数据中提取生物学新知识的学问。

广义地说，生物信息学从事对生物信息的获取、加工、储存、分配、分析和释读，并综合运用数学、计算机科学和生物学工具，以达到理解数据中的生物学含义的目标。与此相应，生物信息学具有三方面的科学基础。首先，它需要发达的、复杂的、可相互交流的数据库系统。这类数据库系统，在互联网络技术高度发达、日新月异的今天，既具有了充分发挥作用的支持条件，又对其安全、有效、经济地发展提出了挑战。其次，生物信息学需要强有力的创新算法和软件。没有算法创新，生物信息学就无法获得持续的发展。最后，但也是十分重要的一个方面，是自动化的大规模高通量的生物学研究方法与平台技术。这些技术，既是产生生物信息数据的主要方法，又是在利用生物信息分析结果的基础上，进一步获取或验证生物学知识的关键手段之一。

具体地说，生物信息学是把基因组 DNA 序列信息分析作为源头，找到基因组序列中代表蛋白质和 RNA 基因的编码区，阐明非编码区的信息实质，破译隐藏在 DNA 序列中的遗传语文规律；同时，归纳、整理与基因组遗传语文信息释放及其调控相关的转录谱和蛋白质谱的数据，从而认识代谢、发育、分化、进化的规律。生物信息学综合基因信息和大规模蛋白质空间结构测定及蛋白质相互作用检测的数据，进行蛋白质空间结构的模拟和蛋白质功能的预测（包括认识蛋白质与蛋白质相互作用以及蛋白质与配体的相互作用规律），进而将此类信息与生物体和生命过程的生理生化信息相结合，阐明其分子机制，最终进行分子设计、药物设计和个体化的医疗保健设计。因此，在基因组研究时代，生物信息学至少应包含三个层次上的重要内容：基因组信息学、蛋白质的结构计算与模拟以及分子与药物设计。这三者紧密地围绕着遗传信息传递的中心法则，因而必然有机地连接在一起。

基因组信息学是生物信息学的源头和基础。美国人类基因组计划的最初文本（The U. S. Human Genome Project: The First Five Years FY 1991-1995, by NIH and DOE）就强调了对基因组信息学的重要意义并规定了它的工作方向，即包含基因组信息的获取、处理、存储、分配、分析和解释的所有方面。这一方向包含着两方面的内容，一方面是发展有效的信息分析工具，构建适合于基因组研究的数据库，用于搜集好、管好、用好人类基因组和模式生物基因组的巨量信息。另一方面是配合人类基因组计划的各项实验研究，确定具有 30 亿个碱基对的人类基因组完整核苷酸顺序，找出全部人类基因在染色体上的位置以及包括基因在内的各种 DNA 片段的功能。十年之后的今天，看到在数百亿个测序数据基础上建立起来的约 30 亿个碱基长的人类基因组全序列图谱及其初步分析结果时，人们确实不能不惊叹基因组信息学的巨大成就！然而，当我们再进一步深入分析这些数据时，我们又不能不再次感到生物信息学所面临的新的挑战的严峻性和新的机遇的吸引力!

蛋白质的结构计算与模拟是基因组信息学发展的必然结果。编码蛋白质的基因序列虽然仅占高等真核生物基因组的10%以下，但确实是最重要的基因组信息之一。蛋白质的功能离不开蛋白质的空间结构以及蛋白质与蛋白质或蛋白质与配体的相互作用。随着大规模蛋白质空间结构测定工作的发展，人类模拟和预测蛋白质结构的能力日益提高，从蛋白质一级结构预测蛋白质的三维结构始终是人类坚持不懈地追求的目标。

分子与药物设计是利用蛋白质结构与功能信息造福人类健康和农业的有力工具。近年来，由于计算机技术的飞跃发展，基于量子力学和统计力学的计算方法有了极大的改善，利用蛋白质三维结构及其功能进行分子设计和药物设计已经成为实现蛋白质的人工进化、发展创新药物的必不可少的工具了。

生物信息学的研究目标是揭示"基因组信息结构的复杂性及遗传语文的根本规律"。它是当今乃至21世纪自然科学和技术科学领域中"基因组"、"信息结构"和"复杂性"这三个重大科学问题的有机结合。发展生物信息学不仅有助于认识遗传语言，读懂人类基因组全部DNA序列，认识人类自身，而且必将有助于揭示"信息结构"和"复杂性"的深刻内涵，以及遗传、发育和进化的联系，大大丰富和发展现有的物理学、生物学、化学、数学、计算机科学、信息科学和系统科学的理论和方法，从而推动学科群的发展，成为自然科学中多学科交叉的、有活力的、有影响的新领域。今天，生物信息技术已经成为最有发展前途的高技术，而生物信息学也已经成为最吸引人的新兴学科。

我国生物信息学的研究和应用有一定的基础，又有特别优秀的物理和数学基础，生物信息学的研究在我国有望取得突破性成果，这对于增强我国在基础研究领域的实力，在某些方面占据国际领先地位是十分重要的。生物信息学成果的应用也会产生巨大的社会效益和经济效益，为实现我国的社会发展、人民幸福、国家富强贡献力量。

二、生物信息学的研究现状与发展趋势

近年来GenBank中的DNA碱基数目呈指数增加，大约每14个月增加一倍。到1999年12月其数目已达30亿。它们来自47 000种生物；各种生物的EST序列已达343万条，其中人类的表达序列标签（expressed sequence tag，EST）序列已超过169万条，估计覆盖人类基因90%以上；UniGene的数目约达7万个。自1999年初单核苷酸多态性（single nucleotide polymorphism，SNP）数据库出现以来，到1999年12月21日，SNP的总数已达21 415。同期，已有25个模式生物的完整基因组被测序完成，它们中有6个古细菌、17个原核真细菌、真核的酿酒酵母和线虫（表1.1）。还有另外的70余个微生物基因组正在测序当中。果蝇的基因组测序已在1999年底完成。

作为人类基因组研究的里程碑性工作，包含3300万碱基对的人22号染色体于1999年11月完成测序，其结果发表在1999年12月2日的 *Nature* 杂志上（Dunham et al.，1999）。从22号染色体已鉴定出679个基因，其中55%的基因是未知的。有35种疾病与该染色体突变相关，像免疫系统疾病、先天性心脏病和精神分裂症等。人21号染色体的主要测序工作也在2000年2月完成，其结果发表在2000年的 *Nature* 杂志上（Hattori et al.，2000）。

表 1.1　1999 年底前完成的完整基因组（数据来自 NCBI）

物　种	基因组大小/bp	蛋白质数目
[A]　*Aeropyrum pernix*（敏捷气热菌）	1 669 695	2694
[B]　*Aquifex aeolicus*（产液菌）	1 551 335	1522
[A]　*Archaeoglobus fulgidus*（闪烁古生球菌）	2 178 400	2407
[B]　*Bacillus subtilis*（枯草芽孢杆菌）	4 214 814	4100
[B]　*Borrelia burgdorferi*（布氏疏螺旋体）	910 724	850
[B]　*Chlamydia pneumoniae*（肺炎衣原体）	1 230 230	1052
[B]　*Chlamydia trachomatis*（沙眼衣原体）	1 042 519	894
[B]　*Deinococcus radiodurans*（耐放射异常球菌）	2 648 638	2580
[B]　*Escherichia coli*（大肠杆菌）	4 639 221	4289
[B]　*Haemophilus influenzae*（流感嗜血菌）	1 830 138	1709
[B]　*Helicobacter pylori* 26695（幽门螺杆菌 26695 菌株）	1 667 867	1566
[B]　*Helicobacter pylori* J99（幽门螺杆菌 J99 菌株）	1 643 831	1491
[A]　*Methanobacterium thermoautotrophicum*（热自养甲烷杆菌）	1 751 377	1869
[A]　*Methanococcus jannaschii*（詹氏甲烷球菌）	1 664 970	1715
[B]　*Mycobacterium tuberculosis*（结核分枝杆菌）	4 411 529	3918
[B]　*Mycoplasma genitalium*（生殖道支原体）	580 073	467
[B]　*Mycoplasma pneumoniae*（肺炎支原体）	816 394	677
[A]　*Pyrococcus abyssi*（海底热球菌）	1 765 118	1765
[A]　*Pyrococcus horikoshii*（贺氏热球菌）	1 738 505	1979
[B]　*Rickettsia prowazekii*（普氏立克次氏体）	1 111 529	834
[B]　*Synechocystis* PCC6803（蓝细菌）	3 573 470	3169
[B]　*Thermotoga maritima*（海栖热袍菌）	1 860 725	1846
[B]　*Treponema pallidum*（梅毒螺旋体）	1 138 011	1031
[E]　*Saccharomyces cerevisiae*（酿酒酵母）	13 116 818	6275
[E]　*Caenorhabditis elegans*（线虫）	约 97×10^6	19 099

[A]：古细菌（archaebacteria）；[B]：细菌（bacteria）；[E]：真核生物（eukaryote）。

对于人类的完整基因组而言，1996 年 10 月已得到有 20 104 个基因的基因图，其中 16 354 个有精确的基因座，而到 1998 年底被发现的基因数目已增加到 3 万多个（见网址：http://www.ncbi.nlm.nih.gov/SCIENCE98）。2001 年 3 月在 *Nature* 和 *Science* 杂志上同时发表了由国际人类基因组协作组和 Celera 公司分别完成的人类基因组序列及其初步的分析，给我们展示了关于人类基因组的一系列较以往更为细致、更为精确的信息：

已经被测序的人类基因组含有约 29 亿碱基，其物理图谱覆盖率为 96%，序列覆盖率为94%。

人类基因组构架（scalffold）组建：有大于90%的连续序列群已大于十万碱基；有约25%的连续序列群已等于或大于千万碱基。

这些序列中含3万至4万个编码蛋白质的基因。其中，2.6万多个基因有较强的证据，其他约1.2万个新基因，是由计算机根据小鼠同源序列的比较或其他微弱证据预测的。

人类编码蛋白质的基因较之其他生物体的基因更为复杂，加上多种不同的剪接，蛋白质总数将是很大的。人类蛋白质组较之无脊椎动物更为复杂。其中部分原因是存在脊椎动物专一的结构域和骨架（约占7%），但更为主要的原因是脊椎动物将原已存在的组分变成了丰富的结构域构架的建筑。

成百的人类基因看来是在脊椎动物进化史上的某一阶段从细菌水平转移而来的，其中有数十个基因看来是由转座子造成的，但是转座子在人类基因组中已经基本失去了转座的活力。

基因组的1.1%为外显子，24%为内含子，75%为间隔序列。

片段重复在染色体中很普遍，反映了复杂的进化史。

脊椎动物扩大了与神经功能、组织专一性表达调控、生理稳态（homostasis）以及免疫系统有关的基因。

通过数据比较已鉴定了约210万个SNP，人类单体型平均每1250个碱基就有1个碱基差异。在已知SNP中，仅有不到1%的SNP造成蛋白质的变化。

与此同时，由于生物芯片、二维凝胶电泳和测序质谱技术的高速发展和广泛应用，功能基因组和蛋白质组的大量数据已开始涌现。可以说当前是基因组信息正在爆发的时代。如何分析这些数据，从中获得生物体结构、功能的相关信息是基因组研究取得成果的决定性步骤。为了适应这种趋势，最近一两年来，美国一些最著名的大学，如哈佛大学、普林斯顿大学、斯坦福大学、加利福尼亚大学伯克利分校等都投资从几千万到一亿多美元成立了生物学、物理学、数学等学科交叉的新中心，诺贝尔奖获得者朱棣文领导的斯坦福大学的中心还命名为Bio-X。1999年6月3日，美国NIH的一个顾问小组建议在生物计算领域设立总额为数亿美元的重大科研基金，并成立5~20个计算中心以处理海量的基因组相关信息。这些举措的意义是深远的。很多科学家相信物理学、数学、计算机科学和生物学的交叉可以引发生物学的新一轮革命；相信21世纪最初的若干年是人类基因组研究取得辉煌成果的时代，也是它创造巨大的经济效益和社会效益的时代。

三、生物信息学的生物学内涵

在这一节中，我们将较为详细地介绍生物信息学的生物学内涵，或者说，是介绍生物信息学中与生物学知识形成相关的研究内容。我们这里所谓的生物学知识，主要是指生物体内遗传信息传递的自然规律；因此，我们也将从这一角度来浏览生物信息学的生物学内涵。

（一）基因与基因组的信息学

生物体的发育、分化、生长和代谢的过程，始终是遗传信息从储存到表达、加工及传递的过程；实质上，其中的一大部分是从基因组到基因到 mRNA（cDNA）的信息传递过程（这里，暂且不讨论蛋白质等其他非核酸载体的信息及信息传递问题）。而生物体的遗传、变异和进化问题，则主要体现在遗传信息的复制、重组、变异和选择。由于人类基因组研究的革命性进展，上述以核酸序列为载体的信息量增长最快，也是被利用得最为频繁的一部分信息；它们的信息特征，主要是一维的数字数据。

对于此类信息的解读，是解读遗传语文的基础也是关键。人们目前的能力和知识所及的以及研究的主要兴趣是对于编码区的认识及一部分调控序列的认识，包括对于基因表达有重要调控作用的基因组修饰，如甲基化等等。对于遗传标记的利用，主要还是局限于基因的定位、个体的识别以及遗传距离的研究等等；试图将遗传标记与基因功能相关联的单核苷酸多态性的研究尚在进行中。至于占真核生物基因组绝大部分的非编码区的遗传语文的解读，则基本上刚刚开始。应该说，对于一维遗传信息的研究和认识，依然任重道远。

从实践的角度说，所有上述信息的处理，几乎都不可回避大规模 DNA 序列测定的数据获取、储存、处理和利用。这一数据处理过程还包括了高通量生物学实验室所特有的一系列复杂的自动化管理信息系统（包括质量保证系统），这也是生物信息技术的一个重要组成部分。

1. 大规模基因组测序中的信息分析

大规模测序是基因组研究的最基本任务，它的每一个环节都与信息分析紧密相关。图 1.1 给出了一个典型的大规模测序流程图，图中清楚地显示从测序仪的光密度采样与分析、碱基读取、载体标识与去除、拼接、填补序列间隙，到重复序列标识、可读框预测和基因标注的每一步都是紧密依赖基因组信息学的软件和数据库的。

在实践过程中，情况还远比图中所描述的内容更为复杂。像 Celera 这样能独立对大量基因组（包括人类基因组）进行大规模测序的中心，需要利用信息分析帮助进行的质量保证，工作流程控制以及过程管理的内容更是涵盖了从样品的获取到最后染色体水平的 DNA 片段组装的整个过程的所有步骤。其工作量之大、内容之复杂，可想而知。表 1.2 给出了人类及各种模式生物测序中心的因特网地址。

大规模基因组测序的信息分析中，序列拼接和填补序列间隙是最为关键的首要难题。一方面，这一过程特别需要把实验设计和信息分析时刻联系在一起。另一方面，必须按照不同步骤的要求，发展适当的算法及相应的软件，以应对各种复杂的问题。在人类基因组全序列测定的过程中，人们可以清楚地认识这一问题。人类基因组测序中序列拼接和间隙填补的困难，不仅来自它的巨大的海量，而且在于它含有高度重复的序列。再者，人们采取了两种相互关而又明显不同的测序战略：BAC-by-BAC 和全基因组鸟枪法（shotgun）的战略思想。当然，后一种方法在序列拼接中所要处理的信息学问题，自然要比前一种方法更为复杂，Celera 公司为此设计了一系列的信息分析软件和相关的实验方法。这里，我们仅能略为介绍一些比较常用的免费的测序和序列拼接软件。

表1.2 人类及各种模式生物基因组测序中心网址

测序中心	网　址
人类基因组	
Baylor College of Medicine Human Genome Center	http://gc.bcm.tmc.edu:8088/home.html
Cooperative Human Linkage Center (CHLC)	http://www.chlc.org
Lawrence Berkeley Laboratory Human Genome Center (LBL)	http://genome.lbl.gov/GenomeHome.html
Lawrence Livermore National Laboratory Biology and Biotechnology Research Program (LLNL)	http://www-bio.llnl.gov/bbrp/genome/genome.html
Los Alamos National Laboratory Biosciences (LANL)	http://www-ls.lanl.gov/LSwelcome.html
Resource for Molecular Cytogenetics (UCSF/LBL)	http://rmc-www.lbl.gov
Stanford Human Genome Center	http://shgc.stanford.edu
The Institute for Genomic Research (TIGR)	http://www.tigr.org
Unversity of Michigan Human Genome	http://www.hgp.med.umich.edu/Home.html
University of Texas Health Science Center at San Antonio Genome Center	http://mars.uthscsa.edu
Washington University Center for Genetics in Medicine	http://ibc.wustl.edu:70/1/CGM
Whitehead Institute Center for Genome Research (at MIT)	http://www-genome.wi.mit.edu
Yale University, Albert Einstein Center	http://paella.med.yale.edu
Sanger Centre (UK)	http://www.sanger.ac.uk
Genethon (France)	http://www.genethon.fr/genethon-en.html
HGMP Resource Centre (UK)	http://www.hgmp.mrc.ac.uk
GenomeNet (Japan)	http://www.genome.ad.jp
模式生物基因组	
C.elegans Genome Database (ACeDB)	http://moulon.inra.fr/acedb/acedb.html
Drosophila FlyBase (Harvard)	http://morgan.harvard.edu
Mouse Genome Database (MGD)	http://www.informatics.jax.org/mgd.html
Dog Genome Project (Berkeley)	http://mendel.berkeley.edu/dog.html
Sheep Genome Mapping Project (USDA)	http://sol.marc.usda.gov/genome/sheep/sheep.html
Cattle Cytogenetic Map (Japan)	http://ws4.niai.affrc.go.jp/dbsearch2/cmap/cmap.html
Pig Map (Roslin Institute, UK)	http://rio3.ri.bbsrc.ac.uk/pigmap/pigmap.html
Chicken Map (Roslin Institute, UK)	http://rio3.ri.bbsrc.ac.uk/chickmap/ChickMapHomePage.html
Zebrafish Site (University of Oregon)	http://zfish.uoregon.edu
Saccharomyces Genomic Information Resource	http://genome-www.stanford.edu
Arabidopsis Genome Database (AAtDB)	http://weeds.mgh.harvard.edu
Maize Genome Database	http://teosinte.agron.missouri.edu/top.html
Rice Genome Research Program (Japan)	http://www.staff.or.jp
Agricultural Genome (National Agricultural Library)	http://probe.nalusda.gov
Mycobacterium Genome Database (MycDB)	http://kiev.physchem.kth.se/MycDB.html
HIV Sequence Database (Los Alamos)	http://hiv-web.lanl.gov

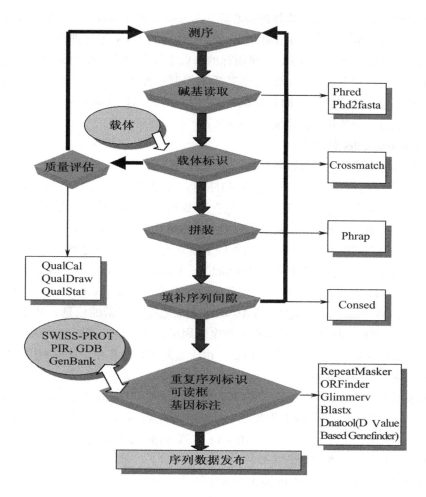

图1.1 大规模测序及信息处理。

（1）Phred-Phrap 软件包

Phred-Phrap 软件包由美国华盛顿大学的 Phil Green 和 Brent Ewing 所研发，是目前大规模 DNA 测序和序列拼装工作中使用最为广泛的免费的软件包（Ewing & Green，1998；Ewing et al.，1998；Green P. PHRAP-sequence-assembly program. Unpublished. http://www.genome.washington.edu/UWGC/analysistools/phrap.htm）。Phred-Phrap 软件包实际上由两部分组成：碱基读取软件 Phred 和序列拼装软件 Phrap。

Phred 是一个采用快速傅里叶变换分析技术以及动态规划算法从 DNA 测序所得到的图形数据中读取碱基序列从而得到 DNA 序列的软件。Phred 对序列中的每一个数据产生一个被广泛接受的带有质量控制标准值（quality score）的"碱基读取"（base call）。PHRED 质量指标 x 就相当于约 $10^{-(x/10)}$ 的误差概率。因此，PHRED 质量指标 30 就相当于在原始数据中一个碱基读取的精确度为 99.9%。Phred 可以从 ABI 373、377、3700 和 MegaBase 等大多数 DNA 测序仪中读取 DNA 测序信息，给出高精度的序列排列并以 Fasta、PHD、SCF 等格式输出，以方便其他序列拼接程序使用。

Phrap 是一个用于将鸟枪法测序的原始序列拼接成叠连群（contig，又译为连接群或片段重叠群）的软件。这个软件的核心算法是 Smith-Waterman 动态规划算法。Phrap 结合相应的质量控制标准值对 Phred 碱基读取所得到的 DNA 序列进行拼接。在拼接过程中 Phrap 可以自动地在 PHRED 质量指标的基础上计算拼接后得到的叠连群序列中的每个位置上数据的误差的概率，并给出其质量控制标准值（quality score）。PHRAP 质量指标 x 就相当于约 $10^{-(x/10)}$ 的误差概率。因此，PHRAP 质量指标 30 就相当于在装配起的序列中的一个碱基的精确度为 99.9%。

（2）GigAssembler 软件包

人类基因组测序草图的公共数据库含有大约从 3 万个经鸟枪法测序的 BAC 克隆中产生的约 40 万条已经初步拼接成叠连群的序列，也简称为"片段"（fragment）。为了获得一个有用的草图，必须将这些"片段"在数据允许的条件下，尽可能好地在 21、22 号染色体之外的 20 条尚未完成全序列测定的常染色体和 2 条性染色体上加以排序和定向，发现它们之间的重叠并在可能的条件下建立更大的序列叠连群。

华盛顿大学基因组测序中心（Washington University Genome Sequencing Center, WUGSC）的 Robert Waterston 小组首先利用指纹重叠（fingerprint overlap）以及放射杂交（radiation hybridization）、遗传、YAC-STS 和细胞遗传图谱的信息，结合 BAC 末端测序，建立了大约在 30 万个克隆基础上的全基因组物理图谱。该图含 1700 个具有大约染色体定位信息的指纹克隆叠连群。但是，由于重复序列的存在，使得利用片段中的序列重叠而将克隆排序十分困难。

加利福尼亚大学 Santa Cruz 分校的 W. James Kent 和 David Haussler 在 Greedy 算法（Cormen et al., 1990）的基础上发展了一个名为 GigAssembler 的软件（Kent & Haussler, 2000）。它利用了片段、图谱、mRNA、EST 和 BAC 末端序列数据来装配基因组序列以决定克隆的排序和定向。该软件的拼接过程如下：

  a. 序列去"污染"并利用 RepeatMasker 软件（http://ftp.genome.Washington.edu/RM/RepeatMasker.html）对重复序列进行遮蔽；
  b. 将 mRNA、EST、BAC 末端序列和成对的质粒（paired plasmid）与克隆片段进行比对（alignment）；
  c. 利用华盛顿大学的图谱及其他数据（包括 GigAssembler 自我建立的输入和输出文件），建立目录结构：每个染色体一个目录，每个指纹克隆叠连群（fingerprint clone contig）一个子目录；
  d. 对每一个指纹克隆叠连群，将叠连群中的片段相互比对；
  e. 利用 GigAssembler 程序将每个指纹克隆叠连群与其他序列叠连群中的重叠片段整合并进而决定排序和方向；
  f. 将叠连群拼接成完整染色体拼接。

有许多种算法用于拼接 BAC、PAC、黏粒和其他克隆的亚克隆序列或者拼接一些较小的无很强的重复序列的全基因组鸟枪法测序的序列（Huang, 1996; Huang & A, 1999; Green P. PHRAP-sequence-assembly program. Unpublished. http://www.genome.washington.edu/UWGC/analysistools/phrap.html; Sutton et al., 1995; Bonfield et al., 1995）。Celera 公司发展了一个从成对的全基因组鸟枪法测序结果直接拼接较大基因组的方法（Anson & Myers, 1999），并将它成功地运用于果蝇（Myers et al., 2000）以至人类

基因组的拼装。无论何种成功的拼装软件，都是在 Greedy 算法基础上建立并都具有一些共同的特性：首先寻找片段之间的重叠部分，然后，以最佳重叠为标准建立序列叠连群。所有这些方法都具有一定的探索性以避免被重复序列所混淆。GigAssembler 的特色是它在建立构架（scaffold）时利用了各种不同的信息。在 GigAssembler 的构架中的每一个间隙都能被或者质粒的末端序列对、或者 BAC 的末端序列对、或者 mRNA 或 EST 所连接，也可能直接从公共数据库中引证。它利用 Bellman-Ford 算法检测每个构架的距离限制(distance constrain)(Cormen et al.,1990;Bonfield et al.,1995)。GigAssembler 在非常大的规模上运作，它能在 10^9（gigabase）的片段、1×10^9 的 EST 序列、2×10^9 的成对质粒末端序列以及 0.5×10^9 的 BAC 末端序列的输入基础上，拼接大约 40 亿碱基的序列。

2. 新基因和新 SNP 的发现与鉴定

发现新基因是当前国际上基因组研究的热点。使用基因组信息学的方法是发现新基因的重要手段。靠理论方法预测新基因对于细菌之类的小基因组是直截了当的。对于较少有内含子的真核生物，理论预测也是比较可行的；如酿酒酵母完整基因组（约 13Mb）所包含的 6000 多个基因，大约 60% 是通过信息分析得到的。但是，人类基因组的情况就十分不同。人类基因一般含有较小的外显子（平均 50 个密码子，即约 150bp），较长的内含子（有些超过 10kb）。因此，用理论方法预报人类基因组基因使用的主要依据来自 cDNA 和 EST 的序列数据以及比较基因组的分析结果。

(1) 利用 EST 数据库发现新基因和新 SNP

EST 序列是基因表达的短 cDNA 序列，它们携带着完整基因的某些片段的信息。到 2000 年初 GenBank 的 EST 数据库（dbEST）中人类 EST 序列已超过 160 万条，它大约覆盖了人类基因的 90% 以上。因此，如何利用这些信息发现新基因成了近几年的重要研究课题。中国科学院生物物理研究所陈润生研究组于 1996 年底完成了这一研究所需的全部软件，并开始了通过电脑克隆寻找新基因的研究（Boguski et al., 1994；杨灿珠等，1999）。图 1.2 给出了该软件所使用的 EST 序列组装流程图。

应用这一技术路线，已经找出了几千条未与多种已知数据库匹配的序列，并不断地通过电脑克隆和组装寻找它们的全长。从图 1.2 可知，用 EST 数据发现新基因虽然技术上是可行的，但程序设计是复杂的，计算量是巨大的。重要之处是排除各种非编码区信息，如引物、3′、5′端的非编码区序列等；排除错误信息，如非人类 EST 序列等；构建各专门数据库，如种子序列数据库等。NCBI 的一项研究表明 EST 数据库中大约存在 1.5‰的错误序列(http://www.ncbi.nlm.nih.gov/dbEST/synopsis–detailsR.html)，值得从事此项研究的科学家注意。国际上现已出现了几个基于 EST 的基因索引如 UniGene (ftp://ncbi.nlm.nih.gov/pub/schuler/unigene)（Miller et al., 1997），Merck-Gene index(http://genome.wustl.edu/est/esthmpg.html)（Eckman et al., 1998），GenExpress-index（http://www.cshl.org)（Houlgatte et al.,1995)，这些基因索引数据库（即二次数据库）构建了基因构架，极大地方便了相关研究者。这些二次库的构建主要是以 GenBank 中已知基因的 3′端特异序列或 3′端 EST 序列为基础，按序列相似性或 EST 序列的实验克隆标记号，将来自于同一基因的序列归类为一个簇（cluster）。当前每个簇中的序列是以非组装状态存放的，仅有部分基因功能位点标注信息。所以，有必要对这些数据库中的 EST 进行组装、标注，以便得到潜在的全长 cDNA，为新基因的筛选定位、大尺度基因组作图、亚克隆和序列分析提供更有价值的数据。

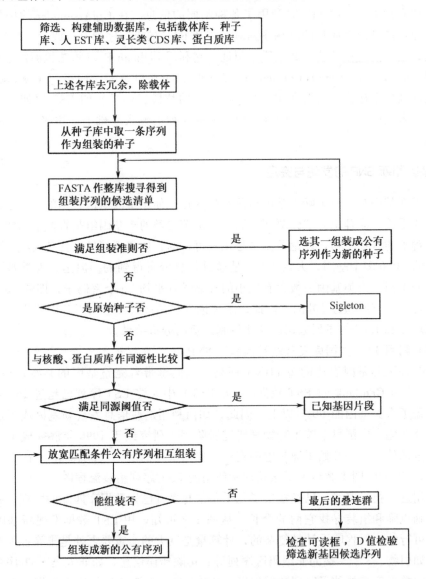

图 1.2　EST 序列组装流程图。

单核苷酸多态性（SNP）的研究近年来随着人类基因组研究的深入，特别是基因组测序计划的快速进展，引起了广泛的注意。这主要是因为虽然大部分基因组的多态概率是很低的，但是，少量常见的多态往往能说明大量的杂合性状。不仅如此，人类的遗传差异并不仅仅表现在个别多态的水平上，更表现在紧密连锁的一系列等位基因的专一组合（单体型）上。由此，就有可能通过密集的 SNP 来定义常见的单体型并将此与疾病相联系。1998 年，国际上开展了以 EST 为主发现新 SNP 的研究。其原理就是对同一基因从 EST 数据拼接得到了不同的转录物，它们就可能是一组 SNP。此后，国际 SNP 图谱工作组（the international SNP map working group）又利用大规模基因组测序的数据，结合国际公用的多种族检测 panel（24 个种族差异的个体）和大片段重叠 DNA 序列比较的方法，鉴定了 140 多万个 SNP（即每 1.9kb 一个 SNP），并对其进行了初步的分析。最近，Celera 公司又将其大规模测序的结果与公共数据库（dbSNP, http://www.ncbi.nlm.nih.gov/SNP）和其他数据库比较，进一步鉴定和分析了人类的 SNP，认为只有小于 1% 的 SNP（数千个 SNP）才可能影响 ORF，即蛋白质的序列。在这些工作中，大量的生物信息学软件被用于"过滤"大规模测序的数据，检测单碱基的差异以及对于 SNP 分布的分析等等。常用单碱基差异检测软件：NQS（即 neighbourhood quality standard）（Altshuler et al., 2000；Mullikin et al., 2000）依靠 SNP 周围序列的质量来提高碱基读取的可信度；Polybayes（Marth et al., 1999）在贝叶斯分析（Bayesian analysis）的基础上计算可信度指标。

（2）从基因组 DNA 序列中预测新 ORF

从基因组 DNA 预测新基因，现阶段主要是三种方法的综合：从转录子 mRNA 和 EST 得到的直接证据，从与已知基因和蛋白质的序列同源性得到的间接证据，以及综合关于剪接位点（splice site）、密码子使用偏爱的概率以及外显子（exon）和内含子（intron）长度等统计数据的基于隐马尔可夫模型（hidden Markov model，HMM）的从头预测方法。

第一种方法基于实验数据，但也受到污染 EST、污染基因组 DNA 等问题的干扰。第二种方法一般会得到基因相关序列，但有时会得到拟基因（pseudogene）。这个方法显然不可能得到完全的新基因，即与已知基因不存在序列同源性的新基因。

在理论上，如果对于细胞识别基因的规律有了完整的认识，第三种方法应该能够精确地从基因组上鉴定基因；但是，我们实际对于这些规律的认识是远远不够的。因此，这些方法的灵敏度和专一性受到信噪比的严重影响。一般来说，这些预测对于果蝇和线虫的应用比对于人类的应用较为成功。具体地说，第三种方法还分为两类，一类是基于编码区所具有的独特信号，比如起始密码子、终止密码子等，另一类是基于编码区的碱基组成。由于蛋白质中 20 种氨基酸出现的概率不同，每种氨基酸的密码子简并性不同，同一种氨基酸的简并密码子使用频率不同等原因使得编码区中 64 个三联码的分布远离它的随机分布概率 1/64，因此有别于非编码区。近十几年来，国际上又发展了许多有效算法和软件用于识别编码区，比较著名的有：基于人工神经网络（孙键等，1993）和模式识别的算法和软件，它们是 GRAIL（http://compbio.ornl.gov）(Edward et al.,1996; Edward et al., 1991)，GeneParser（http://beagle.colorado.edu/~eesnyder/GeneParser.html）(Snyder & Stormo,1995)，GENEID（http://www.imim.es/GeneIdentification/Geneid/geneid-input.html）(Roderic et al., 1992)，基于语言学方法的 Genlang（http://cbil.humgen.upenn.edu/~sdong/genlang-home.html）(Gtaziano et al., 1996)，基于隐马尔可夫模型的 Genie（http://www.cse.ucsc.edu/~dkulp/cgi-bin/genie）(Trends in Biotechnology,1998)，HMMgene（http://WWW.cbs.dtudk/services/HMMgene/）(Henderson et al.,1997)，还有基于非线性的分维方法（Yi et al., 1995），基于数学的复杂度方法（沈如群等，1993）等。陈润生研究组首先将密码学方法用于识别编码区，也取得了较好的结果（Jun et al.，1993）。这些方法的本质是识别基因组 DNA 中的外显子、内含子和剪接位点。理论方法在预测编码区时存在的缺点是部分软件处理多基因序列存在组合爆炸问题（Snyder & Stormo，1993），对过长、过短外显子、内含子的预测准确性不高。下面我们再比较具体地介绍两个较为常用的基因预测软件。

• **GeneFinder** 软件由美国华盛顿大学的 Colin Wilson、LaDeana Hilyer 和 Phil Green 研发，是一个免费的基因结构预测软件，其基因结构预测具有物种倾向性。GeneFinder 运用最大相似性评估，即所谓序列结构的先验可能性差异率（LLR）预测基因结构，从基因组序列中搜寻可能的基因，然后再在综合剪切位点、翻译起始点、内含子大小以及序列结构的先验可能性差异率的整体信息的基础上对候选基因进行分析。该软件主要被用于预测人类、线虫和拟南芥基因组的基因结构。

• **GENSCAN** 软件由斯坦福大学数学系 Chris Burge 和 Samuel Karlin 所研发。是一个免费的客户端-服务器方式的基因预测软件。GENSCAN 所采用的核心算法是隐马尔可夫模型（HMM），预测的精确性依赖于所采用的训练/背景集合，因而提高预测的精确度在很大程度上取决于如何选择正确的训练集。GENSCAN 主要用于完整基因的预测，包括基因组序列中的外显子、内含子（起始端内含子、内部内含子以及末端内含子）、启动子、多腺苷酸信号位点、供体与受体剪切位点的预测。GENSCAN 对预测中出现的所有上述信息进行综合评估，以获取实际的完整的基因结构信息。不同于其他一些主要基因预测软件，GENSCAN 允许对多基因基因组 DNA 序列或其互补链上的部分的、完整的甚至多重的基因进行预测。GENSCAN 被广泛用于基因组序列的基因结构预测，也是许多生物信息学数据处理软件包，如 EBI 的 EnsEmbl 基因注释专家系统的主要功能模块。用户可以在网上将序列提交给 GENSCAN，得到预测结果。http：//genes.mit.edu/GENSCAN.html 是 GENSCAN 的 Web 服务站点之一。GENSCAN 适用于脊椎动物、线虫类、玉米、拟南芥等不同物种的基因预测。此外，适用于脊椎动物的版本在被用于果蝇 DNA 序列的基因预测也取得很好的结果。

（3）建立整合基因索引（integrated gene index，IGI）及与之相关的整合蛋白索引（integrated protein index，IPI）

建立完整的 IGI 和 IPI，是人类基因组草图完成之后，国际人类基因组协作组所准备从事的几项重要工作之一。在大规模基因组测序之前，大部分的基因是通过十分艰苦的实验一个一个地被确认和鉴定的。在开展了大规模基因组测序之后，成千上万的基因则被"预测"出来了！这固然是基因组研究的重要目的之一，也是基因组研究的最重要贡献之一。但是，要将人类的所有基因（大约 3 万～4 万个）及其相应的蛋白质（大约在 10 万个左右）以及与它们相关的功能完整而正确地整合到一个索引中，依然是一个十分艰巨的任务。这项工作，随着人类基因组工作的开展而开展，由于草图的完成而进入攻坚阶段，并成为今后基因组信息学工作的主要内容之一。

• **NCBI** 的非冗余基因数据资源：**RefSeq** 和 **LocusLink**（Pruitt & Maglott，2001）。

在介绍人类基因组的 IGI 和 IPI 之前，应该先了解一下 NCBI 提供的两个非常有用的数据资源。LocusLink 组织了与基因相关的关于基因位点的描述性信息。其中包括基因命名、基因 ID、基因与疾病的相关、基因的图谱定位以及与基因有关的序列信息。

它还具有与研究蛋白质、基因产物功能、基因与 UniGene 的同源性、基因图谱位点的同源性等方面信息资源相连接的功能。RefSeq 提供了参考性的序列标准，包括拼接的序列叠连群、转录子和蛋白质等等。关于蛋白质的信息，是综合人类基因组的注释与人工注释的结果。它将 mRNA 和蛋白质的序列按照其注释的途径分为 4 个类别：基因组注释（genome annotation）、预测（predicted）、暂定（provisional）和复查（review）。基因组注释包括叠连群和模建的 mRNA 及相应的蛋白质。预测部分记录了功能未知但是得到了 mRNA 或 EST 证据支持的基因。暂定和复查部分包括了功能已知或可推断的基因；但是，暂定部分的基因尚未被复查而复查部分的基因则已被 NCBI 的工作人员给予逐个检查并作出了丰富的注释。RefSeq 和 LocusLink 共同提供了关于基因及其他位点的非冗余的信息资源。这些资源对于关于基因、基因家族、基因变异、基因表达和基因注释的研究都是有力的支持。

- 初步建立 **IGI** 和 **IPI**：国际人类基因组协作组在初步建立 IGI 和 IPI 时采用了四个步骤（International Human Genome Sequencing Consortium，2001）。

  a. 采用 Ensemble system（Hubbard & Birney，2000）预测：首先利用 GENSCAN 软件进行从头预测。然后利用对包括人及其他各种生物的蛋白质、mRNA、EST 和蛋白模体（protein motif）的同源性对基因加以确认。特别是对于具有同源匹配对应的内含子及两侧具有被确认的内含子的外显子的确认。然后，在利用 GeneWise（Birney & Durbin，2000）软件扩大蛋白质的同源匹配。由于要求对基因的确认，会出现一些部分片段；而当有选择性剪接时，也会出现重叠的转录子。

  b. 减少片段：Genie 软件（Kulp et al.，1996）从序列与 EST 和 mRNA 比对开始预测基因，然后利用 HMM 的统计方法将比对获得的序列延伸。它试图利用来源于同一 cDNA 克隆的 5′ 与 3′ 端的 EST 的信息来减少片段，并进而产生从 ATG 到终止密码的完整的 ORF。

  c. 整合：将上述信息与已知基因的信息整合。主要是与 RefSeq、SWISSPROT 和 TrEMBL 数据库比较。TrEMBL 是从 EMBL 库中的核酸（DNA）序列翻译出来的氨基酸（蛋白质）序列，并完成了自动注释。为了减少由于选择性剪接引起的重叠序列问题，形成非冗余数据库，采用直接与蛋白质比较及返回基因组的方法，在重叠序列中选择最长的序列。

  d. 过滤：最后，除去可能的细菌的序列污染，包括质粒、转座子和细菌染色体基因等等。

  e. 进一步发展 IGI 和 IPI：最终的目标是包括每一个基因和每一种选择性剪接形式。以下两方面的大规模高通量的实验结果将是完成这个生物信息学的重大课题的必要前提。

  f. 在完成全序列测序的基础上，充分利用比较基因组的方法。对河鲀属（河豚）的 *Tetraodon nigroviridis* 测序的初步结果（Roest et al.，2000）已经显示了这个方法的价值，并会从目前的一倍覆盖率发展到至少五倍覆盖率。实验小鼠的基因组序列将有可能帮助我们确定 95%～97% 的外显子。

  g. 获得完整的全长 cDNA 克隆和序列是又一个重要的步骤。同时，小鼠的全长

cDNA克隆和序列也是一个重要的补充；特别是因为，可以从小鼠获得不同组织的不同发育时期的各种cDNA。

3．非编码区信息结构分析

近年来完整基因组的研究表明，在细菌这样的微生物中非编码区只占整个基因组序列的10%～20%。而高等生物和人的基因组中非编码区都占到基因组序列的绝大部分。从生物进化的观点来看，随着生物体功能的完善和复杂化非编码区序列明显增加的趋势表明：这部分序列必定具有重要的生物功能。普遍的认识是，它们与基因在四维时空的表达调控有关。因此寻找这些区域的编码特征以及信息调节与表达规律是未来相当长时间内的热点课题。

对人类基因组来说，迄今为止，人们真正掌握规律的只有DNA上的编码蛋白质的区域（基因），很多资料说明这部分序列只占基因组的3%～5%，也就是说，人类基因组中多达95%～97%是非编码区（这部分DNA过去统称为"Junk"DNA）。如何深入了解这些非编码区序列的功能是当前科学家们面临的一个真正的挑战。困难的是非编码区数据庞大，序列类型复杂，因而可能具有多种信息功能。所以要研究非编码区，首先要有办法将完成同一功能的序列搜集在一起。这就是对非编码区序列的分类。

（1）非编码区中各种组分的分类与确定

一些科学家认为应当把染色体称为信息细胞器（information organelle）。那么非编码区从序列长度来说就是这个细胞器的主要部分。了解"Junk"DNA是了解信息细胞器的关键步骤。现有的实验资料表明"Junk"DNA是许多对生命过程富有活力的不同类型的DNA的复合体，它们至少包含如下类型的DNA成分或由其表达的RNA成分（Nowak，1994）：内含子（intron）、卫星（satellite）DNA、小卫星（minisatellite）DNA、微卫星（microsatellite）DNA、非均一核RNA（heterogeneous nuclear RNA，hnRNA）、短散置元（short interspersed element，SINE）、长散置元（long interspersed element，LINE）、假基因（pseudogene）等。除此之外顺式调控元件，如启动子、增强子等也属于非编码序列。如果把不同成分的序列分别搜集起来，建成专门的数据库，可能会对了解非编码区的功能带来很大的帮助。

如果非编码区序列与基因在四维时空的表达调控有关，或者说它们承载了基因表达调控信息，那么寻找新的编码方式就是必然的。

（2）寻找新的非三联体的编码方式

是否在基因组中仅存在三联体的编码方式呢？是否传递不同的信息应有不同字长的码呢？人们熟知三联码是用于将4个字符组成的基因中的信息传递给由20个字符组成的蛋白质。只有碱基三联体数（$4^3=64$）才是大于20（氨基酸的种类数）且最接近20的碱基组合。所以三联体是DNA与蛋白质间传递信息的最经济编码。按照这样的推理人们可以认为由DNA到结构RNA间的信息传递是单联体码，因为DNA与RNA的结构单元是一一对应的。如果考虑到人类基因的总数约为3万～4万，那么要调节单独的一个基因的调节单元的数目也要与此相应，达到若干万个。此时三联体编码方式的区分度就远为不足。如果简单地只从字长考虑 4^8 是 65 536，4^9 是 262 144。那么需八联体或九联体码才可以区分出不同的蛋白质基因。这就是生物信息学家寻找其他非三联体编码方式的原因。陈润生小组曾在启动子、内含子和 Alu 序列中用 Z 值、小波分析等方法寻找过可能的编码字长（刘军等，1996；唐广等，1997；徐军等，1992）。与此相应的对完整基因组编码模式的研究可能产生重要结果，应引起足够重视。

4. 遗传密码起源和生物进化的研究

自 1859 年 Darwin 的《物种起源》（Origin of Species）发表以来，进化论成为对人类自然科学和自然哲学发展的最重大贡献之一。进化论研究的核心是描述生物进化的历史（系统进化树）和探索进化过程的机制。自 20 世纪中叶以来，随着分子生物学的不断发展，进化论的研究也进入了分子水平（Li & Graur，1991）。当前分子进化的研究已是进化论研究的重要手段，并建立了一套依赖于核酸、蛋白序列信息的理论方法。完整的理论分析过程必须包含以下步骤。

序列相似性比较。就是将待研究序列与 DNA 或蛋白质序列库进行比较，用于确定该序列的生物属性，也就是找出与此序列相似的已知序列是什么。完成这一工作只需要使用两两序列比较算法。常用的程序包有 BLAST、FASTA 等（Pearon，1990；Lipman et al.，1997）。

序列同源性分析。是将待研究序列加入到一组与之同源，但来自不同物种的序列中进行多序列同时比较，以确定该序列与其他序列间的同源性大小。这是理论分析方法中最关键的一步。完成这一工作必须使用多序列比较算法。常用的程序包有 CLUSTAL 等（Higgins et al.，1992）。

构建系统进化树。根据序列同源性分析的结果，重建反映物种间进化关系的进化树。为完成这一工作已发展了多种软件包，像 PYLIP、MEGA 等（Kumar et al.，1993）。

稳定性检验。为了检验构建好的进化树的可靠性，需要进行统计可靠性检验，通常构建过程要随机地进行成百上千次，只有以大概率（70%以上）出现的分支点才是可靠的。通用的方法使用 Bootstrap 算法（Felsenstein，1985），相应的软件已包括在构建系统进化树所用的软件包当中。为便于使用者查找表 1.3 给出了进化分析相关软件的因特网网址。

在分子进化分析中应该特别指出的是，相似性（similarity）和同源性（homology）是两个概念。相似性只反映两者类似，并不包含任何与进化相关的暗示。同源性则是与共同祖先相关的相似性。因此只根据相似性分析的结果构建系统进化关系是不足的，经常会导致错误。另外对古生物进化的研究有一点特别值得注意，那就是从化石中测得的古生物的核酸或蛋白质序列是在成千上万年前形成的，这样的序列应当如何与现在构建的数据库进行比较呢？通常应当考虑从古化石形成到现在的漫长时期中该序列可能发生的变化。

不同的生物分子替代速率不同，比如纤维蛋白约二百万年有一个氨基酸残基被替代，而组蛋白约三千万年才有一个氨基酸残基被替代，但某些非编码序列一两万年就有一个核苷酸残基被替代（Kimura，1983）。因而这些变化速率不同的分子可以作为进化研究的分子时标，就好像时钟的时、分、秒，有的变得快有的变得慢。合理地使用这些序列就可以研究不同时间尺度下的进化行为。陈润生研究组曾以内含子序列为依据，研究了亲缘关系较近的哺乳动物的进化关系（王宁和陈润生，1999）。

表 1.3 进化分析相关软件的因特网网址

软　　件	网　　址
序列分析和多序列比较	
# BLAST Web site	http://www.ncbi.nlm.nih.gov/BLAST/
# FASTA at EBI	http://www2.ebi.ac.uk/fasta3/
# CLUSTALW software	ftp://ftp-igbmc.u-strasbg.fr/pub/ClustalW
# HMMER software	http://hmmer.wustl.edu/
# SAM profile software	http://www.cse.ucsc.edu/research/compbio/sam.html
# BCM Search Launcher	http://kiwi.imgen.bcm.tmc.edu:8088/searchlauncher/launcher.html
系统进化树构建和稳定性分析	
# PHYLIP	http://evolution.genetics.washington.edu/phylip.html
# Hennig86	http://www.vims.edu/~mes/hennig/software.html
# MEGA/METREE	http://www.bio.psu.edu/faculty/nei/imeg
# GAMBIT	http://www.lifesci.ucla.edu/mcdbio/Faculty/Lake/Research/Programs/
# MacClade	http://phylogeny.arizona.edu/macclade/macclade.html
# PAUP	http://onyx.si.edu/PAUP/
# GCG software package	http://www.gcg.com/

近年来，随着序列数据的大量增加，对序列差异和进化关系的争论也越来越激烈。不少的研究结果并不支持分子钟的假设。因为基于某一种分子序列所重构出的进化树，只能反映这种序列的系统发育关系，并不一定能代表物种之间真正的进化关系，即可能存在着基因树（gene tree）与物种树（species tree）之间的差异（Li & Graur，1991）。同时，对垂直进化（orthologue）和水平演化（paralogue）之间关系的讨论正逐渐引起人们的重视（Koonin et al.，1998）。

5．完整基因组的比较研究

在后基因组时代，生物信息学家研究的对象不仅有大量的序列和基因，而且有越来越多的完整基因组。有了这些资料人们就能对若干重大生物学问题进行分析研究：生命是从哪里起源的？生命是如何进化的？遗传密码是如何起源的？最小独立生活的生物体估计至少需要多少基因？这些基因是如何使生物体活起来的？等等。这些问题都是生命科学中的基本的重大的问题，又是必须在基因组水平上才能研究的问题。举例来说，鼠和人的基因组大小相似，都含有约三十亿碱基对，基因的数目也类似。可是鼠和人差异确如此之大，这是为什么？同样，有的科学家估计不同人种间基因组的差别仅为 0.1%；人猿间差别约为 1%。但他们表型间的差异十分显著。因此，表型差异不仅应从基因、DNA 序列找原因，也应考虑到整个基因组、考虑到染色体组织上的差异。科学家们对最先完成全基因组测序的七个完整基因组所做的分析就得到了很多有意义的结论（Tatusov et al.，

1997)。首先这一工作开创了比较基因组学(comparative genomics)，他们发现全部基因可以按照功能和系统发生分为若干类，其中包括与复制、转录、翻译、分子伴侣、能量产生、离子转运、各种代谢相关的基因。这一工作也为蛋白质分类提供了新的途径。同时，科学家们通过几个完整基因组的比较，统计出维持生命活动所需要的最少基因的个数为250个左右(Mushegian & Koonin, 1996)。同样，当我们比较鼠和人的基因组就会发现，尽管两者基因组大小和基因数目类似，但基因组的组织却差别很大。表1.4给出了存在于鼠每个染色体上的基因在人染色体上的分布。可见差别是非常大的，例如存在于鼠1号染色体上的基因已分布到人的1、2、5、6、8、13、18号七个染色体上了。或许鼠与人的表型差异在很大程度上就来自基因组组织的差异。最新的完整基因组分析结果还发现，同源基因的百分比与它们的亲缘关系紧密相关(Snel et al., 1999)。总之，这些例子说明由完整基因组研究所导致的比较基因组学必将为基因组研究开辟新的领域。

表1.4 鼠染色体上的基因在人染色体上的分布(原始数据取自GeneBank，表由本文作者整理)

鼠染色体号	相应基因在人染色体的号数	鼠染色体号	相应基因在人染色体的号数
1	1、2、5、6、8、13、18	11	2、5、7、16、17、22
2	2、7、9、10、11、15、20	12	2、7、14
3	1、3、4、8	13	1、5、6、7、9、15、17
4	1、6、8、9	14	3、8、10、13、14、X
5	1、4、7、12、13、18、22	15	5、8、12、22
6	2、3、7、10、12	16	3、8、16、21、22
7	6、10、11、15、16、19	17	6、16、19、21
8	1、4、8、13、16、19	18	5、10、18
9	3、6、11、15、19	19	9、10、11、X
10	6、10、12、19、21、22	X	X

人们试图通过比较基因的排列顺序来研究物种间的系统发育关系。目前，对亲缘关系比较相近的两个基因组之间的基因排列顺序已有一些研究报道。比如在生殖道支原体(*Mycoplasma genitalium*)和肺炎支原体(*Mycoplasma pneumoniae*)之间，以及大肠杆菌(*Escherichia coli*)与流感嗜血菌(*Haemophilus influenzae* Rd)之间(Tatusov et al., 1996)，并得出了一些基因排列顺序保守性的结论。为了更深入地了解基因的排列顺序，陈润生研究组在16个完整基因组中进行了分析(王宁等, 1999)。这16个基因组中包含12个真细菌和4个古细菌。研究对象选取了一类最古老和保守的蛋白质——核糖体蛋白。通过对这些古老物种中的核糖体蛋白基因的组织、排列进行分析，发现它们与物种之间的进化相关。比如，在某些操纵子中的多个核糖体蛋白的排列顺序在真细菌和古细菌两界中的所有基因组中都是保守的，这有力地支持了真细菌和古细菌是起源于共同的祖先。另外，有些操纵子结构是真细菌这一界所特有的，而有些操纵子结构是古细菌这一界中所特有的。在同一界中，某些核糖体蛋白排列顺序的差异能反映出物种间的亲缘关系，亲缘关系

越近,基因排列顺序越接近。因此,物种的进化关系可以从核糖体蛋白的基因排列顺序上反应出来是很有意义的,它为物种的分类提供了又一新的指标。

我国科学家在完成人类 3 号染色体短臂 3000 万碱基的测序工作(相当于人类基因组的 1%)的同时,也积极开展比较基因组学的研究。我国科学家从 1998 年开始开展了微生物完整基因组的大规模测序和分析工作。中国科学院几个研究所合作的对于我国自行鉴定的 Thermotogales 科的高温真细菌腾冲嗜热厌氧菌[*Thermoanaerobacter tengchongensis*,原名泉生热袍菌(*Caldotoga fontana*)]完整基因组的测序是最早开展的研究。此后又成功地开展了对三种感染性疾病的致病菌,福氏痢疾杆菌(*Shigella flexneri* 2a)、问号钩端螺旋体出血黄疸血清型赖株(*Leptospira interrogans* serotype *icterohaemorrhagiae* strain Lai)以及表皮葡萄球菌(*Staphylococcus epidermidis*)的全基因组测序的工作。最近,又开展了对植物致病菌野油菜黄单胞菌野油菜致病变种(*Xanthomonas campestris* pv *campestris*)的全基因组测序工作。在人类基因组研究方面,这一研究目前进展顺利。大量的信息分析工作即将开始。

(二) 基因表达的信息学:大规模基因功能表达谱的分析

随着人类基因组测序逐渐接近完成,人们自然会提出如下问题:即使我们已经获得了人的完整基因图谱,那我们对人的生命活动能说明到什么程度呢?人们进一步提出了一系列由上述数据所不能说明的问题,例如:基因表达的产物是否出现与何时出现;基因表达产物的定量程度是多少;是否存在翻译后的修饰过程,若存在是如何修饰的;基因敲除(knock-out)或基因过度表达的影响是什么;多基因差异表达与表现型关系如何等等。概括这些问题,其实质应该是:知道了核酸序列和基因,我们依然不知道它们是如何发挥功能的,或者说它们是如何按照特定的时间、空间进行基因表达的,表达量有多少。很多实验表明,在不同的组织中表达基因的数目差别是很大的,脑中基因表达的数目最多,约有 3 万~4 万个转录子。有的组织中只有几十或几百个基因表达。不确切知道每种组织中表达基因的数目,以及每个基因的表达量,就无法从分子水平上了解这一组织在生命活动中的功能。研究工作也表明,同一组织在不同的个体生长发育阶段表达基因的种类、数量也是不同的,有些基因是在幼年时期表达的,有些是中年阶段表达的,有些要到老年时期才表达。不考虑伴随着生物的生长发育、基因表达状况的变更,也无法确切地说明生命的过程。因此不少科学家认为基因组研究应当进入一个内涵更丰富、更深刻的阶段。这一阶段的核心是获得基因的功能表达谱。按物理学家的观点是应将存在于人类基因组上的静的基因图谱,向时间、空间维上展开。为了得到基因表达的功能谱,国际上在核酸和蛋白质两个层次上都发展了新技术。这就是在核酸层次上的 DNA 芯片技术和在蛋白质层次上的大规模蛋白质分离和序列鉴定技术,也称蛋白质谱技术和蛋白质组研究。

所谓 DNA 芯片是一类生物芯片(biochip),它是按特定的方式固定有大量 DNA 探针的硅片、玻片或金属片。利用 DNA 芯片测定和研究在不同的细胞和组织体系中的 mRNA 水平,就是所谓的转录组(transcriptome)的研究。蛋白质组就是基因组的蛋白质产物。现在主要使用二维凝胶电泳和测序质谱相结合的技术在蛋白质水平上监测基因表达的功能谱。随着功能基因组实验技术的深入,海量的数据不断涌现,因此数据库将成为支持这些技术的必然组成部分,像蛋白质序列数据库(如 SWISS-PROT)、核酸序列数据库(如 GenBank)、结构域数据库(如 PROSITE)、三维结构数据库(如 PDB)、二维凝胶电泳数据库(如 SWISS-2DPAGE)、翻译后修饰数据库(如 O-GLYCBASE)、基因组数据库(如 OMIM)以及代谢数据库等。没有这些数据库的资料,新技术是很难应用的。另外对大规模基因功能表达谱的分析也导致了新的方法学问题。基因表达谱的数据和蛋白质谱的数据,已经不仅仅是简单的一维数字数据,它们既有图像数据,又是在时空多维水平上展开的数据。它们从数学角度看不是简单的 NP 问题、动力系统问题或不确定性问题,而是基因表达网络(Somogyi & Sniegoski, 1996),因此需要发展新的方法和工具。同时,在芯片等的设计上,也需要从理论到软件的支持。所以无论是生物芯片还是蛋白质组技术的发展都更强烈地依赖于生物信息学的理论、技术与数据库。

(三) 生物大分子的三维结构信息:蛋白质结构模拟与分子设计

随着人类基因组计划的执行,估计几年之内就可确切地确定人类基因组中编码蛋白质的几万个基因,也就是发现它们的一级序列。然而要了解它们的功能,要找到这些蛋白质功能的分子基础,只有氨基酸顺序的知识是不够的,必须知道它们的三维结构。与此同时,要设计药物也需要了解与药物相应的蛋白质受体的三维结构。这是摆在科学家面前的紧迫任务。当前,虽然 X 射线晶体学技术、多维核磁共振(NMR)波谱学技术、二维电子衍射和三维图像重构技术等为蛋白质空间结构测定提供了有效的试验手段,并正以平均每天得到几个生物大分子空间结构的速度前进;但是,这些方法提供蛋白质三维结构的速度还远小于蛋白质序列信息的增长速度。此外,这些方法依然存在多种局限。因而,人们尚不能估计有多少蛋白质在可以预见的未来仍不能由试验方法测定。此时,理论模拟与结构预测就显示了重要性。理论研究不仅可提供生物大分子空间结构的信息,还能提供电子结构的信息,如能级、表面电荷分布、分子轨道相互作用等,以及动力学行为的信息,如生物化学反应中的能量变化、电荷迁移、构象变化等。这些信息是难以直接用实验手段加以获取和研究的。这些模拟的结果对于在分子、亚分子和电子结构层次上了解生命现象的基本过程具有重要意义,为天然生物大分子的改性和基于受体结构的药物分子设计提供依据,或者说为蛋白质工程提供理论依据。蛋白质工程是 20 世纪 80 年代初诞生的一个新兴科学领域。它是以蛋白质的结构规律及其与生物功能的关系为基础,通过分子设计和有控制的基因修饰以及基因合成,对现有蛋白质加以定向改造,为构建并最终生产性能比天然蛋白质更优越、更加符合人类社会需要的新品种蛋白质提供科学基础和技术途径,同时为研究一些重要的分子生物学问题提供强有力的新手段。

近十年来,由于计算技术的发展,使得应用物理学的原理处理上万个原子组成的生物大分子体系成为可能。1987 年美国杜邦公司的 DeGrade 等人利用当时已积累的蛋白质分子空间结构与构象的规律,经过精心的设计并由多肽合成法产生出了一个由 74 个氨基酸组成的非天然蛋白质(Ho & DeGrade, 1987)。它具有设计者所期望的典型的 4 股 α 螺旋结构。这一工作被称为蛋白质分子设计的第一个里程碑。此后蛋白质结构模拟和药物设计的工作得到了蓬勃发展。当前,蛋白质空间结构模拟主要有三类方法:同源模建(homology modeling);序列结构联配(threading procedure)和使用分子动力学模拟或 Monte

Carlo技术的从头设计(*de novo* design)。对于药物设计还可应用三维定量构象关系(3D-QSAR)的方法和虚拟受体的方法。这些方法已被广泛应用,并取得了明显效果。著名的例子有:抗体的分子设计(Reichmann et al.,1988;刘喜富等,1996),治疗艾滋病的药物设计(Greer et al.,1994;Lam et al.,1994)等。最近几年国际上还出现了面向用户的蛋白质结构设计服务器,其中部分著名的网址列于表1.5。近年来对蛋白质构象模式的研究表明(Blundell & Johnson,1993;Orengo et al.,1994):蛋白质的折叠类型是有限的,目前估计为几百至几千种。这要远小于蛋白质所具有的自由度数目。同时蛋白质的折叠类型是与它们的组分和一级序列相关的,这样就有可能从蛋白质的初级信息中确定它们的最终折叠类型。如果把这些来自生物学的信息加到理论模拟系统中去,必定会产生蛋白质模拟的更好办法。也正是这一点令很多科学家感到鼓舞并充满希望。

表1.5 部分重要蛋白质空间结构设计服务器网址

http://swift.embl-heidelberg.de/
http://www.horus.com/sippl
http://www.biochem.ucl.ac.uk/~mcdonald/hbplus/home.html
http://www.biochem.ucl.ac.uk/~roman/procheck—comp
http://globin.bio.warwick.ac.uk/~jones/threader.html
http://www.pharm.uni-duesseldorf.de/forschung/hoeltje/programme/programme/programme_engl.html
http://www.expasy.ch/swissmod/swiss-model.html
http://www.expasy.ch

(四)代谢和疾病发生途径的信息

综上所述,如果把第一阶段的人类基因组研究称为测序基因组(sequencing genome),那么下一个研究阶段(后基因组阶段,post-genome era)工作的重点就应转入功能基因组研究(functional genome),这样才能使生命的信息真的"活"起来。为了阐述功能基因组的内涵,科学家们给后基因组冠以不同的名称,如功能基因组、结构基因组(structural genome)、药物基因组(pharmaceutical genome)。这些提法的实质都是相同的,即将基因组的结构信息与一定的生命活动的功能相联系。

功能基因组研究的内容除了上述的转录组、蛋白质组和结构基因组研究之外,另一个重要的方面是研究代谢(包括细胞发育、分化)的途径以及疾病发生与发展的途径。这就要求,对于已知的各种代谢途径及相关的生物分子,主要是蛋白质类大分子和一些活性小分子的结构、功能及它们之间的相互作用进行生物信息学的归纳和整理。欧洲的一家以功能基因组研究开发为主要业务的公司所精心研发的关于酶的结构与功能的数据库就是在这方面努力的一个杰出的成果(http://www.rrz.uni-hamburg.de/biologie/b-online/kegg/kegg/db/ligand/enz/)。

利用上述实验结果,结合一系列研究蛋白质与蛋白质相互作用、蛋白质与核酸相互作用的实验(如酵母的双杂交和单杂交系统,反义核酸技术等等),发现新的生物分子间的作用及其对于功能的影响。

今天，对于与此类研究相关的生物信息学数据库、计算方法和软件的需求是极为紧迫的。这一研究所蕴藏的巨大的科学价值与社会经济价值也是不言而喻的。

四、生物信息学的信息学内涵

生物信息学的信息学内涵主要包括数据库的建设和发展以及分析工具的发展这样两个方面。这两个方面是既相互结合，又各有特色的研究和服务领域。

（一）生物信息数据库

生物信息数据库以建库的方式而论，大致可分为四类。

首先，也是最基础的，是一级数据库，这一般是国家或国际组织建设和维护的数据库。譬如，由美国NCBI所维护的GenBank，由欧盟的欧洲分子生物学实验室所维护的EMBL数据库等等。此类数据库对于输入的数据，仅作一定的形式审查后便可接受，也可根据数据递交者的要求，对数据作一定时限内的保密。由于这些数据库由国家经费维持，不为公司企业作盈利性服务，因此具有国家数据库的权威性和公正性。向此类数据库提交数据已经成为数据在国际科学刊物上发表的必要条件；同时，向这类数据库递交数据，还可成为数据递交者在知识产权的诉求中提供其发明日期等方面材料的权威佐证。这样的数据库的优点是完整、更新及时，并提供了一些较好的服务软件和平台计算条件。但是，对于数据的创新性、精确性和准确性没有权威评价，数据过多、重复，分类较粗等等，都是它们的共同缺点。

其次，是在一级库的基础上开发二级库。二级库是在一级库的基础上，结合工作的需要将部分数据从一级库中取出，重新组合（包括一定的修正或调整）而成的特定的数据库。由于其专一性强，数据量相对较少，但是质量高，数据库结构设计精制。因此，在常规实验室的日常工作和生物信息学的研究和发展中具有不可替代的重要作用。

第三是所谓的专家库，这是一种特殊的二级库。与一般二级库不同之处，它是经过有经验的专家进行人工校对标识之后建立的。这样的库质量很高，使用方便可靠，但是，更新和发展都比较慢。SWISS-PROT是一个典型的专家库。

最后，就是所谓的整合数据库。它是将不同数据库的内容按照一定的要求整合而成，为一定的目的服务。许多商业和内部数据库实质上就是整合数据库，著名的GCG软件所带的数据库就是一个例子。

按照数据库的"所有制"性质，又可分为基本受国家及公众非营利经费（如国家拨款、基金赠款等等）的支持，基本无偿为社会，特别是科研事业单位服务的公共数据库（public database）和受特殊经费支持为部分或一个单位服务的内部数据库（proprietary database）这样两类。

我国在生物信息数据库的建设方面已经有了一定的基础。但是，我国尚未形成比较完整有效的生物信息数据库系统，现有的数据库的质量也有待提高，服务有待改善。因此，当前相应的、最重要的工作包括数据库的建设和数据中心的建设这样两个方面。

1. 发展能有效支持功能基因组分析需要的数据库及数据库工具

在功能基因组时代，生物信息数据将出现新的特点。一方面，DNA序列数据将继续大规模增长，但是，序列的内容将出现明显的变化。重复的序列测定将会带来大量的SNP信息、基因多态性信息以及比较基因组的信息，此类信息与其他生物学信息之间的连接和统一分析将成为功能基因组时代数据库的重要内容。另一方面，大量蛋白质组、转录组和结构基因组信息的出现，对于数据库建设更提出了图像处理、标准化问题以及聚类分析等新问题。最后，为了将日益增长的基因组数据和历史上生命科学研究遗留下的大量"传统"数据相结合，又提出了建立有关的专家数据库的问题，这是一个耗费大量人力资源的问题，信息科学是应该在这方面有所作为的。

在数据库建设和利用方面，还有大量的硬件问题，包括数据库的地方化、互联网络上的宽带远程通讯工具、数据库的安全保护装置等等。总之，要使广大的科技工作者，能容易地利用数据库，储存、交流、处理日益增长的物理图、遗传图和序列信息。

2. 建立国家生物信息数据库与服务系统

国家生物信息数据库的建立，对于生物学信息基本资料、数据的积累、整理和现代化管理，对生物信息资源的保护、持续利用和共享有重要意义，是进行生物信息学研究的基础设施。所有发达国家和地区都有国家级的生物信息中心。因此，建立我国国家生物信息数据库与服务系统，尽快、尽早地获取国际的和我国科学家发现的生物信息，不仅是我国开展生物信息学研究的基础，也是人类基因组及其他基因组研究成果，为我国人民服务的基本设施。

该系统应具备如下职能：构建若干国际重要数据库的中国节点，及时更新，为全国相关教育、科研人员免费提供数据；搜集、整理我国科学家测定的相关数据和资料，构建并发展我国自己的数据库。同时发展专门的二级数据库，如蛋白质、核酸序列多样性数据库等；发展若干算法及软件，包括数据库质量评估软件，可视化软件等；建立若干重要服务器；进行相关知识的培训；实现重要文献的检索；完成适量的基础研究工作。

表1.6给出了国际重要数据库和生物信息中心的因特网网址。

表1.6 重要数据库和生物信息中心的因特网网址

数据库和生物信息中心	网　址
数据库	
序列数据库	
GenBank	http://www.ncbi.nlm.nih.gov
EMBL	http://www.ebi.ac.uk
GDB	http://gdbwww.gdb.org
PIR	http://www.bis.med.jhmi.edu/Dan/proteins/pir.html
Genome Sequence Database (GSDB)	http://www.ncgr.org:80/gsdb
Nucleic Acid Database (NDB)	http://ndbserver.rutgers.edu
DNA Data Bank of Japan (DDBJ)	http://www.nig.ac.jp
序列模体数据库	

续表

数据库和生物信息中心	网　址
PROSITE	http://expasy.hcuge.ch/sprot
Blocks	http://www.blocks.fhcrc.org/
PRINTS	http://www.biochem.ucl.ac.uk/bsm/dbbrowser/PRINTS/
Pfam	http://www.sanger.ac.uk/Pfam/
ProDom	http://protein.toulouse.inra.fr/prodom.html
空间结构及其分类数据库	
Structural Classification of Proteins (SCoP)	http://www.prosci.uci.edu/scop
PDB	http://www.pdb.bnl.gov
CATH	http://www.biochem.ucl.ac.uk/bsm/cath
特定分子数据库	
TRANSFAC	http://transfac.gbf-braunschweig.de/TRANSFAC/
GCRDb	http://www.gcrdb.uthscsa.edu/
PKR	http://www.sdsc.edu/kinases/
Proweb	http://www.proweb.org/
纵向同源基因数据库	
COG	http://www.ncbi.nlm.nih.gov/COG/
MBGD	http://mbgd.genome.ad.jp/
生物分类数据库	
NCBI Taxonomy	http://www.ncbi.nlm.nih.gov/Taxonomy/
Tree of Life	http://phylogeny.arizona.edu/tree/phylogeny.html
生物信息中心和服务器	
BioSCAN	http://genome.cs.unc.edu
Swiss Federal Institute of Technology	http://cbrg.inf.ethz.ch
Johns Hopkins University Bioinformatics	http://www.gdb.org/hopkins.html
QUEST Protein Database Center (CSHL)	http://siva.cshl.org
Weizmann Institute Biological Computing Devision	http://dapsas1.weizmann.ac.il
Australian National University (ANU) Bioinformatics	http://life.anu.edu.au
BioMolecular Engineering Research Center (BMERC)	http://bmerc-www.bu.edu
European Molecular Biology Laboratory (EMBL)	http://www.embl-heidelberg.de
Harvard Biological Laboratories	http://golgi.harvard.edu
NCI Laboratory of Mathematical Biology	http://www-lmmb.ncifcrf.gov
W.M.Keck Center	http://www.cs.pitt.edu/Keck/Welcome.html
Bionet News Group Archives	http://www.bio.net
Internet Directory of Biotechnology Resources	http://biotech.chem.indiana.edu
IUBio Archive	gopher://ftp.bio.indiana.edu
Pedro's BioMolecular Research Tools	http://www.public.iastate.edu/~pedro/research_tools.html

（二）分析工具的发展

除了前面已经提及的数据库和网络组织管理、生物符号序列（核酸与蛋白质序列）的分析比较、基因和蛋白质结构和功能的预测等算法和程序设计问题，生物信息学还向数理科学和计算科学提出不少深刻的研究课题；生物信息学发展的核心问题，也就是要进一步发展创新的分析工具。当然，这方面可以开拓和正在开拓的领域也是十分广泛的，牵涉到生物信息学的各个方面。在这里，我们仅简述其中与基因组信息学紧密相关的若干问题，以及在基础方法学方面的一些探索问题。

1. 建立快速、严格的多序列比较方法

多序列比较是解决同源性分析等重要问题的关键手段，但迄今为止只有近似方法。虽然两个序列比较有动态规划算法这样的精确方法，但要把它推广到多序列的情况是不现实的。为此发展精确的多序列比较方法是当务之急。

2. 发展能有效支持基因组大尺度作图和功能基因组分析及复杂遗传性状的分型分析需要的分析方法

功能基因组时代生物信息数据分析的特点是大规模、多层次地对复杂数据的统计分析。例如，对遗传疾病的分析，将从对简单的"单基因疾病"的研究发展到对多基因、常见疾病的，包括环境因素在内的多因子分析的研究水平。这些分析，又必须与SNP等基因组研究的成果相结合。因此，必须改进现有的理论分析方法，进一步发展方差分析的统计方法、隐马尔可夫模型方法、分维方法、神经网络方法、复杂性分析方法、密码学方法，发展统计语言学和代数语言学结合的理论框架，对模糊语言和随机语法进行研究等，以及各种分子设计方法等。创建一切适用于生物信息学研究的新方法、新技术。

五、生物信息学的应用与发展研究

生物信息学的研究结果不仅具有重要的理论价值，也可直接应用到工农业生产和医疗实践当中去。因此，生物信息、医药信息、农业信息以及相关的信息分析和应用算法和软件，都具有重要的经济价值。生物信息学必定会成为知识经济的主要贡献者。

（一）与疾病相关的基因信息及相关算法和软件开发

很多疾病与基因突变或基因多态有关，有人估计与癌症相关的原癌基因约有一千个，抑癌基因约有一百个。约有六千种以上的人类疾患与各种人类基因的变化相关联。更多的疾病是环境（包括致病微生物）与人类基因（基因产物）相互作用的结果。因此，不同的个人对于致病因素及疾病的药物治疗的反应既有共性，又有个性。随着人类基因组计划的深入，当我们知道了人类全部基因在染色体上的位置、它们的序列特征

(包括 SNP)以及它们表达规律和产物（RNA 和蛋白质）特征以后，人们就可以有效地判定各种疾患的分子机制，进而发展合适的诊断和治疗手段。在基因组水平上发展起来的这种手段与历史上存在的各种手段的最大差别在于它不仅反映了疾病的共性，而且反映了不同的致病因素和治病药物在病人个体差异基础上引起的效应。于是，也就有了基因组时代的所谓的个体化保健、诊断与治疗。

为了实现这一目标，人们必须对"致病基因"有更多更深的认识。曾经需要付出极大的努力和智慧才能获得的对于遗传疾病基因的"定位克隆"，由于人类基因组序列信息的公开，以及相应的分析能力的上升，已经使科学家能较快地确定"候选基因"，大大加速了研究的进度。对于中国的科学工作者而言，如果能充分利用我国自有的大量遗传资源，结合人类基因信息，将有可能在近期内获得一批克隆"疾病基因"的成果。2000 年，我国北京与上海两地的科学工作者协同作战，成功地鉴定与二型乳光牙和遗传性进行性高频耳聋相关的 DSPP 基因（Xiao et al.，2001），充分证明基因组信息学对于发展疾病基因定位克隆所发挥的重要作用。最近，国际人类基因组协作组在对于人类基因组进行初步分析的同时，利用鉴定已知疾病基因的横向同源基因发现了一批新的候选"疾病基因"（International Human Genome Sequencing Consortium，2001）。这些方法学的发展，进一步开拓了利用生物信息学研究"疾病基因"的空间。在这一形势下，有两项生物信息学工作是重要的。一是构建与疾病相关的人类基因信息数据库（包括 SNP 数据库），二是发展有效地分析基因分型数据的生物信息学算法，特别是将 SNP 数据与疾病和致病因素相关的计算方法。

（二）建立与动、植物良种繁育相关的基因组数据库，发展分子标记辅助育种技术

随着人类基因组、水稻基因组以及各种模式生物基因组的解译，根据不同物种间的进化距离和功能基因的同源性，可以比较容易地找到各种家畜、经济作物与其经济效益相关的基因，并进一步认识它们发育、生长和抗逆的各种途径和机制。在此基础上，利用相关的基因组分子标记，可以加快育种的速度，按照人们的愿望对它们加以改造。

（三）研究与发展药物设计软件和基于生物信息的分子生物学技术

人类基因组信息为药物发展提供了新的候选分子和新的候选靶点。最近，国际人类基因组协作组在对人类基因组进行初步分析的同时，利用已被鉴定的 603 个人类蛋白质（SWISS-PROT），搜寻已知的 483 个药靶基因的横向同源物，发现了 18 个新的候选"药靶基因"（International Human Genome Sequencing Consortium，2001）。这一成果是相当鼓舞人心的。

分子生物学常用的表达载体、PCR 和杂交引物以及各种试剂盒（包括 DNA 芯片）的设计必须依赖于核酸的序列信息。基因组信息学提供的大量信息为这类技术的发展提供了广阔的天地。而蛋白质结构生物信息学的发展，更为分子设计并进一步为药物设计提供了技术基础。最后，在代谢途径生物信息基础上发展起来的代谢工程必将为工农业

和医药事业的发展带来革命性的变化；因此，有关组合化学和组合生物合成的生物信息学的研究及其应用也是值得注意的重要发展方向。

六、生物信息学研究和发展中的交叉学科和大科学特点

（一）实验生物学家和计算生物学家

生物信息学的发展，将造就一批不直接做实验而每天坐在计算机终端前的科学工作者，即所谓的"计算生物学家"。"生物学是实验科学"这类提法曾经是完全正确的，但是，已经不十分符合当今的科学实践了。一个新的命题正放在我们的面前：如何正确认识生物信息学（更确切地说，是计算生物学）与实验生物学的关系。

首先，作为生物信息学基础和出发点的核酸与蛋白质序列都来自实验。即使是高产出的自动测序机，也都基于以往的实验成就。这同时也表明以往艰苦卓绝的、大量重复的实验技术已经发展成现代化生产线。不重视从分析数据库获得新知识，就是忽视大量以往的实验成果。

其次，在全球每天产生以千万碱基对计数的核酸序列，从中翻译出成千上万的可能的蛋白质序列的时代，已经根本不可能用实验办法去逐一确定它们的结构和功能。只有根据以往积累的数据和经验，对大量新序列进行分析筛选，才能突出应当由实验去决断的问题，进而投入极其宝贵的人力物力。这一决策也得借助计算机完成。

第三，越来越多的物种的基因组将被基本上完全地测定。那种倾毕生精力研究一个基因、一条代谢途径、一种生理周期的时代已经过去。还会有学者这么做，但他们将只代表一种研究风格，而不再是学术主流。人们正在阐明细胞内的全部互相整合的调控网络和代谢网络，细胞间的全部信号转导过程，从受精卵到成体的全部生理和病理的基因表达的变化，等等。这一切都超出手工分析的可能性。因发明了一种DNA快速测序方法而同F. Sanger分享1980年诺贝尔化学奖的W. Gilbert于1991年在英国《自然》（Nature）撰写短文（Gilbert，1991），针对生物学的研究范式的变化指出，"正在兴起的新的范式在于，所有的'基因'将被知晓（在可用电子方式从数据库里读取的意义上），今后生物学研究项目的起点将是理论的。一位科学家将从理论猜测开始，然后才转向实验去继续或检验该假设。"这一观点正在被越来越多的生物学工作者所认同。

从根本上说，实验始终起着决定作用。然而，这并不表明事事取决于实验。许多标准的实验，已经成为半工业化的日常手续。只有那些有深刻思想的、精心设计的、决定性的新实验，才同过去一样，从根本上推动着科学发展。计算生物学的出现，不是对以往实验生物学的否定，而是在更高水平上对它的总结和利用；也不是对未来实验生物学的否定，而是对它提出了更新更高的挑战。正因为如此，计算生物学的发展是离不开实验生物学家的贡献的，而今天的实验生物学家只有利用计算生物学的成果，才能跳出实验技师的框架，做出真正创新的研究。物理学在19世纪曾是实验科学，20世纪上半叶发展成理论和实验密切结合的科学，20世纪下半叶成为鼎立在实验、理论和计算三足之上的成熟的发达学科。生物也是物，生物学的发展也会从物理学得到启示。

(二) 三种科学文化的融合

生物信息学是整合了生物学、统计学、应用数学、计算机科学以及计算机软硬件工程方面力量的交叉学科。在这种交叉的界面上必然出现科学文化或研究文化的冲突或矛盾。这里，基本上是三种文化的矛盾。生物学家急于立即解决他们的数据管理和分析上的问题，数学家和计算机科学家往往沉浸于他们深感兴趣的基础理论问题，而工程师们则希望上述两方面能提供界定足够清楚明了的问题，以便于他们制作出能解决问题的"工具"。尽管这样的文化差异在各种交叉学科中都是或多或少地存在的，由于在语言和思维方式上的极大差异，使得生物信息学领域中三种文化的矛盾尤显突出。

当然，可以令人庆幸的是，由于生物信息学是如此朝气蓬勃、令人神往的新兴学科，它真正吸引了三方面最优秀的科学家参加工作，它本能地促进科学家的交流，这三种文化多年来正在逐步地、成功地融合。其中最为关键的是一批一批受过这三种文化教育、培训和熏陶的年轻一代生物信息科学工作者的出现。相信，生物信息学学科将在21世纪中获得极大的发展，它的前途是无量的。

(三) 跨越整个生命科学的大科学

生物信息学不仅是一个跨学科的新兴科学，而且由于其涉及生命科学从基础研究到医学、药学以及与生物技术相关、与环境和天然资源相关的工农业的各个方面，因此，它又是一个跨越整个生命科学的大科学。随着生物信息学的日益发展，也随着医药和生物技术的发展与数据的积累，生物信息学大科学的本质将日益显现。医药界在21世纪所追求的个人化的医药必然建立在生物信息学的技术平台上。21世纪生物技术所追求的代谢工程也离不开生物信息学的支撑。未来的环境保护和资源的可持续开发也都要利用生物信息学的手段。为了适应这样一个大科学的发展前景，生物信息学要准备更广泛的学科交叉。同时，要注意抓紧生物信息学的几项基本任务：数据的收集、管理和利用；方法的研发和服务；人员的培养和训练；学科的建立和发展。

总之，当前是生物信息学研究的一个有活力的新时代。不少科学家还说它是人类基因组研究的收获时代，它不仅将赋予人们各种基础研究的重要成果，也会带来巨大的经济效益和社会效益。这是一个年轻人搏击创新的学科，又离不开有经验的中老年科学家的战略指导和积极参与。它为我国科学界的老中青三结合创造了"友好"的界面。作为一个连接了生命科学和信息科学当今两大朝阳学科的新兴学科，作为一个博古通今、从微观到宏观、从理论到应用、跨越整个生物学的大科学，生物信息学前途无量！

(陈润生　赵国屏　李亦学)

参考文献

刘军, 孙键, 凌伦奖等. 1996. 用比较聚类法寻找转录因子的结合位点. 生物物理学报, 12：459~464
刘喜富, 萧飙, 顾征等. 1996. 抗人CD3单链抗体与改形单域抗体的表达. 中国科学 (C辑), 26：428~435

沈如群, 陈润生, 凌伦奖等. 1993. 蛋白质结构基因不同区域的复杂度. 科学通报, 38: 1995～1997

孙键, 徐军, 凌伦奖等. 1993. 用神经网络法预测 mRNA 的剪切位点. 生物物理学报, 9: 127～131

唐广, 陈润生. 1997. 用序列周期性指数寻找 Alu 序列编码方式. 生物物理学报, 13: 243～249

王宁, 陈润生, Wing Hung Wong. 2000. 16 个完整基因组中核糖体蛋白基因排列顺序保守性的研究. 中国科学 (C 辑), 30 (1) 99～107

王宁, 陈润生. 1999. 基于内含子和外显子的系统发育分析的比较. 科学通报, 44: 2095～2102

徐军, 陈润生, 凌伦奖等. 1992. 内含子序列的周期分析. 第三届理论生物物理学学术会议论文集 (上海). 138～142

杨灿珠, 宣震宇, 凌伦奖等. 1999 年. 计算机克隆大片段 EST 序列的方法研究. 自然科学进展, 9: 812～817

Altshuler D et al. 2000. An SNP map of the human genome generated by reduced representation shotgun sequencing. Nature, 407: 513～516

Anson E, Myers G. 1999. Algorithms for whole genome shotgun sequencing. Proc RECOMB' 99 Lyon France

Banson DA et al. 1998. GeneBank. Nucleic Acids Res, 26: 1～7

Benton D. 1996. Bioinformatics principles and potential of a new multidisciplinary tool. TIBTECH, 14: 261～272

Birney E, Durbin R. 2000. Using GeneWise in the Drosophila annotation experiment. Genome Res, 10: 547～548

Blundell TL, Johnson MS. 1993. Catching a common fold. Protein Sci, 2: 877～883

Boguski MS, Tolstoshev CM, Bassett DE et al. 1994. Gene Discovery in dbEST. Science, 265: 1993～1994

Bonfield JK, Smith kF, Staden R. 1995. A new DNA sequence assembly program. Nucleic Acids Res, 23: 4992～4999

Cormen TH, Leiserson CE, Rivest RL. 1990. Introduction to algorithms. MIT Press

Dunham AR et al. 1999. The DNA sequence of human chromosome 22. Nature, 402: 489～495

Eckman BA, Aaronson JS, Borkowski JA et al. 1998. The Merck Gene Index browser: an extensible data integration system for gene finding, gene characterization and data mining. Bioinformatics, 14: 2～13

Edward CU, Ying Xu, Richard JM. 1991. Locating protein-coding regions in human DNA sequences by a multiple sensor-neural network approach. Proc Natl Acad Sci USA, 88: 11261～11265

Edward CU, Ying Xu, Richard JM. 1996. Discovering and Understanding Genes in Human DNA Sequence Using GRAIL. Methods in Enzymology, 266: 259～281

Ewing B et al. 1998. Base-calling of automated sequencer traces using phred. I. Accuracy assessment. Genome Res, 8: 175～185

Ewing B, Green P. 1998. Base-calling of automated sequencer traces using phred. II. Error probabilities. Genome Res, 8: 186～194

Felsenstein J. 1985. Confidence limits on phylogenies: an approach using the bootstrap. Evolution, 39: 783～791

Fleischmann RD et al. 1995. Whole-genome random sequencing and assembly of *Haemophilus influenzae*. Science, 269: 496～512

Gilbert W. 1991. Towards a paradigm shift in biology. Nature, 349 (6305): 99

Goffeau et al. 1997. The yeast genome directory. Nature, 387 (Suppl): 5～105

Greer J, Erickson JW, Baldwin JJ et al. 1994. Application of the Three-Dimensional Structures of Protein Target Molecules in Structure-Based Drug Design. J Med Chem, 37: 1035～1054

Gtaziano P, Marcella A, Cecilia S. 1996. Linguistic Analysis of Nucleotide Seuences: Algorithms for Pattern Recognition and Analysis of Codon Strategy. Method in Enzymology, 266: 281～294

Hattori M et al. 2000. The DNA sequence of human chromosome 21. Nature, 405: 311～319

Henderson J, Salzberg S, Fasman KH. 1997. Finding Genes in DNA with a Hidden Markov Model. J Compt Biol, 4 (2): 127～141

Higgins DG, Bleasby AJ, Fuchs R. 1992. Clustal V: improved software for multiple sequence alignment. Comput Appl Biosci, 8: 189～191

Ho SP, DeGrade WF. 1987. Design of a 4-Helix Bundle Protein: Synthesis of Peptides which Self-Associate into a Helical Protein. J Am Chem Soc, 109: 6751～6755

Houlgatte R, Samson RM, Duprat S et al. 1995. The Genexpress Index: A Resource for Gene Discovery and the Genic Map of the Human Genome. Genome Res, 5: 272~304

Huang W, Madan A. 1999. CAP3: a DNA sequence assembly program. Genome Res, 9: 868~877

Huang X. 1996. An improved sequence assembly program. Genomics, 33: 21~31

Hubbard T, Birney E. 2000. Open annotation offers a democratic solution to genome sequencing. Nature, 403: 825

International Human Genome Sequencing Consortium. 2001. Initial sequencing and analysis of the human genome. Nature, 409: 860~921

Kent WJ, Haussler D. 2000. "GigAssembler: an algorithm for the initial assembly of the human Genome working draft" UCSC-CRL-00-17

Kimura M. 1983. The neutral theory of molecular evolution. Cambridge, UK: Cambridge university Press

Koonin EV, Tatusov RL, Galperin MY. 1998. Beyond complete genomes: from sequence to structure and function. Curr Opin Struct Biol, 8: 355~363

Kulp D, Haussler D, Reese MG et al. 1996. A generalized hidden Markov model for the recognition of human genes in DNA. ISMB, 4: 134~142

Kumar S, Tamura K, Nei M. 1993. MEGA: Molecular Evolutionary Genetic Analysis University Park: Penn State Univ

Lam PYS et al. 1994. Rational Design of Potent, Bioavailable, NonPeptide Cyclic Ureas as HIV Protease Inhibitors. Science, 263: 380~384

Li WH, Graur D. 1991. Fundamentals of Molecular Evolution. Sunderland, Massachusetts: Sinauer Associates

Lipman DJ et al. 1997. Gapped BLAST and PSI-BLAST: a new generation of protein database search programs. Nucleic Acids Res, 25: 3389~3402

Marth GT et al. 1999. A general approach to single-nucleotide polymorphism discovery. Nature Genet, 23: 452~456

Miller G, Fuchs R, Lai E. 1997. IMAGE cDNA Clones, UniGene Clustering, and ACeDB: An Integrated Resource for Expressed Sequence Information. Genome Research, 7: 1027~1032

Mullikin JC et al. 2000. An SNP map of human chromosome 22. Nature, 407: 516~520

Mushegian AR, Koonin EV. 1996. A minimal gene set for cellular life derived by comparison of complete bacterial genomes. Proc Natl Acad Sci USA, 93: 10268~10273

Myers EW et al. 2000. A whole-genome assembly of Drosophila. Science, 287: 868~877

Nowak R. 1994. Mining Treasures from 'Junk DNA'. Science, 263: 608~610

Orengo CA, Jones DT, Thornton JM. 1994. Protein superfamilies and domain superfolds. Nature, 372: 631~634

Pearon WR. 1990. Rapid and sensitive sequence comparison with FASTP and FASTA. Methods Enzymol, 183: 63~98

Pruitt KD, Maglott DR. 2001. RefSeq and LocusLink: NCBI gene-centered resources. Nucleic Acids Res, 29: 137~140

Reichmann L, Clark M, Waldmann G et al. 1988. Reshaping human antibodies for therapy. Nature, 332: 323~327

Roderic G, Steen K, Neil D et al. 1992. Prediction of Gene Structure. J Mol Biol, 226: 141~157

Roest Crollius H et al. 2000. Estimate of human gene number provided by genome-wide analysis using *Tetraodon nigroviridis* DNA sequence. Nature Genet, 25: 235~238

Snel B, Bork P, Huynen MA. 1999. Genome phylogeny based on gene content. Nature genetics, 21: 108~110

Snyder EE, Stormo GD. 1993. Identification of coding regions in genomic DNA sequences: an application of dynamic programming and neural networks. Nucleic Acids Res, 21 (3): 607~613

Snyder EE, Stormo GD. 1995. Identification of Protein Coding Regions in Genomic DNA. J Mol Biol, 248: 1~18

Somogyi R, Sniegoski C. 1996. Complexity, 1: 45~63

Tatusov R, Koonin EV, Lipman DJ. 1997. A Genome Perspective on Protein Families. Science, 278: 631~637

Tatusov RL et al. 1996. Metabolism and evolution of Haemophilus influenzae deduced from a whole-genome comparison with Escherichia coli. Current Biology, 6: 279~291

The Arabidopsis Genome Initiative. 2000. Arabidopsis genome has been sequenced and annotated by the Arabidopsis Genome Initiative (AGI). Nature, 408: 796~815

The *C. elegans* Sequencing Consortium. 1998. Genome sequence of the nematode C. elegans: a platform for investigating biology. Science, 282: 2012~2018

The U. S. Human Genome Project: The First Five Years FY 1991-1995, by NIH and DOE.

TIGR Assembler. 1995. a new tool for assembling large shotgun sequencing projects. Genome Science and Technology, 1 (1): 9~19

Trends in Biotechnology. 1998. Regulation of Solvent Production in Clostridium acetobutylicum. Supplement, 11~16

Venter C et al. 2001. The sequence of the human genome. Science, 291: 1304~1351

Xiao S, Yu C, Chou X et al. 2001. Dentinogenesis imperfecta 1 with or without progressive hearing loss is associated with distinct mutations in DSPP. Nature Genetics, 27: 201~204

Xu Jun, Chen Runsheng, Ling Lunjiang et al. 1993. Coincident indices of exons and intron. Comput Bid Med, 23: 333~343

Yi Xiao, Chen Runsheng, Shen Ruqun et al. 1995. Fractal Dimension of Exon and Intron Sequences. J Theor Biol, 175: 23~26

第二章

分子生物信息数据库

一、分子生物信息数据库简介

(一) 基因组计划和数据库

20世纪90年代,人类基因组和其他模式生物基因组计划全面实施。根据欧洲生物信息学研究所2001年3月统计,9个古细菌、34个真细菌、5个真核生物的全基因组序列测定已经完成。此外,一大批病毒、类病毒、噬菌体、线粒体、叶绿体、质粒的全序列测定也已经完成(表2.1)。已经完成的细菌基因组和病毒基因组中,不少与人类疾病相关(表2.2)。人类基因组30亿个碱基对的序列测定已于2001年初步完成,小鼠、河鲀、水稻、玉米等其他模式生物基因组的全序列测定,正在加速进行(表2.3)。基因组模式生物数据库纷纷上网,如人类基因组GDB、小鼠基因组MGD、果蝇基因组Flybase、线虫基因组AceDB、水稻基因组RiceGenes、酵母基因组Yeast、大肠杆菌基因组ECDC等,可通过Genome Web查询(表2.4)。

表2.1 已经完成全序列测定的基因组

种 类	数 目	备 注
古细菌	11	包括热自养甲烷菌、热球菌等
真细菌	58	其中有的测定了2个或3个菌株
真核生物	5	酵母、线虫、果蝇、拟南芥、人
病毒	628	包括不同亚类或不同菌株
类病毒	37	包括不同亚类或不同菌株
噬菌体	90	包括不同亚类或不同菌株
细胞器	201	包括线粒体和叶绿体
质粒	244	

注:引自欧洲生物信息学研究所http://www.ebi.ac.uk/genomes/。

表 2.2　已经完成全序列测定的部分细菌基因组

中文名称	学名	碱基数	EMBL代码
嗜热菌	Aquifex aeolicus	1 551 335	AE000657
枯草芽孢杆菌	Bacillus subtilis	4 214 814	AL009126
致莱姆病螺旋体	Borrelia burgdorferi	910 724	AE000783
空肠弯曲杆菌	Campylobacter jejuni	1 641 481	AL111168
Muridarum 衣原体	Chlamydia muridarum	1 069 412	AE002160
肺炎衣原体	Chlamydia pneumoniae	1 230 230	AE001363
肺炎衣原体 AR39	Chlamydophila pneumoniae AR39	1 229 853	AE002161
沙眼衣原体	Chlamydia trachomatis	1 042 519	AE001273
耐放射微球菌（1号染色体）	Deinococcus radiodurans chr I	2 648 638	AE000513
耐放射微球菌（2号染色体）	Deinococcus radiodurans chr II	412 348	AE001825
大肠杆菌	Escherichia coli	4 639 221	U00096
流感嗜血菌	Haemophilus influenzae	1 830 138	L42023
幽门螺杆菌（26695菌株）	Helicobacter pylori strain 26695	1 667 867	AE000511
幽门螺杆菌（J99菌株）	Helicobacter pylori strain J99	1 643 831	AE001439
生殖道支原体	Mycoplasma genitalium	580 074	L43967
结核杆菌	Mycobacterium tuberculosis	4 411 529	AL123456
奈瑟氏球菌（MC58菌株）	Neisseria meningitidis strain MC58	2 272 351	AE002098
奈瑟氏球菌（Z2491菌株）	Neisseria meningitidis strain Z2491	2 184 406	AL157959
普氏立克次氏体	Rickettsia prowazekii	1 111 523	AJ235269
蓝细菌	Synechocystis sp. PCC 6803	3 573 470	BA000022
嗜热菌	Thermotoga maritima	1 860 725	AE000512
梅毒螺旋体	Treponema pallidum	1 138 011	AE000520
解脲尿支原体	Ureaplasma urealyticum	751 719	AF222894

注：已经完成全序列测定的部分真细菌的名称和拉丁文学名，数据引自欧洲生物信息学研究所基因组信息网页 http://www.ebi.ac.uk/genomes/。

表 2.3　重要模式生物基因组已测序列数和碱基数

种属	英文名	学名	序列数	碱基数
人	human	Homo sapiens	2 817 215	3 602 304 427
家鼠	mouse	Mus musculus	988 315	447 330 039
果蝇	fruit fly	Drosophila melanogaster	146 547	356 371 228
线虫	worm	Caenorhabditis elegans	106 097	193 396 322
拟南芥	thale cress	Arabidopsis thaliana	113 086	167 325 730
水稻	rice	Oryza sativa	124 595	74 803 788
大鼠	rat	Rattus norvegicus	90 608	47 065 059
斑马鱼	zebrafish	Danio rerio	68 950	32 862 044
酿酒酵母	yeast	Saccharomyces cerevisiae	18 286	32 750 498

续表

种　属	英文名	学　　名	序　列　数	碱　基　数
番茄	tomato	*Lycopersicon esculentum*	55 932	28 645 191
大鼠	murinae	*Rattus* sp.	65 569	28 231 580
玉米	maize	*Zea mays*	54 888	26 921 564
布氏锥虫		*Trypanosoma brucei*	38 398	23 207 021
菜豆	soybean	*Glycine max*	52 651	23 030 854
河鲀	fugu	*Fugu rubripes*	42 779	22 505 778
大肠杆菌		*Escherichia coli*	5 470	18 817 130
人免疫缺陷病毒	hIV	human immunodeficiency virus	38 553	18 232 619
裂殖酵母	fission yeast	*Schizosaccharomyces pombe*	10 332	16 769 942
牛	cattle	*Bos taurus*	29 430	12 896 198
疟原虫	malaria parasite	*Plasmodium falciparum*	5 776	12 330 609

注：本表引自 2000 年 2 月发布的 GenBank 第 116 版，表中列出碱基数排在前 20 位的物种。

表 2.4　基因组数据库和信息资源导航系统网址

导航系统	网　　址
英国 HGMP GenomeWeb	http://www.hgmp.mrc.ac.uk/GenomeWeb/
北京大学 GenomeWeb 镜像	http://www.cbi.pku.edu.cn/GenomeWeb/
美国 Oak Ridge 实验室人类基因组	http://www.ornl.gov/TechResources/Human-Genome/genetics.html
美国 NIH 国家人类基因组研究所	http://www.nhgri.nih.gov/Data/
美国 NCBI 基因组信息	http://www.ncbi.nlm.nih.gov/Genomes/
美国 Nebraska 大学物种基因组	http://www.unl.edu/stc-95/ResTools/biotools/biotools10.html
美国 Gemomics 网站	http://genomics.phrma.org/
美国 Genome online 网站	http://wit.integratedgenomics.com/GOLD/
EBI Completed Genomes 网站	http://www.ebi.ac.uk/genomes/
EBI Genome Monitoring 网站	http://www.ebi.ac.uk/~sterk/genome-MOT/
英国 Roslin 研究所 ArkDB 网站	http://www.ri.bbsrc.ac.uk/arkdb/sites.html
英国谷物网络 CropNet 网站	http://synteny.nott.ac.uk/

随着基因组计划的实施，核酸和蛋白质一级结构序列数据迅速增长（图 2.1 表 2.5）。截至 2000 年 2 月，核酸数据库中序列数总数已近 570 万，约含 58 亿碱基；蛋白质序列数据库 SWISS-PROT 中的序列数已达 8 万 5 千多个，由核酸序列翻译得到的蛋白质序列总数已经超过 23 万；三维结构数据库 PDB 中已有 1 万 1 千多套原子坐标。与此相关的分子生物医学文献摘要数据库 MedLine 也是分子生物信息数据库的重要组成部分。上述数据库由国际著名生物信息中心负责管理、维护和运行，如核酸序列数据库 GenBank 和文献摘要数据库 MedLine 由美国国家生物技术信息中心（National Center for Biotechnology Information，NCBI）管理，核酸序列数据库 EMBL 由欧洲生物信息学研究所（European Bioinformatics Institute，EBI）管理，核酸序列数据库 DDBJ 由日本国

家遗传学研究所（National Institute of Genetics，NIG）管理，蛋白质序列数据库 SWISS-PROT 由瑞士生物信息研究所（Swiss Institute of Bioinformatics，SIB）管理，蛋白质结构数据库 PDB 原由美国 Brookhaven 国家实验室管理，1998 年 10 月移交给美国结构生物信息学合作研究机构（Research Collaboration for Structural Bioinformatics，RCSB）管理。

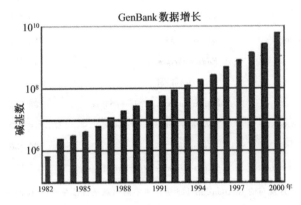

图 2.1　GenBank 数据增长。引自 GenBank 2000 年 2 月第 116 版。

表 2.5　核酸序列数据库增长情况

年　份	碱基数	序列数	年　份	碱基数	序列数
1982	680 338	606	1992	83 894 652	65 100
1983	2 274 029	2427	1993	126 212 259	106 684
1984	3 002 088	3665	1994	173 261 500	162 946
1985	4 211 931	4954	1995	248 499 214	269 478
1986	5 925 429	6642	1996	463 758 833	685 693
1987	10 961 380	10 913	1997	786 898 138	1 192 505
1988	19 156 002	17 047	1998	1 372 368 913	2 042 325
1989	26 382 491	22 479	1999	2 569 578 208	3 525 418
1990	40 127 752	33 377	2000	5 805 414 935	5 691 170
1991	55 169 276	43 903			

注：引自 2000 年 2 月发布的 GenBank 第 116 版说明书。

计算机网络的发展，互联网在全球的普及，为分子生物信息数据库的利用开辟了广阔前景。由测序中心所得到的数据，通过计算机网络直接送往国际核酸序列数据中心。此外，生物学家也可以通过基于互联网的序列递交程序，直接向数据中心递交数据。由于数据库容量的急速增长，利用磁盘、磁带、光盘等介质发布数据库已经变得相当困难，而计算机网络传输速度的不断增加，为数据传输提供了极好的手段。NCBI、EBI、NIG 均有免费的数据下载服务。1999 年 10 月，北京大学生物信息中心的 FTP 服务器开始为国内外用户免费提供数据库下载服务，包括核酸序列数据库 GenBank 和 EMBL、蛋白质序列数据库 SWISS-PROT 和 PIR、蛋白质结构数据库 PDB 等，其中 EMBL、SWISS-PROT 和 PDB 已经做到与国际数据中心同步更新。

（二）分子生物信息数据库种类

分子生物信息数据库种类繁多。归纳起来，大体可以分为4个大类，即基因组数据库、核酸和蛋白质一级结构序列数据库、生物大分子（主要是蛋白质）三维空间结构数据库，以及由以上述3类数据库和文献资料为基础构建的二次数据库。基因组数据库来自基因组作图，序列数据库来自序列测定，结构数据库来自X射线衍射和核磁共振等结构测定。这些数据库是分子生物信息学的基本数据资源，通常称为基本数据库、初始数据库，也称一次数据库。

根据生命科学不同研究领域的实际需要，对基因组图谱、核酸和蛋白质序列、蛋白质结构以及文献等数据进行分析、整理、归纳、注释，构建具有特殊生物学意义和专门用途的二次数据库，是数据库开发的有效途径（图2.2）。近年来，世界各国的生物学家和计算机科学家合作，已经开发了几百个二次数据库和复合数据库，也称专门数据库、专业数据库、专用数据库。

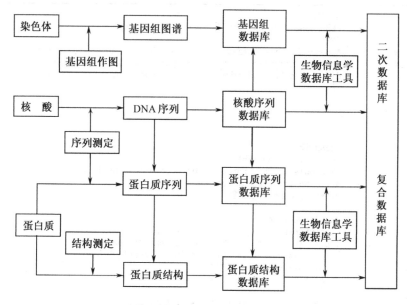

图2.2 分子生物信息数据库。

一般说来，一次数据库的数据量大，更新速度快，用户面广，通常需要高性能的计算机服务器、大容量的磁盘空间和专门的数据库管理系统支撑。例如，欧洲生物信息学研究所用Oracle数据库软件管理、维护核酸数据库EMBL。而基因组数据库GDB的管理、运行则基于Sybase数据库管理系统，即使是安装其镜像，也需要有Sybase支撑。Oracle和Sybase均为流行的数据库管理商业软件。而二次数据库的容量则要小得多，更新速度也不像一次数据库那样快，也可以不用大型商业数据库软件支持。许多二次数据库的开发基于Web浏览器，使用超文本语言HTML和Java程序编写图形界面，有的还带有搜索程序。这类针对不同问题开发的二次数据库的最大特点是使用方便，特别适用于计算机使用经验不太丰富的生物学家。

　　二次数据库种类繁多，以核酸数据库为基础构建的二次数据库有基因调控转录因子数据库 TransFac、真核生物启动子数据库 EPD、克隆载体数据库 Vector、密码子使用表数据库 CUTG 等。以蛋白质序列数据库为基础构建的二次数据库有蛋白质功能位点数据库 Prosite、蛋白质序列指纹图谱数据库 Prints、同源蛋白家族数据库 Pfam、同源蛋白结构域数据库 Blocks。以具有特殊功能的蛋白质为基础构建的二次数据库有免疫球蛋白数据库 Kabat、蛋白激酶数据库 PKinase 等。以三维结构原子坐标为基础构建的数据库为结构分子生物学研究提供了有效的工具，如蛋白质二级结构构象参数数据库 DSSP、已知空间结构的蛋白质家族数据库 FSSP、已知空间结构的蛋白质及其同源蛋白数据库 HSSP 等。北京大学生物信息中心构建的蛋白质回环分类数据库 Loops 则是用于蛋白质结构、功能和分子设计研究的专门数据库。此外，酶、限制性内切核酸酶、辐射杂交、氨基酸特性表、序列分析文献等，也属于二次数据库或专门数据库。

框 2.1　数据库 DBCat 实例

```
AC              DBC00004
NAME            EMBL, The EMBL Nucleotide Sequence Database
DOMAIN          DNA
DESCRIPTION     A comprehensive database of DNA and RNA sequences collected
DESCRIPTION     from the scientific literature, patent applications, and
DESCRIPTION     directly submitted from researchers and sequencing groups
CHECKED         YES
AUTHOR          -
RA              -
RT              -
RL              -
RX              SeqAnalRef:
ORIGINAL-SITE   EMBL Outstation, EBI
ADDRESS         EMBL Outstation - European Bioinformatics Institute
ADDRESS         Wellcome trust genome campus
ADDRESS         Hinxton, Cambridge CB10 1SD
ADDRESS         U.K.
CONTACT         datalib@ebi.ac.uk
SUBMIT          datasubs@ebi.ac.uk   (submission)
URL-FTP         ftp://ftp.ebi.ac.uk/pub/databases/embl/release
URL-WWW         http://www.ebi.ac.uk/ebi_docs/embl_db/embl_db.html
URL-QUERY       http://www.ebi.ac.uk:5000
RELEASE         Quarterly
UPDATES         Daily
COMMENTS        EU-Server : NetServ@ebi.ac.uk   E-mail service
OTHER-SITE      INFOBIOGEN
ADDRESS         7 rue Guy Moquet
ADDRESS         94801 Villejuif Cedex
ADDRESS         FRANCE
URL-FTP         ftp://ftp.infobiogen.fr/pub/db/embl
URL-WWW         -
URL-QUERY       http://www.infobiogen.fr/srs
UPDATES         Daily
COMMENTS        Formats: flat files, fasta, blast, index gcg, srs, acnuc
COMMENTS        EU-Server : retrieve@infobiogen.fr E-mail service
COMMENTS        US-Server : retrieve@ncbi.nlm.nih.gov E-mail service
```

　　注：本图框为 DBCat 数据库的一个实例，即核酸序列数据库 EMBL 的所有信息，包括数据库的种类、格式、构建和维护管理单位、更新状况、联系地址、网址、FTP 服务器下载地址等。

法国生物信息研究中心 Infobiogen 生物信息数据库目录 DBCat 搜集了 400 多个数据库的名称、内容、数据格式、联系地址、网址等详细信息,使用户对目前生物信息数据库有一个详尽的了解。DBCat 本身也是一个具有一定数据格式的数据库,框 2.1 是 DB-Cat 数据库中关于核酸序列数据库 EMBL 的实例。DBCat 按 DNA、RNA、蛋白质、基因图谱、结构、文献等分类,其中大部分数据库是可以免费下载的公用数据库。表 2.6 列出安装于北京大学生物信息中心 Web 服务器上的生物信息数据库名称和种类以及简要说明。

表 2.6 常用分子生物信息学数据库

数据库名称	数据库内容	数据库名称	数据库内容
EMBL	核酸序列	EMEST	EMBL 数据库中 EST 部分
PIR	蛋白质序列	SWISS-PROT	蛋白质序列
OWL	非冗余蛋白质序列	TREMBL	EMBL 翻译所得蛋白质序列
PDB	蛋白质三维空间结构	DSSP	蛋白质二级结构参数
HSSP	同源蛋白家族	FSSP	已知空间结构蛋白质家族
PDBFINDER	PDB 数据库注释信息	SBASE	蛋白质结构域序列
SUBTILIST	枯草杆菌序列	HUMREP	人类基因组中重复序列
VECTOR	克隆载体	CPGISLE	CpG 岛序列
RDP	核糖体序列	TRANSFAC	转录因子
ECDC	大肠杆菌序列	YPD	酵母基因组
KABATN	免疫球蛋白核酸序列	KABATP	免疫球蛋白蛋白质序列
PROSITE	蛋白质功能位点	PROSITEDOC	蛋白质功能位点文献摘要
BLOCKS	同源蛋白序列模块	PRINTS	蛋白质指纹图谱
PRODOM	蛋白质结构域	PFAM	蛋白质家族序列
ENZYME	酶	REBASE	限制性内切核酸酶
OMIM	人类遗传缺陷基因	UNIGENE	人类基因组中基因序列
SEQANALREF	序列分析文献目录	SEQANALRABS	序列分析文献摘要
MEDLINE	医学文献目录	VIRGIL	GDB 和 GenBank 链接
FLYGENES	果蝇基因组	MITSNP	单核甘酸多态性
RHDB	放射杂交	GENDIAG	遗传疾病和遗传缺失
P53	P53 蛋白突变	CD40LBASE	CD40 蛋白
PK	丙酮酸激酶	IMGT	免疫球蛋白
CUTG	遗传密码使用频度	GENETICCODE	遗传密码表
TAXONOMY	分类学	AAINDEX	氨基酸性质索引表
BIOCAT	生物信息学程序目录	DBCAT	生物信息学数据库目录

注:本表列出北京大学生物信息中心数据库检索系统 SRS 中安装的主要数据库名称和内容,包括序列、结构、蛋白质功能位点、酶、基因组、文献资料等不同类型。表中所列数据为 2000 年 4 月的统计资料,实际安装的数据库将不断增加,读者可直接通过北京大学生物信息中心 SRS 服务器查看。

此外,国际上许多生物信息中心建有生物信息学和基因组信息资源网络导航系统(表 2.4)。其中美国 Oak Ridge 国家实验室基因组信息资源(图 2.3)和英国基因组图谱资源中心(Human Genome Mapping Resource Centere,HGMP)的 GenomeWeb 信息最为详尽（表2.7），搜集了世界各地基因组中心、基因组数据库、基因组图谱、基因组实验材料、基因突变、遗传疾病，以及生物技术公司、实验规程、网络教程、用户手册等几百个网址。

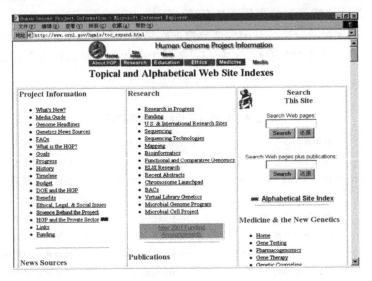

图2.3　Oak Ridge 基因组信息资源系统。引自 http://www.ornl.gov/hgmis/toc-expand.html。

表2.7　GenomeWeb 导航系统

分　类	内　容
Genome Centres	世界各地基因组中心、研究机构、大学
Materials & Culture Collections	分子探针、菌种、培养基、抗体等
Nucleic Acids	数据库搜索、DNA序列分析、引物设计、基因识别
Proteins	蛋白质序列分析、结构域、家族、二级结构、三级结构、序列编辑
Carbohydrate Analysis	多糖分析、多糖结构功能
Phylogenetics	系统发育关系分析、系统树数据库
Genome Databases	模式生物基因组、染色体、突变、遗传疾病
Mapping	物理图谱、放射杂交、图谱资源
Linkage	连锁分析
Documentation and Courses	生物信息学网络教程、手册、说明书、软件工具等
Biological Information	操作规程、网络教程、资料、图片、词典等
Companies	生物技术、生物信息、生物制药公司
Other Lists	基因组、生物信息学网络导航器
Bibliographic Services	网络杂志、网络图书馆、文献资料目录
Network News	网络新闻、常见问题解答

二、基因组数据库

基因组数据库是分子生物信息数据库的重要组成部分。基因组数据库内容丰富、名目繁多、格式不一，分布在世界各地的信息中心、测序中心以及和医学、生物学、农业等有关的研究机构和大学。基因组数据库的主体是模式生物基因组数据库，其中主要有世界各国人类基因组研究中心、测序中心构建的各种人类基因组数据库。小鼠、河豚鱼、拟南芥、水稻、线虫、果蝇、酵母、大肠杆菌等各种模式生物基因组数据库或基因组信息资源都可以在网上找到。随着资源基因组计划的普遍实施，几十种动物、植物基因组数据库也纷纷上网，如英国 Roslin 研究所的 ArkDB 包括了猪、牛、绵羊、山羊、马等家畜以及鹿、狗、鸡等基因组数据库，美国、英国、日本等国的基因组中心的斑马鱼（zebrafish）、罗非鱼（*Tilapia*）、鲑鱼（salmon）等鱼类基因组数据库。英国谷物网络组织（CropNet）建有玉米、大麦、高粱、菜豆等农作物以及紫苜蓿（alfalfa）、牧草（forage）、玫瑰等基因组数据库。除模式生物基因组数据库外，基因组信息资源还包括染色体、基因突变、遗传疾病、分类学、比较基因组、基因调控和表达、放射杂交、基因图谱等各种数据库。

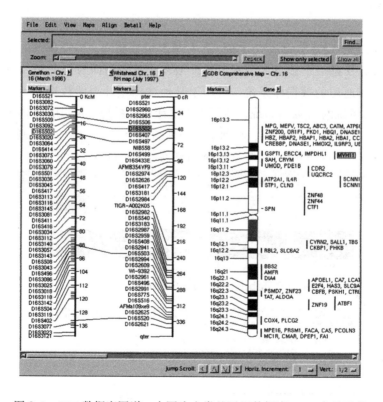

图 2.4 GDB 数据库图谱。本图为人类基因组数据库 GDB 中显示的基因图谱。GDB 的图形显示程序用 Java 程序编写，用户可以对其进行移动、缩放、打印等操作。

（一）GDB

由美国 Johns Hopkins 大学于 1990 年建立的 GDB 是重要的人类基因组数据库，现由加拿大儿童医院生物信息中心负责管理。GDB 数据库用表格方式给出基因组结构数据，包括基因单位、PCR 位点、细胞遗传标记、EST、叠连群（contig）、重复片段等；并可显示基因组图谱（图 2.4），包括细胞遗传图、连锁图、放射杂交图、叠连群图、转录图等；并给出等位基因等基因多态性数据。此外，GDB 数据库还包括了与核酸序列数据库 GenBank 和 EMBL、遗传疾病数据库 OMIM、文献摘要数据库 MedLine 等其他网络信息资源的超文本链接。

GDB 数据库是用大型商业软件 Sybase 数据库管理系统开发的，并用 Java 语言编写基因图谱显示程序，为用户提供了很好的界面，缺点是传输速度受到一定限制。GDB 数据库是国际合作的成果，其宗旨是为从事基因组研究的生物学家和医护人员提供人类基因组信息资源。其数据来自于世界各国基因组研究的成果，注册用户可直接向 GDB 数据库中添加和编辑数据。

（二）AceDB

AceDB 是线虫（*Caenorhabditis elegans*）基因组数据库。需要说明的是，AceDB 既是一个数据库，又是一个数据库管理系统。AceDB 基于面向对象的程序设计技术，是一个相当灵活和通用的数据库系统，可用于其他基因组计划的数据分析。AceDB 最初基于 Unix 操作系统的 X 窗口系统，适用于本地计算机系统。AceDB 提供很好的图形界面，用户能够从大到整个基因组、小到单个序列的各个层次观察和分析基因组数据。新开发的 WebAce 和 AceBrowser 则基于网络浏览器。Sanger 中心已经将其用于线虫和人

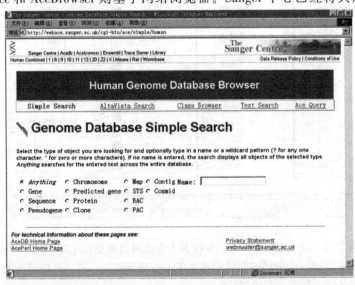

图 2.5 Sanger 中心的 WebAce 数据库检索系统。

类基因组数据库的浏览和检索（图 2.5），库内的资源包括限制性图谱、基因结构信息、质粒图谱、序列数据、参考文献等。

三、序列数据库

序列数据库是分子生物信息数据库中最基本的数据库，包括核酸和蛋白质两类，以核苷酸碱基顺序或氨基酸残基顺序为基本内容，并附有注释信息。序列数据库早期的数据主要由数据录入人员通过查阅文献杂志搜集，或者由科研人员用磁盘、电子邮件方式向国际生物信息数据库中心递交。数据中心对搜集到的序列数据进行整理、维护，并定期通过磁盘、磁带和光盘方式向全世界发布。序列数据库的序列数据来自核酸和蛋白质序列测定；注释信息包括两部分，一部分由计算机程序经过分析生成，另一部分则依靠生物学家通过查阅文献资料而获得。随着基因组大规模测序计划的迅速开展，序列数据库特别是核酸序列数据库的数据量迅速增长，数据来源主要集中于国际上几大著名的测序中心，如位于英国剑桥南郊基因组园区的 Sanger 中心、华盛顿大学基因组研究中心等。我国于 1999 年参加国际人类基因组研究项目，已经于 2000 年 4 月按计划完成人类基因组 1% 序列的测定。

（一）核酸序列数据库

EMBL、GenBank 和 DDBJ 是国际上三大主要核酸序列数据库。EMBL 由欧洲分子生物学实验室（European Molecular Biology Laboratory）于 1982 年创建，其名称也由此而来，目前由欧洲生物信息学研究所负责管理（Baker et al., 2000）。美国国家健康研究所（National Institute of Health，NIH）于 20 世纪 80 年代初委托 Los Alamos 国家实验室建立 GenBank，后移交给国家生物技术信息中心 NCBI，隶属于 NIH 下设的国家医学图书馆（National Library of Medicine，NLM）。DDBJ 是 DNA Data Base of Japan 的简称，创建于 1986 年，由日本国家遗传学研究所负责管理。1988 年，EMBL、GenBank 与 DDBJ 共同成立了国际核酸序列联合数据库中心，建立了合作关系。根据协议，这三个数据中心各自搜集世界各国有关实验室和测序机构所发布的序列数据，并通过计算机网络每天都将新测定或更新过的数据进行交换，以保证这三个数据库序列信息的完整性。

鉴于核酸序列数据库规模不断扩大，数据来源种类繁多，特别是大量的基因组序列片段迅速进入数据库，有必要将其分成若干子库，既便于数据库的维护和管理，也便于用户使用。例如，在对数据库进行查询或搜索时，有时不需要进行整库操作，而是将查询和搜索范围限定在一个或几个子库，不仅加快了速度，而且可以得到更加明确、可靠的结果。分类的原则，一是按照种属来源，如哺乳类、啮齿类、病毒等；二是根据序列来源，如将专利序列、人工合成序列单独分类。此外，各种基因组计划测序所得到的序列已经占了数据库总容量的一半以上，而且增长速度远远超过其他各种子库，有必要将其单独分类，包括表达序列标签（expressed sequence tag，EST）、高通量基因组测序（high throughput genomic sequencing，HTG）、序列标签位点（sequence tag site，STS），基因组概览序列（genome survey sequence，GSS），其中 EST 序列条目占整个核酸序列数据库的一半以上。由于历史的原因，EMBL 和 GenBank 对其子库分类方法略有不同（表 2.8），使用时应该注意。

表 2.8 EMBL 和 GenBank 核酸序列数据库中各子库名称

EMBL	GenBank	英文含义	中文含义
HUM	PRI	Primate	人类、灵长类
MAM	MAM	Other mammalian	其他哺乳动物
ROD	ROD	Rodent	啮齿类动物
VRT	VRT	Other vertebrate	其他脊椎动物
INV	INV	Invertebrate	无脊椎动物
PLN*	PLN	Plant, fungi, algi	植物、真菌、藻类
FUN	PLN	Fungal	真菌、藻类
PRO	BCT	Prokaryotes, bacterial	细菌、原核生物
VRL	VRL	Viral	病毒
PHG	PHG	Bacteriophage	噬菌体
ORG**	—	Organelles	细胞器
SYN	SYN	Synthetic	人工合成序列
UNC	UNA	Unclassified / Unannotated	未分类／未注释
EST	EST	Expressed sequence tag	表达序列标签
PAT	PAT	Patent	专利序列
STS	STS	Sequence tagged site	序列标签位点
GSS	GSS	Genome survey sequence	基因组概览序列
HTG	HTG	High throughput genomic sequence	高通量基因组序列

* EMBL 将真菌单独分类，而 GenBank 将真菌和藻类归在植物中。

** EMBL 将细胞器单独分类。

（二）EMBL 和 GenBank 数据库格式

了解序列数据库的格式，有助于更好地使用，提高数据库检索的效率和准确性。DDBJ 数据库的内容和格式与 GenBank 相同，此处不作详细介绍。EMBL 和 GenBank 数据库的基本单位是序列条目，包括核苷酸碱基排列顺序和注释两部分。序列条目由字段组成，每个字段由标识字起始，后面为该字段的具体说明。有些字段又分若干次字段，以次标识字或特性表说明符开始（图 2.6）。EMBL 序列条目以标识字"ID"开始，而 GenBank 序列条目以标识字"LOCUS"开始，可理解为序列的代号或识别符，实际表示序列名称。标识字还包括说明、编号、关键词、种属来源、学名、文献、特性表、碱基组成，最后以双斜杠"//"作本序列条目结束标记。EMBL 数据库的所有标识字以 2 个字母的缩写表示（表 2.9），如"ID"表示 Identification，"AC"表示 Accession，并都从第 1 列开始（框 2.2）。GenBank 数据库的标识字则以完整的英文单词表示，主标识字从第 1 列开始，次标识字从第 3 列开始，特性表说明符从第 5 列开始（框 2.3），等等。无论是 EMBL，还是 GenBank，每个字段不超过 80 个字符，若

| 序列名称、长度、日期 |
| 序列说明、编号、版本号 |
| 物种来源、学名、分类学位置 |
| 相关文献作者、题目、刊物、日期 |
| 序列特征表 |
| 碱基组成 |
| 序列（每行 60 个碱基） |

图 2.6 EMBL 和 GenBank 数据库主要内容和格式。

该字段的内容一行中写不下，可以在下一行继续，行首注以相同的标识字。

表 2.9 EMBL 和 GenBank 数据库格式

EMBL	GenBank	含 义
ID	LOCUS	序列名称
DE	DEFINITION	序列简单说明
AC	ACCESSION	序列编号
SV	VERSION	序列版本号
KW	KEYWORDS	与序列相关的关键词
OS	SOURCE	序列来源的物种名
OC	ORGANISM	序列来源的物种学名和分类学位置
RN	REFERENCE	相关文献编号，或递交序列的注册信息
RA	AUTHORS	相关文献作者，或递交序列的作者
RT	TITLE	相关文献题目
RL	JOURNAL	相关文献刊物杂志名，或递交序列的作者单位
RX	MEDLINE	相关文献 Medline 引文代码
RC	REMARK	相关文献注释
RP		相关文献其他注释
CC	COMMENT	关于序列的注释信息
DR		相关数据库交叉引用号
FH	FEATURES	序列特征表起始
FT		序列特征表子项
SQ	BASE COUNT	碱基种类统计数
空格	ORIGIN	序列

注：本表列出 EMBL 和 GenBank 数据库中主要字段的含义，请参照框 2.2 和框 2.3 所示数据库实例。

框 2.2 是某个序列条目的 EMBL 格式，而框 2.3 则是该序列条目的 GenBank 格式。两者具有相同的序列编号"Y12618"。可以看出，无论是注释信息，还是序列本身，两者的内容完全相同，只是格式有所区别而已。实际进行数据库检索时，只需检索其中的一个即可。需要说明的是，序列代码"AC"或"Accession"具有惟一性和永久性，在文献中引用时，应以代码为准，而不是以序列名称为准。已经完成全序列测定的细菌等基因组在数据库中分成几十个或几百个条目存放，以便于管理和使用。例如，大肠杆菌基因组的 4 639 221 个碱基分成 400 个条目存放，每个条目都有一个惟一的编码。

除了上述一般注释信息外，EMBL 和 GenBank 还包括了大量与序列特性相关的注释信息，这些信息为数据库的使用和二次开发提供了基础。这些注释信息位于其他注释信息和序列之间，称序列特征表（feature table）。EMBL 序列特征以标识字"FH"引导，不同的特征表具有不同的说明符，以标识字"FT"开始。而 GenBank 的特征表则以标识字"FEATURE"引导。序列特征表详细描述该序列的各种特性，包括蛋白质编码区以及翻译所得的氨基酸序列，外显子和内含子位置、转录单位、突变单位、修饰单位、重复序列等信息，以及与蛋白质数据库 SWISS-PROT 和分类学数据库 Taxonomy 等其他数据库的交叉索引编号。表 2.10 给出序列特征表各种特征位点的说明符以及它们的含义。应该指出，EMBL 和 GenBank 序列数据库中序列条目的大小相差极大，有的只有几个或几十个碱基，而有的则有几十万个碱基。表中所述特征位点只是总体说明，并不意味着每个序列条目都有这些说明符。

框 2.2 EMBL 核酸序列数据库实例

```
ID   PSPPF1      standard; RNA; PLN; 1523 BP.
AC   Y12618;
SV   Y12618.1
DT   30-JUN-1997 (Rel. 52, Created)
DT   02-FEB-1999 (Rel. 58, Last updated, Version 4)
DE   Pisum sativum mRNA for PPF-1 protein
KW   ppf-1 gene; PPF-1 protein.
OS   Pisum sativum (pea)
OC   Eukaryota; Viridiplantae; Streptophyta; Embryophyta; Tracheophyta;
OC   euphyllophytes; Spermatophyta; Magnoliophyta; eudicotyledons;
OC   core eudicots; Rosidae; eurosids I; Fabales; Fabaceae; Papilionoideae;
OC   Pisum.
RN   [1]
RA   Zhu Y., Zhang Y., Luo J., Davies P. J., Ho D. T. H.;
RT   "PPF-1, a post-floral-specific gene expressed in short-day-grown G2 pea,
RT   may be important for its never-senescing phenotype";
RL   Gene 208:1-6(1998).
RN   [2]
RC   Revised by [3]
RA   Zhang Y.;
RT   ;
RL   Submitted (16-APR-1997) to the EMBL/GenBank/DDBJ databases.
RL   Y. Zhang, Peking University, Box 28, College of Life Sciences, Beijing,
RL   100871, PRC
RN   [3]
RP   1-1523
RA   Zhang Y.;
RT   ;
RL   Submitted (02-FEB-1999) to the EMBL/GenBank/DDBJ databases.
RL   Y. Zhang, Peking University, Box 28, College of Life Sciences, Beijing,
RL   100871, PRC
DR   Demeter; Y12618; Y12618.
DR   MENDEL; 14275; Pissa;2332;14275.
DR   SPTREMBL; 004699; 004699.
FH   Key             Location/Qualifiers
FH
FT   source          1..1523
FT                   /db_xref="taxon:3888"
FT                   /organism="Pisum sativum"
FT                   /strain="G2"
FT                   /dev_stage="pre-floral seedlings"
FT                   /tissue_type="apical bud"
FT                   /clone_lib="lambda ZAPII"
FT   CDS             48..1376
FT                   /db_xref="SPTREMBL:004699"
FT                   /gene="ppf-1"
FT                   /product="PPF-1 protein"
FT                   /protein_id="CAA73179.1"
FT                   /translation="MAKTLISSPSFLGTPLPSLHRTFSPNRTRLFTKVQFSFHQLPPIQ
FT                   SVSHSVDLSGIFARAEGLLYTLADATVAADAAASTDVAAQKNGGWFGFISDGMEFVLKV
......
FT                   NENAGGIITAGQAKRSASKPEKGGERFRQLKEEEKKKKLIKALPVEEVQPLASASASND
FT                   GSDVENNKEQEVTEESNTSKVSQEVQSFSRERRSKRSKRKPVA"
SQ   Sequence 1523 BP; 421 A; 325 C; 311 G; 466 T; 0 other;
     ctcaagcctt caagcctgaa gcgtctcgta cacaaacctt ctcatccatg gcgaagacac      60
     tgatttcttc tccatccatt ctcggtactc cacttccttc acttcaccgt acttctcccc     120
......
     catttttggg ttgacaattt tattgaacat gttatttaat catgcaaaat atcttttgtt    1500
     tcatttaagt tccacatgtt agc                                            1523
//
```

注：本图框为 EMBL 核酸序列数据库的一个实例（与豌豆开花有关的基因 PPF-1），数据内容与 GenBank 数据库中相应的条目（框 2.3）完全一样，只是数据库的格式有所不同。为节省篇幅，所有以 XX 起始的空行全部删除，此外序列部分只列出最前面 2 行和最后面 2 行。

框 2.3 GenBank 核酸序列数据库实例

```
LOCUS       PSPPF1       1523 bp    mRNA            PLN       02-FEB-1999
DEFINITION  Pisum sativum mRNA for PPF-1 protein.
ACCESSION   Y12618
VERSION     Y12618.1  GI:4218522
KEYWORDS    ppf-1 gene; PPF-1 protein.
SOURCE      pea.
  ORGANISM  Pisum sativum
            Eukaryota; Viridiplantae; Streptophyta; Embryophyta; Tracheophyta;
            euphyllophytes; Spermatophyta; Magnoliophyta; eudicotyledons;
            Rosidae; Fabales; Fabaceae; Papilionoideae; Pisum.
REFERENCE   1  (bases 1 to 1523)
  AUTHORS   Zhu,Y., Zhang,Y., Luo,J., Davies,P.J. and Ho,D.T.
  TITLE     PPF-1, a post-floral-specific gene expressed in short-day-grown G2
            pea, may be important for its never-senescing phenotype
  JOURNAL   Gene 208 (1), 1-6 (1998)
  MEDLINE   98147997
REFERENCE   2  (bases 1 to 1523)
  AUTHORS   Zhang,Y.
  TITLE     Direct Submission
  JOURNAL   Submitted (16-APR-1997) Y. Zhang, Peking University, Box 28,
            College of Life Sciences, Beijing, 100871, PRC
  REMARK    Revised by [3]
REFERENCE   3  (bases 1 to 1523)
  AUTHORS   Zhang,Y.
  TITLE     Direct Submission
  JOURNAL   Submitted (02-FEB-1999) Y. Zhang, Peking University, Box 28,
            College of Life Sciences, Beijing, 100871, PRC
COMMENT     On Feb 3, 1999 this sequence version replaced gi:2231045.
FEATURES             Location/Qualifiers
     source          1..1523
                     /organism="Pisum sativum"
                     /strain="G2"
                     /db_xref="taxon:3888"
                     /tissue_type="apical bud"
                     /clone_lib="lambda ZAPII"
                     /dev_stage="pre-floral seedlings"
     gene            48..1376
                     /gene="ppf-1"
     CDS             48..1376
                     /gene="ppf-1"
                     /codon_start=1
                     /product="PPF-1 protein"
                     /protein_id="CAA73179.1"
                     /db_xref="GI:2231046"
                     /db_xref="SPTREMBL:004699"
                     /translation="MAKTLISSPSFLGTPLPSLHRTFSPNRTRLFTKVQFSFHQLPPI
                     QSVSHSVDLSGIFARAEGLLYTLADATVAADAAASTDVAAQKNGGWFGFISDGMEFVL
                     . . . . . .
                     GAKPAVNENAGGIITAGQAKRSASKPEKGGERFRQLKEEEKKKKLIKALPVEEVQPLA
                     SASASNDGSDVENNKEQEVTEESNTSKVSQEVQSFSRERRSKRSKRKPVA"
BASE COUNT      421 a    325 c    311 g    466 t
ORIGIN
        1 ctcaagcctt caagcctgaa gcgtctcgta cacaaacctt ctcatccatg gcgaagacac
       61 tgatttcttc tccatcattc ctcggtactc cacttccttc acttcaccgt actttctccc
      . . . . . .
     1441 cattttttggg ttgacaattt tattgaacat gttatttaat catgcaaaat atcttttgtt
     1501 tcatttaagt tccacatgtt agc
//
```

注：本图框为 GenBank 核酸序列数据库的一个实例（与豌豆开花有关的基因 PPF-1），数据内容与 EMBL 数据库中相应的条目（框 2.2）完全一样，只是数据库的格式有所不同。为节省篇幅，所有以 XX 起始的空行删除，此外序列部分只列出最前面 2 行和最后面 2 行。

表 2.10　EMBL 和 GenBank 数据库特征表说明符

名　称	含　义	说　明
Allele	Related strain contains alternative gene form	等位基因不同形式
Attenuator	Sequence related to transcription termination	转录终止区
C-region	Span of the C immunological feature	C-免疫特征区
CAAT-signal	CAAT box in eukaryotic promoters	真核生物启动子中 CAAT 框
CDS	Sequence coding for amino acids in protein (includes stop codon)	蛋白质编码区
Conflict	Independent sequence determinations differ	不同测定结果之间的差异
D-loop	Displacement loop	D-环
D-segment	Span of the D immunological feature	D-免疫特征区
Enhancer	Cis-acting enhancer of promoter function	启动子顺式作用增强子
GC-signal	GC box in eukaryotic promoters	真核生物启动子中 GC 框
Gene	Region that defines a functional gene, possibly including upstream (promotor, enhancer, etc) and downstream control elements, and for which a name has been assigned	基因区域，包括上游启动子、增强子和下游控制区
IDNA	Intervening DNA eliminated by recombination	重组引入的插入区
Intron	Transcribed region excised by mRNA splicing	内含子区域
J-region	Span of the J immunological feature	J-免疫特征区
LTR	Long terminal repeat	长终止重复序列
mat-peptide	Mature peptide coding region (does not include stop codon)	成熟肽编码区
Misc-binding	Miscellaneous binding site	其他结合位点
Misc-difference	Miscellaneous difference feature	其他特征区
Misc-feature	Region of biological significance that cannot be described by any other feature	其他重要生物功能区
Misc-recomb	Miscellaneous recombination feature	其他重组特征区
Misc-RNA	Miscellaneous transcript feature not defined by other RNA keys	其他转录特征区
Misc-signal	Miscellaneous signal	其他信号区
Misc-structure	Miscellaneous DNA or RNA structure	其他 DNA 或 RNA 结构
Modified-base	The indicated base is a modified nucleotide	修饰碱基
mRNA	Messenger RNA	mRNA 区域
Mutation	A mutation alters the sequence here	突变区
N-region	Span of the N immunological feature	N-免疫特征区
old-sequence	Presented sequence revises a previous version	旧版本序列
polyA-signal	Signal for cleavage & polyadenylation	多聚 A 信号区
polyA-site	Site at which polyadenine is added to mRNA	mRNA 的多聚 A 添加位点
precursor-RNA	Any RNA species that is not yet the mature RNA product	前体 RNA
prim-transcript	Primary (unprocessed) transcript	初始（未处理）转录区

续表

名 称	含 义	说 明
primer	Primer binding region used with PCR	PCR 引物结合位点
primer-bind	Non-covalent primer binding site	引物非共价结合位点
promoter	A region involved in transcription initiation	启动子区域
protein-bind	Non-covalent protein binding site on DNA or RNA	蛋白质非共价结合位点
RBS	Ribosome binding site	核糖体结合位点
rep-origin	Replication origin for duplex DNA	复制起始区
repeat-region	Sequence containing repeated subsequences	重复序列区域
repeat-unit	One repeated unit of a repeat-region	重复序列区域的重复单位
rRNA	Ribosomal RNA	核糖体 RNA
S-region	Span of the S immunological feature	S-免疫特征区
satellite	Satellite repeated sequence	卫星 DNA 重复序列
scRNA	Small cytoplasmic RNA	胞浆内小 RNA
sig-peptide	Signal peptide coding region	信号肽编码区
snRNA	Small nuclear RNA	核内小 RNA
source	Biological source of the sequence data represented by a GenBank record. Mandatory feature, one or more per record. For orgnisms that have been incorporated within the NCBI taxonomy database, an associated /db_xref = "taxon: NNNN" qualifier will be present (where NNNNN is the numeric identifier assigned to the organism within the NCBI taxonomy Database).	NCBI 分类学数据库记录号
stem-loop	Hair-pin loop structure in DNA or RNA	DNA 或 RNA 中的发夹环
STS	Sequence tagged site; operationally unique sequence that identifies the combination of primer spans used in a PCR assay	序列标签位点
TATA-signal	"TATA box" in eukaryotic promoters	真核生物启动子中 TATA 框
terminator	Sequence causing transcription termination	转录终止位点
transit-peptide	Transit peptide coding region	转运肽编码区
transposon	Transposable element (TN)	转座子
tRNA	Transfer RNA	tRNA 区域
unsure	Authors are unsure about the sequence in this region	未确定区
V-region	Span of the V immunological feature	V-免疫特征区
variation	A related population contains stable mutation	变异区
- (hyphen)	Placeholder	
−10-signal	"Pribnow box" in prokaryotic promoters	真核生物启动子中 −10 框
−35-signal	"−35 box" in prokaryotic promoters	原核生物启动子中 −35 框
3′clip	3′-most region of a precursor transcript removed in processing	前体转录时切除的 3′端区域
3′UTR	3′ untranslated region (trailer)	3′端不翻译区域
5′clip	5′-most region of a precursor transcript removed in processing	前体转录时切除的 5′端区域
5′UTR	5′ untranslated region (leader)	5′端不翻译区域

(三) 常用蛋白质序列数据库

由于蛋白质序列测定技术先于 DNA 序列测定技术问世，蛋白质序列的搜集也早于 DNA 序列。蛋白质序列数据库的雏形可以追溯到 20 世纪 60 年代。60 年代中期到 80 年代初，美国国家生物医学研究基金会（National Biomedical Research Foundation，NBRF）Dayhoff 领导的研究组将搜集到的蛋白质序列和结构信息以"蛋白质序列和结构地图集"（atlas of protein sequence and structure）的形式发表，主要用来研究蛋白质的进化关系。1984 年，"蛋白质信息资源"（protein information resource，PIR）计划正式启动，蛋白质序列数据库 PIR 也因此而诞生。与核酸序列数据库的国际合作相呼应，1988 年，美国的 NBRF、日本的国际蛋白质信息数据库（Japanese International Protein Information Database，JIPID）和德国的慕尼黑蛋白质序列信息中心（Munich Information Center for Protein Sequences，MIPS）合作成立了国际蛋白质信息中心（PIR-International），共同收集和维护蛋白质序列数据库 PIR（Barker et al.，2000）。PIR 数据库按照数据的性质和注释层次分四个不同部分，分别为 PIR1、PIR2、PIR3 和 PIR4。PIR1 中的序列已经验证，注释最为详尽；PIR2 中包含尚未确定的冗余序列；PIR3 中的序列尚未加以检验，也未加注释；而 PIR4 中则包括了其他各种渠道获得的序列，既未验证，也无注释。

除了 PIR 外，另一个重要的蛋白质序列数据库则是 SWISS-PROT。该数据库由瑞士日内瓦大学于 1986 年创建，目前由瑞士生物信息学研究所（Swiss Institute of Bioinformatics，SIB）和欧洲生物信息学研究所 EBI 共同维护和管理（Bairoch & Apweiler，2000）。瑞士生物信息研究所创建的蛋白质分析专家系统（expert protein analysis system，ExPASy）Web 服务器除了开发和维护 SWISS-PROT 数据库外，也是国际上蛋白质组和蛋白质分子模型研究的主要网站，为用户提供大量蛋白质信息资源。北京大学生物信息中心设有 ExPASy 的镜像。

SWISS-PROT 数据库中所有序列条目都由有经验的分子生物学家和蛋白质化学家通过计算机工具并查阅有关文献资料仔细核实。SIB 和 EBI 共有 70 多人的研究队伍，专门从事蛋白质序列数据的搜集、整理、分析、注释、发布，力图提供高质量的蛋白质序列和注释信息。SWISS-PROT 数据库的每个条目都有详细的注释，包括结构域、功能位点、跨膜区域、二硫键位置、翻译后修饰、突变体等。该数据库中还包括了与核酸序列数据库 EMBL/GenBank/DDBJ、蛋白质结构数据库 PDB 以及 Prosite、PRINTTS 等十多个二次数据库的交叉引用代码。特别值得一提的是，ExPASy 专门聘请了由 200 多位国际知名生物学家组成的网上专家评阅团，并将 SWISS-PROT 数据库中的蛋白质分成 200 多个类别（表 2.11），每个类别由 1 位或 2 位评审专家负责，通过计算机网络进行审核。ExPASy 网站上列出了这些评审专家的姓名、电子邮件地址和他们所负责评阅的蛋白质种类。用户若对某个蛋白质条目有疑义，可以直接和相应的评阅专家取得联系。

SWISS-PROT 采用了和 EMBL 核酸序列数据库相同的格式和双字母标识字（框 2.4）。这种双字母标识字对于数据库的管理维护比较方便，但用户在使用时却不很方便，特别是对数据库格式不很熟悉的用户，尤为如此。近年来，随着计算机网络和信息

表 2.11 SWISS-PROT 数据库蛋白质类别

类别		类别	
14-3-3 proteins	14-3-3 蛋白	ABC transport membrane comp.	ABC 转运膜蛋白
ADP-ribosylation factors	ADP 糖基化因子	Alcohol dehydrogenases	醇脱氢酶
Aldehyde dehydrogenases	醛脱氢酶	Alpha-crystallins/HSP-20	α-晶体蛋白
Alpha-2-macroglobulins	α₂ 巨球蛋白	Alpha-mannosidases	α-甘露糖苷酶
Aminotransferases	转氨酶	Aminotransferases class V	V 型转氨酶
AA-tRNA synthetases class II	II 类 AA-tRNA 合成酶	AraC family HTH proteins	阿糖家族螺旋-转角-螺旋蛋白
Arginases	精氨酸酶	Arrestins	（视紫红质）抑制蛋白
Asparaginase/glutaminase	天冬酰氨酶/谷氨酰胺酶	ATP synthase c subunit	ATP 合酶 C 亚基
Avidin	抗生素蛋白	Band 4.1 family proteins	4.1 条带家族蛋白
Beta-lactamases	β-内酰氨酶	Bromo domain	溴基结构域
BTG1 family	BTG1 家族	C1q domain	C1q 结构域
C2 domain	C2 结构域	C-type lectin domain	C 型凝集素
Cadherins		Carboxylesterases type-B	羧酸脂酶
Cathelicidins		CBS domain	CBS 结构域
Chalcone/stilbene synthases	查耳酮 1,2-二苯乙烯合酶	Chaperonins cpn10/cpn60	分子伴侣
Chaperonins TCP1 family	分子伴侣 TCP1 家族	Chitinases	几丁质酶
Chromo domain	染色质结构域	Claudins	
Clostridium cellul. repeat.	梭菌属纤维素酶重复序列	Clusterin	
Coiled coil domains	无规卷曲结构域	Cold shock domain	冷激结构域
Crystallins beta/gamma	β/γ 晶体蛋白	CTF/NF-I	CCAAT 转录因子/核因子
CUB domain	CUB 结构域	Cuticle proteins	表皮蛋白
Cytochrome c oxidase	细胞色素 c 氧化酶	Cytochromes P450	细胞色素 P450
Cytosolic fatty acid bind.	细胞质脂肪酸结合蛋白	DEAD-box helicases	Dead-box 解旋酶
Death domain	Death 结构域	Deoxyribonuclease I	脱氧核糖核酸酶 I
Dichloromethane dehalogenase	二氯甲脱卤素酶	DnaJ family	DnaJ 家族
DNA/RNA non-spec. nucleases	DNA/RNA 非特异性核酶	EF-hand calcium-binding	EF-手型钙结合蛋白
EGF-like domain, Ca^{2+}	EGF 样结构域	Elongation factor 1	伸展因子 I
Enoyl-CoA hydratase	乙烯辅酶	Ependymins	
Fatty acid desaturases	脂肪酸去饱和酶	Fibrinogens	纤维蛋白原
Fibronectin type III	纤连蛋白 III 型	Fimbrial usher proteins	
FKBP-type Ppiase		Follistatin domain	
Forkhead-associated domain	双头结构域	GltP family of transporters	转运蛋白
Glucanases	葡聚糖酶	Glutamine synthetase	谷氨酰胺合成酶

续表

类 别		类 别	
Glycerol-3-P dehydr. FAD	甘油脱氢酶黄素腺嘌呤二核苷酸	Glycoprotease family	糖蛋白家族
Glycoprotein hormones	糖蛋白激素	Glycosyl hydrolases	糖基水解酶
Glycosyl transferases (Euk.)	糖基转移酶	G-proteins	G 蛋白
G-protein coupled receptors	G 蛋白偶联受体	grpE family	Grp 家族
Georgopoulos		Hematopoietins (interleukins)	白细胞介素
HIT family	HIT 家族	HMG1/2 and HMG-14/17	高移动性组蛋白
Homeobox domain	同源异形盒结构域	Hyaluronan binding domain	
IGF binding proteins	IGF 结合蛋白	Immunoglobulins	免疫球蛋白
Inorganic pyrophosphatases	无机焦磷酸酶	Integrases	整合酶
Interferons	干扰素	Interleukin-6 family	白介素-6 家族
Kringle domain		Laminins	层粘连蛋白
LBP/BPI/CETP family	脂多糖结合蛋白家族	Lipocalins	
Liolytic enz. "G-D-S-L"	脂肪分解酶	lysR family HTH proteins	LysR 家族螺旋-转角-螺旋蛋白
MAC components / perforin	MAC 复合体元件蛋白	Malic enzymes	苹果酸酶
MAM domain		MAP and Tau proteins	MAP 和 Tau 蛋白
marR family HTH proteins	MarR 家族螺旋-转角-螺旋蛋白	Metallothioneins	金属硫蛋白
MHC complex proteins	MHC 复合蛋白	Myelin proteolipid protein	髓磷脂脂蛋白
Nitrate reductases	硝酸盐还原酶	Odorant receptors	味觉受体
OmpA-like domain	OmpA 类结构域	Osteonectins	骨粘连蛋白
P-type domain	P 型结构域	Pancreatic trypsin inhibitor	胰蛋白酶抑制剂
Peptidases	肽酶	Pertussis toxin	百日咳毒素
PH domain	Pleckstrin 同源结构域	PI domain (PID)	
Phosphatidyleth. -binding	磷酸酰乙醇胺结合蛋白	Phospholipase A2	磷脂酶 A2
Phosphomannose isomerases	磷酸甘露糖异构化酶	Phytochromes	光敏色素
Plant viruses icos. Capsid	植物病毒外壳蛋白	Poly (ADP-ribose) polymerase	ADP 聚合酶
Protein kinases	蛋白质激酶	Protein phosphatase 2A	蛋白磷酸脂酶 2A
PTR2 oligopeptide symporters	PTR2 寡肽转运蛋白	Reaction center proteins	反应中心蛋白质
RecA	重组酶 A	RecR	重组酶 R
Release factors	释放因子	Restriction-modif. Enzymes	限制性修饰酶
Ribosomal protein S6e	核糖体蛋白 S6e	Ribosomal protein S15	核糖体蛋白 S15

续表

类别		类别	
Ribosomal protein S19e	核糖体蛋白 S19c	Ring-cleavage dioxygenases	环解过氧化物酶
RNA 3'-terminal P cyclases	RNA 3'端 P 环化酶	RTX toxins	RTX 毒素
S-layer homology domain	S 层同源结构域	SH2 domain	SH2 结构域
SH3 domain	SH3 结构域	Sigma-70 factors ECF.	σ-70 因子 ECF
Signal sequence peptidases	信号序列肽酶	SNF2 family of helicases	解旋酶
Somatomedin B domain	生长素 B 结构域	Subtilases	
Syndecans		T cell receptors	T 细胞受体
TetR family HTH proteins	TetR 家族螺旋-转角-螺旋蛋白	Thiol proteases, C1-type	C1 型硫醇蛋白酶
Thiol proteases RNA viruses	硫醇蛋白酶 RNA 病毒	Thiol proteases inhibitors	硫醇蛋白酶抑制剂
Thyroglobulin	甲状腺球蛋白	Thyroglobulin type-1 repeats	甲状腺球蛋白 1 型重复区
TNF family	肿瘤坏死因子	Transglycosylases	糖基转移酶
Transit peptides	转运肽	Transposases, Mutator family	转座酶突变体族
Transcription factor TFIIB	转录因子 TFIIB	Transcription factors	转录因子
Transmembrane 4 family	跨膜蛋白	Ubiquitin-conjugating enzymes	泛素化酶
Uracil-DNA glycosylase	尿嘧啶糖基化酶	Vitamin K-depend. Gla domain	维生素 K 依赖型 Gla 结构域
Von Willebrand factor type A	Von Willebrand 因子 A	Von Willebrand factor type C	Von Willebrand 因子 C
XPG protein		Xylose isomerase	木糖异构酶
WAP-type domain		WW/rsp5/WWP domain	WW/rsp5/WWP 结构域
Zinc finger, C2H2 type	锌指蛋白	ZP domain	
African swine fever virus	非洲猪瘟病毒	Bacteriophage P4	P4 噬菌体
Bacteriophage T4	T4 噬菌体	*Bacillus subtilis*	枯草杆菌
Caenorhabditis elegans	线虫	*Chlamydia trachomatis*	沙眼衣原体
Chloroplast encoded proteins	叶绿体蛋白	*Dictyostelium discoideum*	
Drosophila	果蝇	Drosophila nuclear proteins	果蝇核蛋白
Erwinia chrysanthemi	欧文氏菌	*Escherichia coli*	大肠杆菌
Human EST derived sequences	由人 EST 翻译得到的序列	Hydra	水螅
Mycobacterium leprae	麻风杆菌	*Pseudomonas*	假单胞菌
Saccharomyce cerevisiae	酵母	*Salmonella typhimurium*	沙门氏菌
Snakes	蛇类	Sulfolobus solfataricus	噬菌霉素

技术的发展，ExPASy 开发了面向生物学家的、基于浏览器的用户界面（框 2.5），特别

是用可视化方式表示氨基酸特征表，使用户对序列特性一目了然，如二硫键、跨膜螺旋、二级结构片段、活性位点等（图2.7）。

框2.4 SWISS-PROT数据库条目实例

```
ID   TXH1_SELHU     STANDARD;      PRT;    33 AA.
AC   P56676;
DT   15-JUL-1999 (Rel. 38, Created)
DT   15-JUL-1999 (Rel. 38, Last sequence update)
DT   15-FEB-2000 (Rel. 39, Last annotation update)
DE   HUWENTOXIN-I (HWTX-I).
OS   Selenocosmia huwena (Chinese bird spider).
OC   Eukaryota; Metazoa; Arthropoda; Chelicerata; Arachnida; Araneae;
OC   Mygalomorphae; Theraphosidae; Selenocosmia.
RN   [1]
RP   SEQUENCE.
RC   TISSUE=VENOM;
RX   MEDLINE; 94024948. [NCBI, ExPASy, Israel, Japan]
RA   Liang S.-P., Zhang D.-Y., Pan X., Chen Q., Zhou P.-A.;
RT   "Properties and amino acid sequence of huwentoxin-I, a neurotoxin
RT   purified from the venom of the Chinese bird spider Selenocosmia
RT   huwena.";
RL   Toxicon 31:969-978(1993).
RN   [2]
RP   STRUCTURE BY NMR.
RC   TISSUE=VENOM;
RX   MEDLINE; 97408601. [NCBI, ExPASy, Israel, Japan]
RA   Qu Y.-X., Liang S.-P., Ding J., Liu X.-C., Zhang R.-J., Gu X.-C.;
RT   "Proton nuclear magnetic resonance studies on huwentoxin-I from the
RT   venom of the spider Selenocosmia huwena: 2. Three-dimensional
RT   structure in solution.";
RL   J. Protein Chem. 16:565-574(1997).
RN   [3]
RP   DISULFIDE BONDS.
RC   TISSUE=VENOM;
RX   MEDLINE; 94183409. [NCBI, ExPASy, Israel, Japan]
RA   Zhang D.-Y., Liang S.-P.;
RT   "Assignment of the three disulfide bridges of huwentoxin-I, a
RT   neurotoxin from the spider Selenocosmia huwena.";
RL   J. Protein Chem. 12:735-740(1993).
RN   [4]
RP   CHARACTERIZATION.
RX   MEDLINE; 97179771. [NCBI, ExPASy, Israel, Japan]
RA   Zhou P.-A., Xie X.-J., Li M., Yang D.-M., Xie Z.-P., Zong X.,
RA   Liang S.-P.;
RT   "Blockade of neuromuscular transmission by huwentoxin-I, purified from
RT   the venom of the Chinese bird spider Selenocosmia huwena.";
RL   Toxicon 35:39-45(1997).
CC   -!- FUNCTION: LETHAL NEUROTOXIN. BINDS TO THE NICOTINIC ACETYLCHOLINE
CC       RECEPTOR. BLOCKS NEUROMUSCULAR TRANSMISSION.
KW   Venom; Neurotoxin; Postsynaptic neurotoxin.
FT   DISULFID      2     17
FT   DISULFID      9     22
FT   DISULFID     16     29
SQ   SEQUENCE   33 AA;  3756 MW;  1CCE219FD6D31F11 CRC64;
     ACKGVFDACT PGKNECCPNR VCSDKHKWCK WKL
//
```

注：本图框为SWISS-PROT蛋白质序列数据库的一个实例（虎纹捕鸟蛛毒素-I）。数据库格式和标识字与EMBL数据库类似。

框 2.5 SWISS-PROT 数据库网络浏览器显示格式

General information about the entry	
Entry name	TXH1_SELHU
Primary accession number	P56676;
Secondary accession number(s)	None
Entered in SWISS-PROT in	Release 38, July1999
Sequence was last modified in	Releae 38, July1999
Annotations were last modified in	Release 39, February 2000

Name and orig in of the protein	
Protein name	HUWENTOXIN-I
Synonym(s)	HWTX-I
Gene name(s)	None
From	Selenocosmia huwena (Chinese bird spider).
Taxonomy	Eukaryota; Metazoa; Arthropoda; Chelicerata; Arachnida; Araneae; Mygalomorphae; Theraphosidae; Selenocosmia.

References

[1]
SEQUENCE.
TISSUE=VENOM;
MEDLINE; 94024948. [NCBI, ExPASy, Israel, Japan]
Liang S.-P., Zhang D.-Y., Pan X., Chen Q., Zhou P.-A.;
"Properties and amino acid sequence of huwentoxin-I, a neurotoxin purified from the venom of the Chinese bird spider Selenocosmiahuwena.";
Toxicon 31:969-978(1993).

[2]
STRUCTURE BY NMR.
TISSUE=VENOM;
MEDLINE; 97408601. [NCBI, ExPASy, Israel, Japan]
Qu Y.-X., Liang S.-P., Ding J., Liu X.-C., Zhang R.-J., Gu X.-C.;
"Proton nuclear magnetic resonance studies on huwentoxin-I from the venom of the spider Selenocosmia huwena: 2. Three-dimensionalstructure in solution.";
J. Protein Chem. 16:565-574(1997).

[3]
DISULFIDE BONDS.
TISSUE=VENOM;
MEDLINE; 94183409. [NCBI, ExPASy, Israel, Japan]
Zhang D.-Y., Liang S.-P.;
"Assignment of the three disulfide bridges of huwentoxin-I, a neurotoxin from the spider Selenocosmia huwena.";
J. Protein Chem. 12:735-740(1993).

[4]
CHARACTERIZATION.
MEDLINE; 97179771. [NCBI, ExPASy, Israel, Japan]
Zhou P.-A., Xie X.-J., Li M., Yang D.-M., Xie Z.-P., Zong X., Liang S.-P.;
"Blockade of neuromuscular transmission by huwentoxin-I, purified from the venom of the Chinese bird spider Selenocosmia huwena.";
Toxicon 35:39-45(1997).

Comments

- *FUNCTION*: LETHAL NEUROTOXIN. BINDS TO THE NICOTINIC ACETYLCHOLINERECEPTOR. BLOCKS NEUROMUSCULAR TRANSMISSION.

Cross-references

None

Keywords

Venom; Neurotoxin; Postsynaptic neurotoxin.

Features

DISULFID	2	17	
DISULFID	9	22	FT Table viewer
DISULFID	16	29	

Sequence information

Length 33 AA	Molecular weight: 3756 Da	1CCE219FD6D31F11 CRC64 [This is a checksum on the sequence]
10 20 30 | | | ACKGVFDACT PGKNECCPNR VCSDKHKWCK WKL		P56676 in FASTA format

注：引自 http://expasy.mirror.edu.cn/cgi-bin/niceprot.pl? P56676。

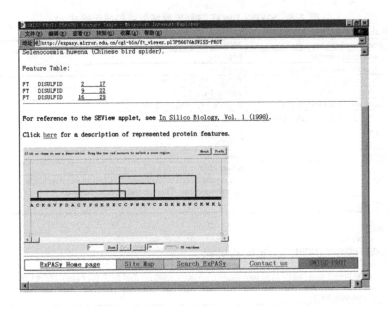

图 2.7 用浏览器图形界面显示 SWISS-PROT 数据库条目的氨基酸特征表。图中显示该蛋白质中三对二硫键的配对方式。引自 http://expasy.mirror.edu.cn/cgi-bin/ft-viewer.pl?P56676&SWISS-PROT。

另一个常用的蛋白质序列数据库是已知三维结构蛋白质的一级结构序列数据库 NRL-3D（Namboodiri et al., 1990）。该数据库的序列来自三维结构数据库 PDB。除了序列信息外，NRL-3D 包括二级结构、活性位点、结合位点、修饰位点等与蛋白质结构直接有关的注释信息，对研究蛋白质结构功能关系和同源蛋白分子模型构建特别有用。

（四）其他蛋白质序列数据库

PIR 和 SWISS-PROT 是创建最早、使用最为广泛的两个蛋白质数据库。随着各种模式生物基因组计划的进展，DNA 序列特别是 EST 序列大量进入核酸序列数据库。蛋白质序列数据库 TrEMBL 是从 EMBL 中的编码序列翻译得到的。TrEMBL 数据库创建于 1996 年（Bairoch & Apweiler, 2000），意为"Translation of EMBL"。该数据库采用 SWISS-PROT 数据库格式，包含 EMBL 数据库中所有编码序列的翻译。TrEMBL 数据库分两部分，SP-TrEMBL 和 REM-TrEMBL。SP-TrEMBL 中的条目最终将归并到 SWISS-PROT 数据库中。而 Rem-TrEMBL 则包括其他剩余序列，包括免疫球蛋白、T 细胞受体、少于 8 个氨基酸残基的小肽、合成序列、专利序列等。与 TrEMBL 类似，GenPept 是由 GenBank 翻译得到的蛋白质序列。由于 TrEMBL 和 GenPept 均是由核酸序列通过计算机程序翻译生成，这两个数据库中的序列错误率较大，均有较大的冗余度。

上述几个蛋白质序列数据库可以称为蛋白质序列一次数据库，或基本数据库。它们各有特点。NRL-3D 包含已知空间结构的序列，但数据量十分有限；SWISS-PROT 的序列经过严格的审核，注释完善，但数据量较小。PIR 数据量较大，但包含未经验证的序列，注释也不完善。TrEMBL 和 GenPept 的数据量最大，且随核酸序列数据库的更新而更新，但它们均是由核酸序列翻译得到的序列，未经实验证实，也没有详细的注释。将上述数据库整合起来，构建复合数据库或二次数据库，有利于生物学家的使用。OWL（Bleasby et al., 1994）和 NRDB（Holm & Sander, 1998）就是根据这一原则构建的非冗余蛋白质序列数据库。这两个数据库均由 GenPept、PIR、SWISS-PROT、NRL-3D 等数据库复合而成。为使二次序列数据库中的序列具有较好的代表性，在构建复合数据库时，采取了某些序列取舍的标准，使用了一定的算法，并增加了与其他数据库的交叉引用，在某些方面具有一定优点。

综上所述，蛋白质序列数据库种类繁多，各有特色（表 2.12）。显然，与核酸序列数据库不同，用户在使用蛋白质序列数据库时，不能只用其中一个，而必须根据实际情况进行选择，如有可能，则应该尽量选择几个不同的数据库，并对结果加以比较。

表 2.12　蛋白质数据库种类和特点

名　称	维护单位	注　释	冗余度	数据量	更新
PIR	NCBI、JIPID、MIPS	部分完善	较大	较大	较慢
SWISS-PROT	EBI、SIB	完善	小	不大	较慢
NRL-3D	NCBI	完善	小	小	较慢
TrEMBL	EBI、SIB	不完善	大	大	快
GenPep	NCBI	不完善	大	大	快
NRDB	EBI	一般	小	大	较快
OWL	HGMP	一般	小	大	较慢

注：本表列出国际上主要蛋白质序列数据库的种类和特点，表中各项指标为相对指标。

四、结构数据库

除了基因组数据库和序列数据库外，生物大分子三维空间结构数据库则是另一类重要的分子生物信息数据库。根据分子生物学中心法则，DNA 序列是遗传信息的携带者，而蛋白质分子则是主要的生物大分子功能单元。蛋白质分子的各种功能，是通过不同的三维空间结构实现的。因此，蛋白质空间结构数据库是生物大分子结构数据库的主要组成部分。蛋白质结构数据库是随 X 射线晶体衍射分子结构测定技术的出现而出现的数据库，其基本内容为实验测定的蛋白质分子空间结构原子坐标。20 世纪 90 年代以来，越来越多的蛋白质分子结构被测定，蛋白质结构分类的研究不断深入，出现了蛋白质家族、折叠模式、结构域、回环等数据库。表 2.13 列出目前主要的蛋白质结构数据库和信息资源的网址。

表 2.13 蛋白质结构数据库资源

名　　称	网　　址	内　　容
PDBSum	http://www.biochem.ucl.ac.uk/bsm/pdbsum/	PDB 数据库综合信息
SCOP	http://scop.mrc-lmb.cam.ac.uk/scop/	蛋白质结构分类
CATH	http://www.biochem.ucl.ac.uk/bsm/cath/	蛋白质结构分类
TOPS	http://www3.ebi.ac.uk/tops/	蛋白质拓扑结构
ComPASS	http://www-cryst.bioc.cam.ac.uk/~campass/	同源蛋白质结构分类
HomSTRAD	http://www-cryst.bioc.cam.ac.uk/data/align/	蛋白质结构相似性比较
DSMP	http://salarjung.embnet.org.in/dsmp.html	蛋白质结构模体
LPFC	http://www-smi.stanford.edu/projects/helix/LPFC/	重要蛋白质家族
Culled PDB	http://www.fccc.edu/research/labs/dunbrack/culledpdb.html	非冗余蛋白质
IMB	http://www.imb-jena.de/IMAGE.html	生物大分子图形
OLDERADO	http://neon.chem.le.ac.uk/olderado/	蛋白质结构域
	http://www.fccc.edu/research/labs/dunbrack/sidechain.html	蛋白质侧链
SPIN-PP	http://trantor.bioc.columbia.edu/cgi-bin/SPIN/	蛋白质互作用
LPC	http://bioinfo.weizmann.ac.il:8500/oca-bin/lpccsu	配体/蛋白质相互作用
HIC-Up	http://alpha2.bmc.uu.se/hicup/	PDB 中杂原子化合物
DALI	http://www2.ebi.ac.uk/dali/	蛋白质结构比较服务器
CE/CL	http://cl.sdsc.edu	蛋白质结构比较服务器
GRASS	http://trantor.bioc.columbia.edu/GRASS/	蛋白质结构分析服务器

注：引自 http://pdb.ccdc.cam.ac.uk/pdb/web-interest.html。

（一）蛋白质结构数据库 PDB

早在序列数据库诞生之前的 20 世纪 70 年代，蛋白质结构数据库（Protein Data Bank，PDB）就已经问世。PDB 数据库原来由美国 Brookhaven 国家实验室负责维护和管理。为适应结构基因组和生物信息学研究的需要，1998 年，由美国国家科学基金委员会、能源部和卫生研究院资助，成立了结构生物学合作研究协会（Research Collaboratory for Structural Bioinformatics，RCSB）。PDB 数据库改由 RCSB 管理（Berman et al.，2000），目前主要成员为 Rutger 大学、圣迭戈超级计算中心（San Diego Supercomputer Center，SDSC）和国家标准化研究所（National Institutes of Standards and Technology，NIST）。和核酸序列数据库一样，可以通过网络直接向 PDB 数据库递交数据。

PDB 是目前最主要的蛋白质分子结构数据库。随着晶体衍射技术的不断改进，结构测定的速度和精度也逐步提高。20 世纪 90 年代以来，多维核磁共振溶液构象测定方法的成熟，使那些难以结晶的蛋白质分子的结构测定成为可能。蛋白质分子结构数据库的数据量迅速上升。据 2000 年 5 月统计，PDB 数据库中已经存放了 1 万 2 千多套原子坐标，其中大部分为蛋白质，包括多肽和病毒，共 1 万多套。此外，还有核酸、蛋白和核酸复合物以及少量多糖分子。近年来，核酸三维结构测定进展迅速，PDB 数据库中已经收集了 800 多套核酸结构数据（表 2.14）。

表 2.14 蛋白质结构数据库 PDB 中不同种类数据统计

		分子类型				
		蛋白质、多肽、病毒	蛋白质/核酸复合物	核酸	多糖	总和
方法	X 衍射	9082	459	506	14	10 061
	NMR	1556	64	312	4	1936
	理论模型	236	18	15	0	269
	总数	10 874	541	833	18	12 266

注：引自 http://www.rcsb.org/pdb/holdings.html 网页 2000 年 5 月统计数据。

PDB 数据库以文本文件的方式存放数据，每个分子各用一个独立的文件。除了原子坐标外，还包括物种来源、化合物名称、结构递交者以及有关文献等基本注释信息。此外，还包括分辨率、结构因子、温度系数、蛋白质主链数目、配体分子式、金属离子、二级结构信息、二硫键位置等和结构有关的数据（图 2.8）。本章给出 PDB 数据库中的两个实例，一个是用 X 射线衍射方法测定的猪胰岛素晶体结构（框 2.6），另一个是用核磁共振方法测定的 α-淀粉酶抑制剂结构（框 2.7），以便读者对 PDB 数据库的内容和格式有一个直观的了解。PDB 文件每个原子都有一行坐标数据，此处只列出几个原子的坐标。需要说明的是，这两个实例的格式有些细微的区别，这是因为它们递交的时间不同。为便于管理和维护，PDB 数据库的格式在不断改进。

PDB 数据库以文本文件格式存放，可以用文字编辑软件查看。显然，用文字编辑软件查看注释信息不太方便，更无法直观地了解分子的空间结构。RCSB 开发的基于 Web 的 PDB 数据库概要显示系统，只列出主要信息。用户如需进一步了解详细信息，或查询其他蛋白质结构信息资源，可点击该页面左侧窗口中的按钮（图 2.9）。此外，英国伦敦大学开发的 PDBsum 数据库（Laskowski et al., 1997）是基于网络的 PDB 注释信息综合数据库，用于对 PDB 数据库的检索，使用十分方便，并将 RasMol、CN3D 等分子图形软件综合在一起，同时具有分析和图形显示功能（图 2.10）。

结构名称、编号、简单说明、递交日期
化合物名称、来源、测定方法
结构递交者姓名、单位、联系地址
相关文献作者、题目、刊物、日期
结构测定和修正注释
一级结构、二级结构、二硫键、复合物信息
构晶胞参数、旋转矩阵
原子坐标
二硫键配对标记
文件结束标记

图 2.8 PDB 数据库主要内容和格式。

必须指出的是，与 EMBL 和 PIR 等序列数据库一样，结构数据库 PDB 也属于一次数据库，其中包括许多冗余的数据，乃至错误。PDBCheck 合作研究组对 PDB 数据库进行了全面的检验，并把结果存放在 PDBReport 数据库中，用户在使用 PDB 数据库中的某个文件时，可先查阅该数据库。

框 2.6　PDB 数据库实例 1

```
HEADER    HORMONE                                   14-OCT-88   3INS      3INS    3
COMPND    2*ZN-INSULIN (JOINT X-RAY AND NEUTRON REFINEMENT)                3INS    4
SOURCE    PIG (SUS $SCROFA)                                                3INS    5
EXPDTA    NEUTRON DIFFRACTION; X-RAY DIFFRACTION                           3INSA   1
AUTHOR    A. WLODAWER, H. SAVAGE                                           3INS    6
REVDAT   2   20-JUL-95 3INSA    1         EXPDTA                           3INSA   2
REVDAT   1   09-JAN-89 3INS     0                                          3INS    7
JRNL         AUTH   A. WLODAWER, H. SAVAGE, G. DODSON                      3INS    8
JRNL         TITL   STRUCTURE OF INSULIN. RESULTS OF JOINT NEUTRON AND     3INS    9
JRNL         TITL 2 X-RAY REFINEMENT                                       3INS   10
JRNL         REF    TO BE PUBLISHED                                        3INS   11
JRNL         REFN                                                353       3INS   12
REMARK   1                                                                 3INS   13
REMARK   1 REFERENCE 1                                                     3INS   14
REMARK   1  AUTH   N. W. ISAACS, R. C. AGARWAL                             3INS   15
REMARK   1  TITL   EXPERIENCE WITH FAST FOURIER LEAST SQUARES IN THE       3INS   16
REMARK   1  TITL 2 REFINEMENT OF THE CRYSTAL STRUCTURE OF RHOMBOHEDRAL     3INS   17
REMARK   1  TITL 3 2-*ZINC INSULIN AT 1.5 ANGSTROMS RESOLUTION             3INS   18
REMARK   1  REF    ACTA CRYSTALLOGR., SECT. A      V.  34    782 1978      3INS   19
REMARK   1  REFN   ASTM ACACBN  DK ISSN 0567-7394                   108    3INS   20
REMARK   2                                                                 3INS   21
REMARK   2 RESOLUTION. 1.5 ANGSTROMS FOR THE X-RAY DATA AND 2.2            3INS   22
REMARK   2 ANGSTROMS FOR THE NEUTRON DATA.                                 3INS   23
......
REMARK   7                                                                 3INSA   3
REMARK   7 CORRECTION. INSERT EXPDTA RECORD.  20-JUL-95.                   3INSA   4
SEQRES   1 A  21  GLY ILE VAL GLU GLN CYS CYS THR SER ILE CYS SER LEU      3INS   62
SEQRES   2 A  21  TYR GLN LEU GLU ASN TYR CYS ASN                          3INS   63
SEQRES   1 B  30  PHE VAL ASN GLN HIS LEU CYS GLY SER HIS LEU VAL GLU      3INS   64
SEQRES   2 B  30  ALA LEU TYR LEU VAL CYS GLY GLU ARG GLY PHE PHE TYR      3INS   65
SEQRES   3 B  30  THR PRO LYS ALA                                          3INS   66
SEQRES   1 C  21  GLY ILE VAL GLU GLN CYS CYS THR SER ILE CYS SER LEU      3INS   67
SEQRES   2 C  21  TYR GLN LEU GLU ASN TYR CYS ASN                          3INS   68
SEQRES   1 D  30  PHE VAL ASN GLN HIS LEU CYS GLY SER HIS LEU VAL GLU      3INS   69
SEQRES   2 D  30  ALA LEU TYR LEU VAL CYS GLY GLU ARG GLY PHE PHE TYR      3INS   70
SEQRES   3 D  30  THR PRO LYS ALA                                          3INS   71
FTNOTE   1                                                                 3INS   72
FTNOTE   1 THE FOLLOWING RESIDUES ARE DISORDERED - VAL B 12, GLU B 21,     3INS   73
FTNOTE   1 ARG B 22, THR B 27, ARG D 22, LYS D 29.                         3INS   74
FTNOTE   2                                                                 3INS   75
FTNOTE   2 DISORDER IN RESIDUE VAL B 12 PRECLUDES USE OF STANDARD          3INS   76
FTNOTE   2 NOMENCLATURE FOR HYDROGEN ATOMS IN THIS RESIDUE. THE            3INS   77
FTNOTE   2 HYDROGEN ATOMS, THEREFORE, ARE ARBITRARILY NAMED.  ALSO SEE     3INS   78
FTNOTE   2 FTNOTE 1.                                                       3INS   79
HET       ZN1       1       1    ZINC ION ON 3-FOLD CRYSTAL AXIS           3INS   80
HET       ZN2       2       1    ZINC ION ON 3-FOLD CRYSTAL AXIS           3INS   81
FORMUL    5   ZN1      ZN1  ++                                             3INS   82
FORMUL    6   ZN2      ZN1  ++                                             3INS   83
FORMUL    7   DOD     *325(D2 O1)                                          3INS   84
HELIX    1 A11 GLY A    1  ILE A   10  1 VAL 203 O H-BONDED TO HOH         3INS   85
HELIX    2 A12 SER A   12  GLU A   17  5 CNTCTS MOSTLY GT 3A, NOT IDEAL    3INS   86
HELIX    3 B11 SER B    9  GLY B   20  1 CYS 67 GLY 68, 3(10) CONTACTS     3INS   87
HELIX    4 A21 SER C    1  ILE C   10  1 NOT IDEAL ALPH, SOME PI CNTCTS    3INS   88
HELIX    5 A22 SER C   12  GLU C   17  5 CNTCTS MOSTLY GT 3A, NOT IDEAL    3INS   89
HELIX    6 B21 SER D    9  GLY D   20  1 CYS 67, GLY 68, 3(10) CONTACTS    3INS   90
SHEET    1     B 2 PHE B   24  TYR B   26  0                               3INS   91
SHEET    2     B 2 PHE D   24  TYR B   26 -1  N  PHE B   24   O  TYR D  26 3INS   92
TURN     1 1B1 CYS B   19  ARG B   22                                      3INS   93
TURN     2 1B2 GLY B   20  GLY B   23                                      3INS   94
TURN     3 2B1 CYS D   19  ARG D   22                                      3INS   95
TURN     4 2B2 GLY D   20  GLY D   23                                      3INS   96
SSBOND   1 CYS A    6    CYS A   11                                        3INS   97
SSBOND   2 CYS C    6    CYS C   11                                        3INS   98
SSBOND   3 CYS A    7    CYS B    7                                        3INS   99
SSBOND   4 CYS A   20    CYS B   19                                        3INS  100
SSBOND   5 CYS C    7    CYS D    7                                        3INS  101
SSBOND   6 CYS C   20    CYS D   19                                        3INS  102
SITE     1 D1  5 VAL B   12  TYR B  16  PHE B  24  PHE B  25               3INS  103
SITE     2 D1  5 TYR B   26                                                3INS  104
SITE     1 D2  5 VAL D   12  TYR D  16  PHE D  24  PHE D  25               3INS  105
SITE     2 D2  5 TYR D   26                                                3INS  106
```

框 2.6　PDB 数据库实例 1（续）

```
SITE     1  H1   7 LEU A  13  TYR A  14  PHE A   1  GLU B  13          3INS  107
SITE     2  H1   7 ALA B  14  LEU B  17  VAL B  18                     3INS  108
SITE     1  H2   7 LEU C  13  TYR C  14  PHE D   1  GLU D  13          3INS  109
SITE     2  H2   7 ALA D  14  LEU D  17  VAL D  18                     3INS  110
SITE     1  SI1  7 GLY A   1  GLU A   4  GLN A   5  CYS A   7          3INS  111
SITE     2  SI1  7 TYR A  19  ASN A  21  CYS B   7                     3INS  112
SITE     1  SI2  7 GLY C   1  GLU C   4  GLN C   5  CYS C   7          3INS  113
SITE     2  SI2  7 TYR C  19  ASN C  21  CYS D   7                     3INS  114
CRYST1    82.500    82.500    34.000  90.00  90.00 120.00 R 3       18 3INS  115
ORIGX1      0.012121  0.006998  0.000000        0.00000               3INS  116
ORIGX2      0.000000  0.013996  0.000000        0.00000               3INS  117
ORIGX3      0.000000  0.000000  0.029412        0.00000               3INS  118
SCALE1      0.012121  0.006998  0.000000        0.00000               3INS  119
SCALE2      0.000000  0.013996  0.000000        0.00000               3INS  120
SCALE3      0.000000  0.000000  0.029412        0.00000               3INS  121
MTRIX1   1 -0.878620 -0.476960  0.023050        0.00000   1           3INS  122
MTRIX2   1 -0.477430  0.878370 -0.022860        0.00000   1           3INS  123
MTRIX3   1 -0.009350 -0.031090 -0.999470        0.00000   1           3INS  124
ATOM     1  N    GLY A   1      -8.863  16.934  14.246  1.00 23.76    3INS  125
ATOM     2  CA   GLY A   1      -9.922  17.118  13.165  1.00 23.54    3INS  126
ATOM     3  C    GLY A   1     -10.070  15.708  12.619  1.00 24.15    3INS  127
ATOM     4  O    GLY A   1      -9.834  14.772  13.389  1.00 23.45    3INS  128
ATOM     5  1D   GLY A   1      -8.139  16.299  13.844  1.00 23.41    3INS  129
ATOM     6  2D   GLY A   1      -8.541  17.840  14.627  1.00 23.85    3INS  130
ATOM     7  3D   GLY A   1      -9.506  16.447  14.963  1.00 23.85    3INS  131
ATOM     8  1HA  GLY A   1     -10.775  17.386  13.832  1.00 24.70    3INS  132
ATOM     9  2HA  GLY A   1      -9.677  17.916  12.502  1.00 24.53    3INS  133
ATOM    10  N    ILE A   2     -10.326  15.543  11.328  1.00 23.60    3INS  134
ATOM    11  CA   ILE A   2     -10.532  14.241  10.707  1.00 22.92    3INS  135
ATOM    12  C    ILE A   2      -9.353  13.277  10.729  1.00 22.06    3INS  136
ATOM    13  O    ILE A   2      -9.533  12.082  11.015  1.00 22.27    3INS  137
ATOM    14  CB   ILE A   2     -10.991  14.337   9.275  1.00 23.58    3INS  138
ATOM    15  CG1  ILE A   2     -11.704  15.689   9.025  1.00 23.88    3INS  139
ATOM    16  CG2  ILE A   2      -9.833  14.690   8.321  1.00 23.63    3INS  140
ATOM    17  CD1  ILE A   2     -12.970  13.018   9.885  1.00 23.53    3INS  141
ATOM    18  D    ILE A   2     -10.478  16.370  10.747  1.00 23.86    3INS  142
ATOM    19  HA   ILE A   2     -11.241  13.665  11.329  1.00 22.83    3INS  143
ATOM    20  HB   ILE A   2     -11.739  15.092   9.084  1.00 23.50    3INS  144
ATOM    21  1HG1 ILE A   2     -12.000  13.007   7.980  1.00 23.23    3INS  145
ATOM    22  2HG1 ILE A   2     -11.050  12.190   9.295  1.00 23.54    3INS  146
ATOM    23  1HG2 ILE A   2      -8.924  14.353   8.820  1.00 23.65    3INS  147
ATOM    24  2HG2 ILE A   2      -9.985  14.137   7.411  1.00 23.37    3INS  148
ATOM    25  3HG2 ILE A   2      -9.834  15.769   8.278  1.00 23.48    3INS  149
ATOM    26  1HD1 ILE A   2     -13.450  13.964   9.555  1.00 24.26    3INS  150
ATOM    27  2HD1 ILE A   2     -13.645  12.191   9.597  1.00 24.23    3INS  151
ATOM    28  3HD1 ILE A   2     -12.761  13.066  10.960  1.00 24.42    3INS  152
         ......
ATOM  1627  N    ALA D  30      -5.782  20.621 -11.729  1.00 21.39    3INS 1730
ATOM  1628  CA   ALA D  30      -4.971  21.847 -11.791  1.00 22.75    3INS 1731
ATOM  1629  C    ALA D  30      -3.994  21.678 -12.918  1.00 24.35    3INS 1732
ATOM  1630  O    ALA D  30      -3.471  20.555 -13.144  1.00 25.57    3INS 1733
ATOM  1631  CB   ALA D  30      -4.294  22.177 -10.453  1.00 22.64    3INS 1734
ATOM  1632  OXT  ALA D  30      -3.764  22.698 -13.593  1.00 26.63    3INS 1735
ATOM  1633  D    ALA D  30      -5.657  20.089 -10.925  1.00 21.66    3INS 1736
ATOM  1634  HA   ALA D  30      -5.733  22.634 -11.963  1.00 22.74    3INS 1737
ATOM  1635  1HB  ALA D  30      -4.922  21.813  -9.621  1.00 22.64    3INS 1738
ATOM  1636  2HB  ALA D  30      -3.340  21.706 -10.336  1.00 22.85    3INS 1739
ATOM  1637  3HB  ALA D  30      -4.211  23.262 -10.356  1.00 22.49    3INS 1740
TER   1638       ALA D  30                                            3INS 1741
HETATM 1639 ZN   ZN      1       0.000   0.000   7.888  0.33 10.46    3INS 1742
HETATM 1640 ZN   ZN      2       0.000   0.000  -8.036  0.33 12.06    3INS 1743
HETATM 1641 O    DOD     3       0.935   1.022   0.353  1.00 38.62    3INS 1744
         ......
CONECT   83   82  149                                                 3INS 2069
CONECT 1434 1118 1433                                                 3INS 2080
         ......
MASTER       51    8    2    6    2    4   12    9 1940    4   12  10 3INSA   5
```

注：本框为蛋白质结构数据库 PDB 中猪胰岛素晶体结构实例（只给出部分原子坐标）。关于结构测定和修正的注释信息从略。

框 2.7　PDB 数据库实例 2

```
HEADER    INHIBITOR                               08-APR-99   1QFD
TITLE     NMR SOLUTION STRUCTURE OF ALPHA-AMYLASE INHIBITOR (AAI)
COMPND    MOL_ID: 1;
COMPND   2 MOLECULE: ALPHA-AMYLASE INHIBITOR;
COMPND   3 CHAIN: A;
COMPND   4 OTHER_DETAILS: SYNTHETIC
SOURCE    MOL_ID: 1;
SOURCE   2 ORGANISM_SCIENTIFIC: AMARANTHUS HYPOCHONDRIACUS;
SOURCE   3 ORGANISM_COMMON: PRINCE'S FEATHER;
SOURCE   4 ORGAN: SEED;
SOURCE   5 OTHER_DETAILS: SYNTHETIC SEQUENCE
KEYWDS    INHIBITOR
EXPDTA    NMR, 10 STRUCTURES
AUTHOR    S. LU, P. DENG, X. LIU, J. LUO, R. HAN, X. GU, S. LIANG, X. WANG, L. FENG,
AUTHOR   2 V. LOZANOV, A. PATTHY, S. PONGOR
REVDAT   1   16-JUL-99 1QFD    0
JRNL        AUTH    S. LU, P. DENG, X. LIU, J. LUO, R. HAN, X. GU, S. LIANG, X. WANG,
JRNL        AUTH 2 L. FENG, V. LOZANOV, A. PATTHY, S. PONGOR
JRNL        TITL    SOLUTION STRUCTURE OF THE MAJOR ALPHA-AMYLASE
JRNL        TITL 2 INHIBITOR OF THE CROP PLANT AMARANTH
JRNL        REF     J. BIOL. CHEM.                V. 274 20473 1999
JRNL        REFN    ASTM JBCHA3  US ISSN 0021-9258                    0071
REMARK   1
REMARK   1 REFERENCE 1
REMARK   1 AUTH    V. LOZANOV, C. GUARNACCIA, A. PATTHY, S. FOTI, S. PONGOR
REMARK   1 TITL    SYNTHESIS AND CYSTINE/CYSTEINE-CATALYZED OXIDATIVE
REMARK   1 TITL 2 FOLDING OF THE AMARANTH ALPHA-AMYLASE INHIBITOR
REMARK   1 REF     J. PEPT. RES.                 V. 50(1   65 1997
REMARK   1 REFN    ASTM JPERFA  DK ISSN 1397-002X                     2150
REMARK   1 REFERENCE 2
REMARK   1 AUTH    A. CHAGOLLA-LOPEZ, A. BLANCO-LABRA, A. PATTHY, R. SANCHEZ,
REMARK   1 AUTH 2 S. PONGOR
REMARK   1 TITL    A NOVEL ALPHA-AMYLASE INHIBITOR FROM AMARANTH
REMARK   1 TITL 2 (AMARANTHUS HYPOCONDRIACUS) SEEDS
REMARK   1 REF     J. BIOL. CHEM.                V. 269 23675 1994
REMARK   1 REFN    ASTM JBCHA3  US ISSN 0021-9258                    0071
REMARK   2
REMARK   2 RESOLUTION. NOT APPLICABLE.
REMARK   3
REMARK   3 REFINEMENT.
REMARK   3   PROGRAM     : X-PLOR 3.851
REMARK   3   AUTHORS     : BRUNGER
REMARK   3
REMARK   3   OTHER REFINEMENT REMARKS: NULL
REMARK   4
REMARK   4 1QFD COMPLIES WITH FORMAT V. 2.3, 09-JULY-1998
REMARK 100
REMARK 100 THIS ENTRY HAS BEEN PROCESSED BY RCSB ON 12-APR-1999.
REMARK 100 THE RCSB ID CODE IS RCSB000816.
REMARK 210
REMARK 210 EXPERIMENTAL DETAILS
REMARK 210  EXPERIMENT TYPE                : NMR
REMARK 210  TEMPERATURE           (KELVIN) : 300.00
REMARK 210  PH                             : 6.50
REMARK 210  IONIC STRENGTH                 : 20 MM
REMARK 210  PRESSURE                       : 1 ATM
REMARK 210  SAMPLE CONTENTS                : 90% WATER/10% D2O
REMARK 210
REMARK 210  NMR EXPERIMENTS CONDUCTED      : NOESY, COSY, TOCSY AND
REMARK 210                                   DQF-COSY
REMARK 210  SPECTROMETER FIELD STRENGTH    : 500 MHZ
REMARK 210  SPECTROMETER MODEL             : AMX500
REMARK 210  SPECTROMETER MANUFACTURER      : BRUKER
REMARK 210
REMARK 210  STRUCTURE DETERMINATION.
REMARK 210   SOFTWARE USED                 : NULL
REMARK 210   METHOD USED                   : SIMULATED ANNEALING
REMARK 210
REMARK 210  CONFORMERS, NUMBER CALCULATED  : 50
REMARK 210  CONFORMERS, NUMBER SUBMITTED   : 10
```

框 2.7　PDB 数据库实例 2（续）

```
REMARK 210 CONFORMERS, SELECTION CRITERIA  : LEAST RESTRAINT
REMARK 210                                   VIOLATION AND RESULT OF
REMARK 210                                   PROCHECK
REMARK 210
REMARK 210 BEST REPRESENTATIVE CONFORMER IN THIS ENSEMBLE : NULL
REMARK 210
REMARK 210 REMARK: NULL
REMARK 215
REMARK 215 NMR STUDY
REMARK 215 THE COORDINATES IN THIS ENTRY WERE GENERATED FROM SOLUTION
REMARK 215 NMR DATA.  PROTEIN DATA BANK CONVENTIONS REQUIRE THAT
REMARK 215 CRYST1 AND SCALE RECORDS BE INCLUDED, BUT THE VALUES ON
REMARK 215 THESE RECORDS ARE MEANINGLESS.
REMARK 700
REMARK 700 SHEET
REMARK 700 DETERMINATION METHOD: AUTHOR-DETERMINED
REMARK 750
REMARK 750 TURN
REMARK 750 AUTHOR-DETERMINED
DBREF   1QFD A    1    32  SWS    P80403   IAAI_AMAHP     1      32
SEQRES   1 A   32   CYS ILE PRO LYS TRP ASN ARG CYS GLY PRO LYS MET ASP
SEQRES   2 A   32   GLY VAL PRO CYS CYS GLU PRO TYR THR CYS THR SER ASP
SEQRES   3 A   32   TYR TYR GLY ASN CYS SER
HELIX    1   1 PRO A   10  ASP A   13  1                                   4
SHEET    1  S1 1 ARG A   7  CYS A   8  0
SHEET    1  S2 1 THR A  22  THR A  24  0
SHEET    1  S3 1 GLY A  29  SER A  32  0
TURN     1  T1 PRO A    3  ASN A    6
TURN     2  T2 GLY A    9  MET A   12
TURN     3  T3 PRO A   10  ASP A   13
TURN     4  T4 GLU A   19  THR A   22
TURN     5  T5 ASP A   26  GLY A   29
SSBOND   1 CYS A    1    CYS A   18
SSBOND   2 CYS A    8    CYS A   23
SSBOND   3 CYS A   17    CYS A   31
CRYST1    1.000   1.000   1.000  90.00  90.00  90.00 P 1           1
ORIGX1      1.000000  0.000000  0.000000        0.00000
ORIGX2      0.000000  1.000000  0.000000        0.00000
ORIGX3      0.000000  0.000000  1.000000        0.00000
SCALE1      1.000000  0.000000  0.000000        0.00000
SCALE2      0.000000  1.000000  0.000000        0.00000
SCALE3      0.000000  0.000000  1.000000        0.00000
MODEL        1
ATOM      1  N   CYS A   1       3.262   4.923   7.453  1.00  0.00           N
ATOM      2  CA  CYS A   1       2.352   4.095   6.602  1.00  0.00           C
ATOM      3  C   CYS A   1       1.809   4.922   5.428  1.00  0.00           C
ATOM      4  O   CYS A   1       2.093   6.099   5.300  1.00  0.00           O
ATOM      5  CB  CYS A   1       1.210   3.662   7.531  1.00  0.00           C
ATOM      6  SG  CYS A   1       0.005   5.013   7.693  1.00  0.00           S
ATOM      7  1H  CYS A   1       4.009   5.325   6.868  1.00  0.00           H
ATOM      8  2H  CYS A   1       2.724   5.683   7.893  1.00  0.00           H
ATOM      9  H   CYS A   1       3.112   6.219   5.393  1.00  0.00           H
ATOM     10  HA  CYS A   1       2.873   3.225   6.236  1.00  0.00           H
ATOM     11  1HB CYS A   1       0.725   2.792   7.114  1.00  0.00           H
ATOM     12  2HB CYS A   1       1.612   3.415   8.503  1.00  0.00           H
. . . . . .
ENDMDL
CONECT    6  261
MASTER        67    0    0    1    3    5    0    6 4610   10    6    3
```

注：本框为蛋白质结构数据库 PDB 中 α-淀粉酶抑制剂核磁共振溶液构象实例（只给出部分原子坐标）。

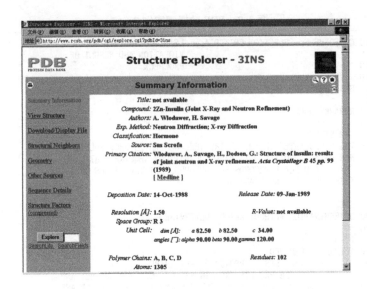

图 2.9 美国 RCSB 的 PDB 数据库猪胰岛素分子概要。引自 http://www.rcsb.org/pdb/cgi/explore.cgi? pdbId=3ins。

图 2.10 PDBsum 数据库系统。英国伦敦大学 PDBsum 数据库系统猪胰岛素分子卡通图和索引条目，点击索引条目可获得详细信息。引自 http://www.biochem.ucl.ac.uk/bsm/pdbsum/3ins/main.html。

（二）蛋白质结构分类数据库 SCOP 和 CATH

蛋白质结构分类是蛋白质结构研究的一个重要方向。蛋白质结构分类数据库，是三维结构数据库的重要组成部分。蛋白质结构分类可以包括不同层次，如折叠类型、拓扑结构、家族、超家族、结构域、二级结构、超二级结构等。已经上网的蛋白质结构分类数据库很多，此处简单介绍两个主要的蛋白质结构分类数据库 SCOP 和 CATH。

SCOP 是蛋白质结构分类数据库（Structural Classification of Proteins）的简称，是英国医学研究委员会分子生物学实验室和蛋白质工程中心开发的基于 Web 的蛋白质结构数据库分类、检索和分析系统（Murzin et al., 1995）。SCOP 数据库将计算机程序自动检测和人工验证结合起来，将 PDB 数据库中的蛋白质按传统分类方法分成 α 型、β 型、α/β 型（α 螺旋和 β 折叠交替出现）、α+β 型（α 螺旋和 β 折叠连续出现），并将多结构域蛋白、膜蛋白和细胞表面蛋白、小蛋白单独分类，一共分成 7 大类型，并在此基础上，按折叠类型、超家族、家族三个层次逐级分类。例如，蜘蛛毒素（虎纹捕鸟蛛毒素 Huwentoxin-I）在 SCOP 数据库中的分类为：小蛋白类、knottins 折叠类型、ω-毒素类超家族、蜘蛛毒素家族。对于具有不同种属来源的同源蛋白家族，SCOP 数据库按种属名称将它们分成若干子类，一直到蛋白质分子的亚基。

CATH 是另一个著名的蛋白质分类数据库，其含义为类型（class）、构架（architecture）、拓扑结构（topology）和同源性（homology），它由英国伦敦大学开发和维护（Orengo et al., 1997）。与 SCOP 数据库一样，CATH 数据库的构建既使用计算机程序，也进行人工检查。CATH 数据库的分类基础是蛋白质结构域。与 SCOP 不同的是，CATH 把蛋白质分为 4 类，即 α 为主类、β 为主类、α-β 类和低二级结构类。显然，它把 α/β 型和 α+β 型归为一类。低二级结构类则是指二级结构成分含量很低的蛋白质分子。CATH 数据库的第二个分类依据为由 α 螺旋和 β 折叠形成的超二级结构的排列方式，而不考虑它们间的连接关系。形象地说来，就是蛋白质分子的构架，如同建筑物的立柱、横梁等主要部件。这一层次的分类主要依靠人工方法（图 2.11）。第三个层次为拓扑结构，即二级结构的形状和二级结构间的联系。第四个层次为结构的同源性，它是先通过序列比较然后再用结构比较来确定的。实际上，CATH 数据库的最后一个层次为序列（sequence）层次，即图中的 S 层。

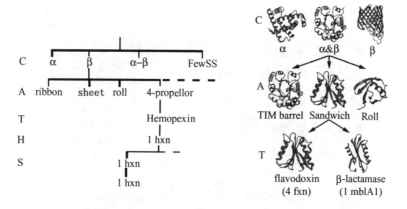

图 2.11 CATH 数据库。英国伦敦大学 CATH 数据库分类方法。图中，α：α 螺旋；β：β 折叠；α-β 或 α&β：既有 α 螺旋，又有 β 折叠；FewSS：很少二级结构；ribbon：条带；sheet：片层；roll：卷桶；4-propellor：四叶螺旋浆；Hemopexin：血液结合素；1 hxn：PDB 数据库条目代码；TIM barrel：TIM 桶；Sandwich：三明治；flavodoxin：黄素氧还蛋白；β-lactamase：β-内酰胺酶。引自 http://www.biochem.ucl.ac.uk/bsm/cath/lex/cathinfo.html。

五、二次数据库

上面介绍的基因组数据库、序列数据库和结构数据库是最基本、最常用的分子生物信息数据库。以基因组、序列和结构数据库为基础，结合文献资料，研究开发更具特色、更便于使用的二次数据库，或专用数据库信息系统，已经成了生物信息学研究的一个重要方面。随着互联网技术的发展和普及，这些数据库多以 Web 界面为基础，不仅具有文字信息，而且以表格、图形、图表等方式显示数据库内容，并带有超文本链接。从用户角度看，许多二次数据库实际上就是一个专门的数据库信息系统。必须说明，二次数据库和一次数据库之间，其实并没有明确的界限，上述 GDB 和 AceDB 基因组数据库、SCOP 和 CATH 结构分类数据库，无论从内容，还是用户界面，实际上都具有二次数据库的特色。即使是最基本的蛋白质序列数据库 SWISS-PROT，也已经增加了许多与其他数据库的交叉索引，蛋白质分析专家系统 ExPASy 提供的 SWISS-PROT 浏览网页，同样具有表格、图形等功能。

（一）基因组信息二次数据库

本章第一节中已经介绍了不少基因组数据库和基因组信息资源。此处，简单介绍法国巴斯德研究所构建的大肠杆菌基因组数据库，作为基因组二次数据库的一个实例。该数据库除了具有浏览、检索和数据库搜索（BLAST/FASTA）功能外，还将大肠杆菌基因组用环形图表示（图 2.12），点击图中某个区域，就会显示该区域基因分布图（图 2.13），也可以用键盘输入起始位置和序列长度检索，使用十分方便。有关大肠杆菌和其他已经完成全序列测定的细菌基因组的二次数据库还有很多，巴斯德研究所还开发了枯草杆菌基因组数据库。

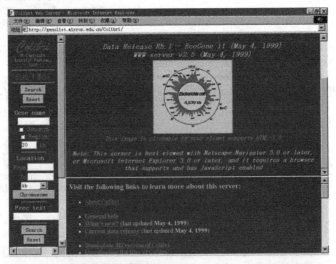

图 2.12 大肠杆菌基因组数据库系统。引自 http://genolist.mirror.edu.cn/Colibri/。

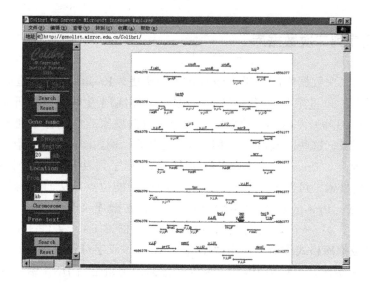

图 2.13 大肠杆菌基因组数据库中基因分布。引自 http://genolist. mirror. edu. cn/Colibri/。

德国生物工程研究所开发的真核生物基因调控转录因子数据库 TransFac 是一个比较完善的二次数据库,包括顺式调控位点、基因、转录因子、细胞来源、分类和调控位点核苷酸分布 6 个子库。该二次数据库始建于 1988 年,采用关系数据库模式,用表格存放数据。

1997 年起,基于 Web 的版本开始上网,北京大学生物信息中心建有镜像(图 2.14)。目前,该数据库正在进一步开发,如构建各种转录因子在不同细胞组织中的表达特异性数据库等(Wingender et al.,2000)。

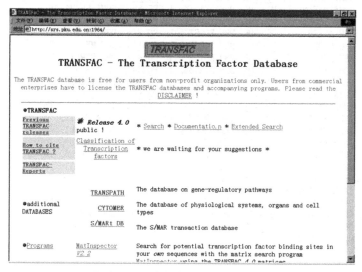

图 2.14 转录因子数据库 TransFac。引自 http://transfac.mirror.edu.cn。

（二）蛋白质序列二次数据库

蛋白质序列二次数据库的问世已经有几年的历史，Prosite 数据库是第一个蛋白质序列二次数据库，20 世纪 90 年代初期开始构建，现由瑞士生物信息学研究所 SIB 维护（Hofmann et al., 1999）。Prosite 数据库是基于对蛋白质家族中同源序列多重序列比对得到的保守性区域，这些区域通常与生物学功能有关，例如酶的活性位点、配体或金属结合位点等。因此，Prosite 数据库实际上是蛋白质序列功能位点数据库。通过对 Prosite 数据库的搜索，可判断该序列包含什么样的功能位点，从而推测其可能属于哪一个蛋白质家族。Prosite 数据库实际上包括两个数据库文件，一个为数据文件即 Prosite（框 2.8），另一个为说明文件 PrositeDoc（框 2.9）。文件 Prosite 的格式与 SWISS-PROT 数据库格式类似，使用"ID"、"AC"等双字母识别字。框 2.8 和框 2.9 是 Prosite 数据库实例，识别字 DE 行表明这是细菌的类组蛋白 DNA 结合蛋白，识别字 PA 行给出其功能位点的序列模式：

[GSK]—F—x(2)—[LIVMF]—x(4)—[RKEQA]—x(2)—[RST]—x—[GA]—x—[KN]—P—x—T.

框 2.8 Prosite 数据库实例

```
ID    HISTONE_LIKE; PATTERN.
AC    PS00045;
DT    APR-1990 (CREATED); NOV-1995 (DATA UPDATE); JUL-1998 (INFO UPDATE).
DE    Bacterial histone-like DNA-binding proteins signature.
PA    [GSK]-F-x(2)-[LIVMF]-x(4)-[RKEQA]-x(2)-[RST]-x-[GA]-x-[KN]-P-x-T.
NR    /RELEASE=38,80000;
NR    /TOTAL=44(44); /POSITIVE=44(44); /UNKNOWN=0(0); /FALSE_POS=0(0);
NR    /FALSE_NEG=9; /PARTIAL=4;
CC    /TAXO-RANGE=ABEPV; /MAX-REPEAT=1;
DR    P02347, DBH1_RHILE, T; P02348, DBH5_RHILE, T; P02342, DBHA_ECOLI, T;
DR    P43722, DBHA_HAEIN, T; P15148, DBHA_SALTY, T; P52680, DBHA_SERMA, T;
DR    P02341, DBHB_ECOLI, T; P05515, DBHB_SALTY, T; P52681, DBHB_SERMA, T;
DR    P05514, DBH_ANASP , T; P02346, DBH_BACST , T; P08821, DBH_BACSU , T;
DR    P05385, DBH_CLOPA , T; P29214, DBH_GUITH , T; O33125, DBH_MYCLE , T;
DR    P95109, DBH_MYCTU , T; P02344, DBH_RHIME , T; O06447, DBH_STRLI , T;
DR    P96045, DBH_STRTR , T; P73418, DBH_SYNY3 , T; P02345, DBH_THEAC , T;
DR    P36206, DBH_THEMA , T; P19436, DBH_THETH , T; P28080, DBH_VIBPR , T;
DR    P43272, HLIK_ASFB7, T; P06984, IHFA_ECOLI, T; P37982, IHFA_ERWCH, T;
DR    P43723, IHFA_HAEIN, T; P95516, IHFA_PASHA, T; Q51472, IHFA_PSEAE, T;
DR    Q52284, IHFA_PSEPU, T; P30787, IHFA_RHOCA, T; P15430, IHFA_SALTY, T;
DR    P23302, IHFA_SERMA, T; Q44654, IHFB_BUCAP, T; P08756, IHFB_ECOLI, T;
DR    P37983, IHFB_ERWCH, T; P43724, IHFB_HAEIN, T; P95519, IHFB_PASHA, T;
DR    Q51473, IHFB_PSEAE, T; Q52285, IHFB_PSEPU, T; Q06607, IHFB_RHOCA, T;
DR    P23303, IHFB_SERMA, T; P04445, TF1_BPSP1 , T;
DR    P17615, DBH1_BIFLO, P; P80605, DBH3_RHILE, P; P02343, DBH_SYNY1 , P;
DR    P80606, IHFB_RHILE, P;
DR    Q44625, DBH_BORAD , N; Q57220, DBH_BORAF , N; Q57267, DBH_BORBU , N;
DR    Q57153, DBH_BORGA , N; Q45231, DBH_BORJA , N; Q45352, DBH_BORPR , N;
DR    Q45722, DBH_BORTU , N; O25506, DBH_HELPY , N; P05384, DBH_PSEAE , N;
3D    1HUE; 1HUU; 1IHF; 1WTU;
DO    PDOC00044;
//
```

这里，方括号中为可选残基，如第一个方括号 [GSK] 3 个残基（甘氨酸 G、丝氨酸 S 和赖氨酸 L）中的任意一个均可出现。x(2)表示可以有两个任意残基。因此，序列片段 GFxxLxxxxRxxRxGxKPxT 是其中一种可能的模式。识别字 DR 行是 SWISS-PROT 数据库代码索引，即 P02347 等几十个蛋白质序列都具有这种模式，而识别字 3D 则为 PDB 数据库代码索引，即 1HUE 等 4 个蛋白质分子的三维结构含这种序列模式。识别字 DO 行给出 PrositeDoc 说明文件中相应的代码 PDOC00044。PrositeDoc 说明文件中给出该序列模式的生物学功能及其文献资料来源。

框 2.9   ProsteDoc 数据库实例

```
{PDOC00044}
{PS00045; HISTONE_LIKE}
{BEGIN}
***********************************************************
* Bacterial histone-like DNA-binding proteins signature *
***********************************************************
Bacteria synthesize a set of small, usually basic proteins of about 90
residues that bind DNA and are known as histone-like proteins [1,2]. The exact
function of these proteins is not yet clear but they are capable of wrapping
DNA and stabilizing it from denaturation under extreme environmental
conditions. The sequence of a number of different types of these proteins is
known:

 - The HU proteins, which, in Escherichia coli, are a dimer of closely related
   alpha and beta chains and, in other bacteria, can be dimer of identical
   chains. HU-type proteins have been found in a variety of eubacteria,
   cyanobacteria and archaebacteria, and are also encoded in the chloroplast
   genome of some algae [3].
 - The integration host factor (IHF), a dimer of closely related chains which
   seem to function in genetic recombination as well as in translational and
   transcriptional control [4] in enterobacteria.
 - The bacteriophage sp01 transcription factor 1 (TF1) which selectively binds
   to and inhibits the transcription of hydroxymethyluracil-containing DNA,
   such as sp01 DNA, by RNA polymerase in vitro.
 - The African Swine fever virus protein A104R (or LMW5-AR) [5].

As a signature pattern for this family of proteins, we use a twenty residue
sequence which includes three perfectly conserved positions. According to the
tertiary structure of one of these proteins [6], this pattern spans exactly
the first half of the flexible DNA-binding arm.

-Consensus pattern: [GSK]-F-x(2)-[LIVMF]-x(4)-[RKEQA]-x(2)-[RST]-x-[GA]-x-
                    [KN]-P-x-T
-Sequences known to belong to this class detected by the pattern: ALL.
-Other sequence(s) detected in SWISS-PROT: NONE.
-Last update: November 1995 / Pattern and text revised.

[ 1] Drlica K., Rouviere-Yaniv J.
     Microbiol. Rev. 51:301-319(1987).
[ 2] Pettijohn D.E.
     J. Biol. Chem. 263:12793-12796(1988).
[ 3] Wang S., Liu X.-Q.
     Proc. Natl. Acad. Sci. U.S.A. 88:10783-10787(1991).
[ 4] Friedman D.I.
     Cell 55:545-554(1988).
[ 5] Neilan J.G., Lu Z., Kutish G.F., Sussman M.D., Roberts P.C.,
     Yozawa T., Rock D.L.
     Nucleic Acids Res. 21:1496-1496(1993).
[ 6] Tanaka I., Appelt K., Dijk J., White S.W., Wilson K.S.
     Nature 310:376-381(1984).
```

Prosite 数据库基于多序列比对得到的单一保守序列片段，或称序列模体。除

Prosite 外,蛋白质序列二次数据库还有蛋白质序列指纹图谱数据库 Prints (Attwood et al.,1998)、蛋白质序列模块数据库 Blocks (Henikoff et al.,1998)、蛋白质序列家族数据库 Pfam (Sonnhammer et al.,1998)、蛋白质序列谱数据库 Profile 等(表 2.15)。这些数据库的共同特点是基于多序列比对,它们的不同之处是处理比对结果的原则和方法,Prints 和 Blocks 利用了序列中的多重保守片段,Profiles 着眼于构建序列谱,而 Pfam 采用了隐马尔可夫模型,Identify 则利用模糊正则表达式的概念(图 2.15)。应该说,这些方法各有一定特色。

表 2.15 蛋白质序列二次数据库

名 称	数据来源	网 址	特 点
Prosite	SWISS-PROT	http://www.expasy.ch/prosite/	正则表达式
Prints	OWL	http://www.bioinf.man.ac.uk/dbbrowser/PRINTS/	保守序列片段
Blocks	Prosite/Prints	http://www.blocks.fhcrc.org/	保守序列模块
Pfam	SWISS-PROT	http://www.sanger.ac.uk/Software/Pfam/	隐马尔可夫模型
Profiles	SWISS-PROT	http://www.isrec.isb-sib.ch/software/PFSCAN_form.html	权重矩阵
Identify	Blocks/Prints	http://dna.stanford.edu/identify/	模糊正则表达式

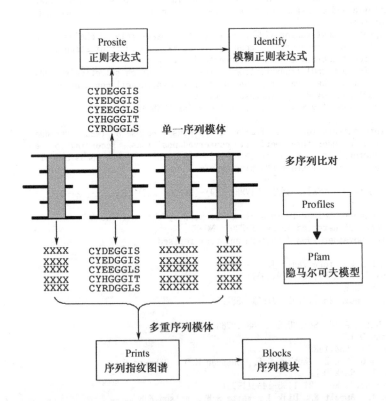

图 2.15 蛋白质序列二次数据库。几种不同的蛋白质二次数据库的构建原则和它们之间的关系。(根据 Attwood 和 Parry-Smith 著 *Introduction to Bioinformatics* 插图改编。)

从某种意义上说,上述蛋白质序列二次数据库实际上也是蛋白质功能数据库,因为从这些数据库中,可以得到有关蛋白质功能、家族、进化等信息。

(三) 蛋白质结构二次数据库

蛋白质结构数据库 PDB 主要存放原子坐标,属于一次数据库。早在 20 世纪 80 年代,就已经出现了从 PDB 数据库的坐标数据中提取信息的程序,并在此基础上构建了蛋白质二级结构构象参数数据库(Definition of Secondary Structure of Proteins,DSSP)。DSSP 数据库根据 PDB 中的原子坐标,计算每个氨基酸残基的二级结构构象参数,包括氢键、主链和侧链二面角、二级结构类型等。框 2.10 是 DSSP 数据库中胰岛素分子 3INS 实例。

20 世纪 90 年代以来,随着 PDB 数据库数据量的增长,出现了许多蛋白质分类数据库。蛋白质家族数据库(Families of Structurally Similar Proteins,FSSP)就是其中的一个。它把 PDB 数据库中的蛋白质通过序列和结构进行比对和分类。与 DSSP 和 FSSP 相关的另一个蛋白质结构数据库是同源蛋白质数据库(Homology Derived Secondary Structure of Proteins,HSSP)。该数据库不但包括已知三维结构的同源蛋白家族,而且包括未知结构的蛋白质分子,并将它们按同源家族分类。这 3 个蛋白质结构二次数据库为蛋白质分子设计、蛋白质模型构建和蛋白质工程等研究提供了很好的信息资源和工具(Sander & Schneider , 1990)。

除了 DSSP、FSSP、HSSP 外,还有其他许多不同种类和层次的蛋白质结构二次数据库,如蛋白质结构域分配数据库、蛋白质回环分类数据库 (图 2.16)等,它们对蛋白质结构、蛋白质分类和蛋白质分子设计提供一些有用的信息。

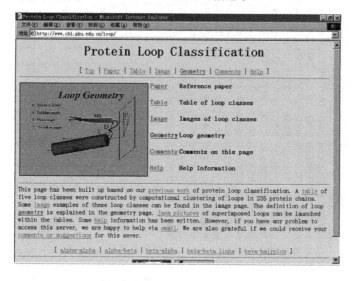

图 2.16 蛋白质回环数据库主页。引自 http://www.cbi.pku.edu.cn/loop/。

上面介绍的几类数据库,只是众多数据库中的一小部分。*Nucleic Acid Research* 杂志

框 2.10 DSSP 数据库实例

```
**** SECONDARY STRUCTURE DEFINITION BY THE PROGRAM DSSP, VERSION JUL. 1993 **** DATE=15-AUG-1995
REFERENCE W. KABSCH AND C. SANDER, BIOPOLYMERS 22 (1983) 2577-2637
HEADER    HORMONE                                 14-OCT-88   3INS
COMPND    2*ZN-INSULIN (JOINT X-RAY AND NEUTRON REFINEMENT)
SOURCE    PIG (SUS $SCROFA)
AUTHOR    A. WLODAWER, H. SAVAGE
  102  4  6  2  4 TOTAL NUMBER OF RESIDUES, NUMBER OF CHAINS, NUMBER OF SS-BRIDGES(TOTAL, INTRACHAIN, INTERCHAIN)
 6076.0   ACCESSIBLE SURFACE OF PROTEIN (ANGSTROM**2)
   66 64.7 TOTAL NUMBER OF HYDROGEN BONDS OF TYPE O(I)-->H-N(J)  , SAME NUMBER PER 100 RESIDUES
    0  0.0 TOTAL NUMBER OF HYDROGEN BONDS IN     PARALLEL BRIDGES, SAME NUMBER PER 100 RESIDUES
   12 11.8 TOTAL NUMBER OF HYDROGEN BONDS IN ANTIPARALLEL BRIDGES, SAME NUMBER PER 100 RESIDUES
    0  0.0 TOTAL NUMBER OF HYDROGEN BONDS OF TYPE O(I)-->H-N(I-5), SAME NUMBER PER 100 RESIDUES
    0  0.0 TOTAL NUMBER OF HYDROGEN BONDS OF TYPE O(I)-->H-N(I-4), SAME NUMBER PER 100 RESIDUES
    0  0.0 TOTAL NUMBER OF HYDROGEN BONDS OF TYPE O(I)-->H-N(I-3), SAME NUMBER PER 100 RESIDUES
    0  0.0 TOTAL NUMBER OF HYDROGEN BONDS OF TYPE O(I)-->H-N(I-2), SAME NUMBER PER 100 RESIDUES
    0  0.0 TOTAL NUMBER OF HYDROGEN BONDS OF TYPE O(I)-->H-N(I-1), SAME NUMBER PER 100 RESIDUES
    0  0.0 TOTAL NUMBER OF HYDROGEN BONDS OF TYPE O(I)-->H-N(I+0), SAME NUMBER PER 100 RESIDUES
    0  0.0 TOTAL NUMBER OF HYDROGEN BONDS OF TYPE O(I)-->H-N(I+1), SAME NUMBER PER 100 RESIDUES
    4  3.9 TOTAL NUMBER OF HYDROGEN BONDS OF TYPE O(I)-->H-N(I+2), SAME NUMBER PER 100 RESIDUES
   15 14.7 TOTAL NUMBER OF HYDROGEN BONDS OF TYPE O(I)-->H-N(I+3), SAME NUMBER PER 100 RESIDUES
   30 29.4 TOTAL NUMBER OF HYDROGEN BONDS OF TYPE O(I)-->H-N(I+4), SAME NUMBER PER 100 RESIDUES
    3  2.9 TOTAL NUMBER OF HYDROGEN BONDS OF TYPE O(I)-->H-N(I+5), SAME NUMBER PER 100 RESIDUES
  1  2  3  4  5  6  7  8  9 10 11 12 13 14 15 16 17 18 19 20 21 22 23 24 25 26 27 28 29 30   *** HISTOGRAMS OF ***
  0  0  2  1  0  0  0  0  0  0  0  0  0  0  0  0  0  0  0  0  0  0  0  0  0  0  0  0  0  0   RESIDUES PER ALPHA HELIX
  0  0  0  0  0  0  0  0  0  0  0  0  0  0  0  0  0  0  0  0  0  0  0  0  0  0  0  0  0  0   PARALLEL BRIDGES PER LADDER
  4  0  1  0  0  0  0  0  0  0  0  0  0  0  0  0  0  0  0  0  0  0  0  0  0  0  0  0  0  0   ANTIPARALLEL BRIDGES PER LADDER
  0  0  1  0  0  0  0  0  0  0  0  0  0  0  0  0  0  0  0  0  0  0  0  0  0  0  0  0  0  0   LADDERS PER SHEET
  #  RESIDUE AA STRUCTURE BP1 BP2  ACC   N-H-->O    O-->H-N   N-H-->O    O-->H-N     TCO   KAPPA  ALPHA   PHI    PSI     X-CA   Y-CA   Z-CA
  1    1 A G              >        0  0   68    0, 0.0    3,-0.3    0, 0.0    0, 0.0   0.000  360.0  360.0  360.0 -145.8    -9.9   17.1   13.2
  2    2 A I H   >  +     0  0   11    1,-0.2    5,-0.3    2,-0.2    4,-0.2   0.845  360.0   55.9  -63.4  -39.9   -10.5   14.2   10.7
  3    3 A V H   > S+     0  0   18   46,-0.4    4,-1.1   -1,-0.2    5,-0.2   0.894  116.3   37.4  -56.5  -50.6    -7.0   12.9   10.6
  4    4 A E H   > S+     0  0   50   -3,-0.3    4,-2.3    2,-0.2    5,-0.2   0.908  115.4   53.7  -68.5  -45.5    -6.9   12.5   14.3
  5    5 A Q H   X 5S+    0  0   63   -4,-2.6    4,-2.3    1,-0.2    2,-0.2   0.928  107.7   49.9  -54.7  -50.7   -10.5   11.3   14.6
  6    6 A A a H   < 5S+  0  0    0   -4,-2.8   22,-1.8    1,-0.2    5,-0.2   0.880  121.0   36.1  -59.4  -36.8   -10.1    8.5   12.0
  7    7 A b H   < 5S+    0  0   44   -4,-1.1   -2,-0.2   -5,-0.2   -1,-0.2   0.904  122.8   39.5  -84.8  -43.2    -7.0    7.3   13.8
  8    8 A T H   < 5S-    0  0  122   -4,-4.5   -3,-0.2   20,-0.1   -2,-0.2   0.812  137.5   -2.4  -76.9  -35.6    -7.8    7.8   17.5
  9    9 A S S   <        0  0   22   -2,-0.3    4,-1.7   13,-0.2    3,-0.5  -0.751   24.2 -118.1 -112.8  154.5   -17.0    7.0    8.0
```

注：本框为 DSSP 数据库膜岛素分子 3INS 实例（只列出前 9 个残基的构象参数）。

2001年第1期专门介绍各种分子生物信息学数据库。近年来,随着基因组计划的迅速实施,各种模式生物基因组数据库迅速上网。上述数据库分类方法,显然已经不适用这些数据库、特别是已经完成全序列测定的基因组数据库。例如美国 Stanford 大学构建的酵母基因组数据库(Saccharomyces genome Database,SGD),包括基因图谱、核酸和蛋白质序列、蛋白质结构等各种信息。这种综合的基因组数据库信息系统,是当今生物信息数据库研究开发的新方向。

重要数据库网址:

- ◆ GDB   http://www.gdb.org/ 国内镜像 http://gdb.pku.edu.cn/
- ◆ AceDB   http://www.acedb.org/
- ◆ SGD   http://genome-www.stanford.edu/Saccharomyces/
- ◆ GenBank   http://www.ncbi.nlm.nih.gov/Web/Genbank/
- ◆ EMBL   http://www.ebi.ac.uk/embl/
- ◆ SWISS-PROT   http://www.expasy.ch/ 国内镜像 http://expasy.mirror.edu.cn/
- ◆ PIR   http://pir.georgetown.edu/
- ◆ PDB   http://www.rcsb.org/pdb/
- ◆ SCOP   http://scop.mrc-lmb.cam.ac.uk/scop/
- ◆ CATH   http://www.biochem.ucl.ac.uk/bsm/cath/
- ◆ PDBsum   http://www.biochem.ucl.ac.uk/bsm/pdbsum/
- ◆ PDBreport   http://swift.embl-heidelberg.de/pdbreport/

(罗静初)

参考文献

Attwood TK, Beck ME, Flower DR et al. 1998. The PRINTS protein fingerprint database in its fifth year. Nucl Acids Res, 26:304~308

Bairoch A, Apweiler R. 2000. The SWISS-PROT protein sequence database and its supplement TrEMBL in 2000. Nucl Acids Res, 28:45~48

Baker W, van den Broek A, Camon E et al. 2000. The EMBL nucleotide sequence database. Nucl Acids Res, 28:19~23

Barker WC, Garavelli JS, Huang H et al. 2000. The Protein Information Resource (PIR). Nucl Acids Res, 28:41~44

Benson DA, Karsch-Mizrachi I, Lipman DJ et al. 2000. GenBank. Nucl Acids Res, 28:15~18

Berman HM, Westbrook J, Feng Z et al. 2000. The Protein Data Bank. Nucl Acids Res, 28:235~242

Bleasby AJ, Akrigg D, Attwood TK. 1994. OWL-a non-redundant, composite protein sequence database. Nucl Acids Res, 22:3574~3577

Henikoff S, Pietrokovski S, Henikoff JG. 1998. Superior performance in protein homology detection with the Blocks Database servers. Nucl Acids Res, 26:309~312

Hofmann K, Bucher P, Falquet L et al. 1999. The PROSITE database, its status in 1999. Nucl Acids Res, 27:215~219

Holm L, Sander C. 1998. Removing near-neighbour redundancy from large protein sequence collections. Bioinformatics, 14:423~429

Laskowski RA, Hutchinson EG, Michie AD et al. 1997. PDBsum: a Web-based database of summaries and analyses of all PDB structure. Trends in Biocheml Sciences, 22:488~490

Murzin AG, Brenner SE, Hubbard T et al. 1995. SCOP: a structural classification of proteins database for the investigation of sequences and structures. J Mol Biol, 247:536~540

Namboodiri K, Pattabiraman N, Lowrey A et al. 1990. NRL-3D-A Sequence-Structure Database. Biophys J, 57:A406

Orengo CA, Michie AD, Jones S et al. 1997. CATH-a hierarchic classification of protein domain structures. Structure, 5: 1093~1108

Sander C, Schneider R. 1991. Database of homology-derived protein structures. Proteins: Structure, Function & Genetics, 9:56~68

Sonnhammer ELL, Eddy SR, Birney E et al. 1998. Pfam: multiple sequence alignments and HMM-profiles of protein domains. Nucl Acids Res, 26:320~322

Wingender E, Chen X, Hehl R et al. 2000. TRANSFAC: an integrated system for gene expression regulation. Nucl Acids Res, 28:316~319

第三章

数据库查询和数据库搜索

一、简介

本书第二章介绍了常用核酸、蛋白质等生物大分子数据库。这些数据库存放在国际著名生物信息中心,通过计算机网络为世界各国生命科学和生物技术研究开发服务。此外,许多国家的生物信息中心、著名的基因组研究中心、分子生物学研究机构、大学、生物技术和药物公司,都设有数据库中心,为本国或本单位的用户提供快速、高效的数据库资源服务。

分子生物学数据库的应用可以分为两个主要方面,即数据库查询(database query)和数据库搜索(database search)。数据库查询和数据库搜索是分子生物信息学中两个常用术语。在具体介绍数据库查询和数据库搜索以前,有必要把这两个术语作简单说明。所谓数据库查询,是指对序列、结构以及各种二次数据库中的注释信息进行关键词匹配查找。例如,对蛋白质序列数据库 SWISS-PROT 输入关键词 insulin(胰岛素),即可找出该数据库所有胰岛素或与胰岛素有关的序列条目(entry)。数据库查询有时也称数据库检索,它和互联网上通过搜索引擎(search engine)查找需要的信息是一个概念。数据库查询、数据库检索和数据库搜索这三个词经常混用。其实,数据库搜索在分子生物信息学中有特定含义,它是指通过特定的序列相似性比对算法,找出核酸或蛋白质序列数据库中与检测序列具有一定程度相似性的序列。例如,给定一个胰岛素序列,通过数据库搜索,可以在蛋白质序列数据库 SWISS-PROT 中找出与该检测序列(query sequence)具有一定相似性的序列。因此,在生物信息学中,数据库搜索是专门针对核酸和蛋白质序列数据库而言,其搜索的对象,不是数据库的注释信息,而是序列信息。显然,数据库查询和数据库搜索在生物信息学中是两个完全不同的概念,它们所要解决的问题、所采用的方法和得到的结果均不相同。

本章以 Entrez 和 SRS 为例,介绍数据库查询的基本方法;并列举一些常用的实例。在对数据库搜索的基本概念作简单说明的基础上,重点介绍目前最为流行的数据库搜索工具 BLAST。

二、数据库查询系统 Entrez

美国国家生物技术信息中心 NCBI 的 Entrez 是目前国际上最为著名的生物信息数据

库查询系统。Entrez 由美国 NCBI 开发，用于对文献摘要、序列、结构和基因组等数据库进行关键词查询，找出相关的一个或几个数据库条目。该系统目前主要包括核酸序列数据库、蛋白质序列数据库、基因组数据库、蛋白质结构数据库、生物医学文献摘要数据库、系统分类数据库、人类遗传疾病和遗传缺失在线数据库，以及基因信息数据库、种群亲缘关系核酸序列比对数据库、表达序列标签数据库等（表 3.1）。

表 3.1 Entrez 数据库查询系统提供的数据库

数据库名称	数据库内容
PubMed	生物医学文献 MedLine 摘要
GenBank	核酸序列
Proteins	SWISS-PROT、PIR 以及 GenBank 翻译得到的蛋白质序列
Structures	PDB 三维结构数据库
Genomes	已经完成和正在进行的模式生物基因组信息
OMIM	人类遗传疾病和遗传缺失在线数据库
Taxonomy	系统分类信息
LocusLink	基因关联信息
PopSet	具有亲缘关系的种群之间核酸序列同源性比对结果

（一）Entrez 系统使用方法

进入 NCBI 主页（www.ncbi.nlm.nih），即可看到位于页面上部的数据库检索栏，其缺省检索选项为核酸序列数据库 GenBank（图 3.1）。可以在检索栏中直接输入需要查询的内容。例如，需要检索蜘蛛毒素的核苷酸序列，在检索栏中输入"spider toxin"，

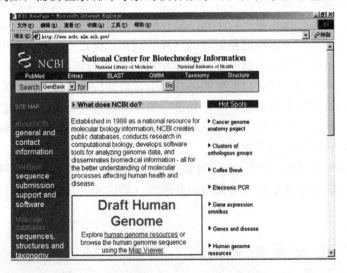

图 3.1 NCBI 主页 Entrez 数据库查询系统。

点击起始按钮"Go",则可得到核酸序列数据库 GenBank 中和蜘蛛毒素相关的序列条目,一共 17 条(图 3.2)。

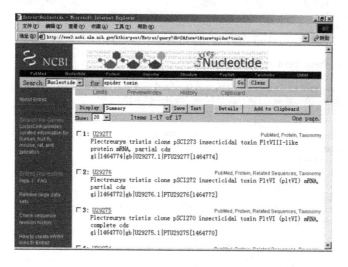

图 3.2 通过 Entrez 系统检索蜘蛛毒素(spider toxin)序列结果,图中只列出部分条目。

需要说明的是,GenBank 和 EMBL 等核酸序列数据库中的大部分数据,是由生物学家通过计算机网络直接提交,或通过计算机程序直接从大规模序列测定所得结果送入数据库中,没有严格的标准。在数据库查询时,经常会遇到"想找的找不到,找到的却不是"这样的问题。例如,上述"spider toxin"查询所得到的 17 个序列条目,有很大一部分是重复的;而我国特有蜘蛛"虎纹捕鸟蛛"的毒素(Huwentoxin)却没有检索到。这是因为作者在提交该序列时,使用了"Huwentoxin",而没有使用"spider toxin"。因此,必须输入"Huwentoxin",才能找到该序列条目(框 3.1)。

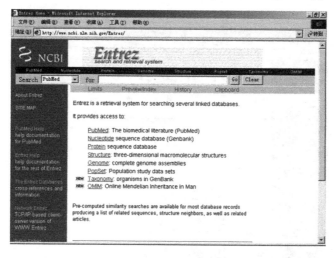

图 3.3 Entrez 数据库查询系统主页。

框 3.1 GenBank 核酸序列数据库中虎纹捕鸟蛛毒素 Huwentoxin-I 条目

```
LOCUS       AF157504     96 bp     mRNA         INV       18-JAN-2000
DEFINITION  Selenocosmia huwena huwentoxin-I (HWTX-I) mRNA, partial cds.
ACCESSION   AF157504
VERSION     AF157504.1  GI:6708031
KEYWORDS    
SOURCE      Chinese bird spider.
ORGANISM    Selenocosmia huwena
            Eukaryota; Metazoa; Arthropoda; Chelicerata; Arachnida; Araneae;
            Mygalomorphae; Theraphosidae; Selenocosmia.
REFERENCE   1  (bases 1 to 96)
  AUTHORS   Li,M., Zhou,Z. and Liang,S.
  TITLE     Huwentoxin-I (HWTX-I) peptide cDNA sequence
  JOURNAL   Unpublished
REFERENCE   2  (bases 1 to 96)
  AUTHORS   Li,M., Zhou,Z. and Liang,S.
  TITLE     Direct Submission
  JOURNAL   Submitted (08-JUN-1999) College of Life Sciences, Hunan Normal
            University, Changsha, Hunan 410081, P.R. China
FEATURES             Location/Qualifiers
     source          1..96
                     /organism="Selenocosmia huwena"
                     /strain="Huwen"
                     /db_xref="taxon:29017"
     gene            <1..>96
                     /gene="HWTX-I"
     CDS             <1..>96
                     /gene="HWTX-I"
                     /note="neurotoxin peptide"
                     /codon_start=1
                     /product="huwentoxin-I"
                     /protein_id="AAF25774.1"
                     /db_xref="GI:6708032"
                     /translation="ACKGVFDACTPGKNECCPNRVCSDKHKWCKWK"
BASE COUNT      30 a     17 c     28 g     21 t
ORIGIN
        1 gcatgcaaag gggtcttcga tgcatgcaca cctggaaaga atgagtgctg tccaaaccgt
       61 gtttgtagtg ataaacacaa gtggtgcaaa tggaag
```

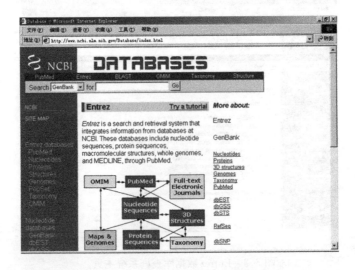

图 3.4 Entrez 数据库查询系统帮助页面。

尽管 Entez 系统使用方便，初次使用时，最好阅读一下联机帮助文件，按其提供的向导实例练习一遍，以便提高查询效率，很快找到需要的结果。点击图 3.3 中页面左侧的"About Enterz"按钮，即可进入其帮助页面（图 3.4）。该页面的下方有一个说明各数据库之间相互关系的框图，点击图中的数据库名，即可进入该数据库的帮助页面。而点击右上方"More about"下的"Entrez"，则进入 Entrez 使用详解。点击"Try a tutorial"，则开始联机向导练习。该向导以查询结核杆菌基因组中编码青霉素结合蛋白（penicillin-binding）基因为例，边操作、边讲解，直到找到需要的结果。

通过向导练习，可以熟悉 Entrez 系统的各种辅助功能，包括限定查询范围（Limits）、预览查询结果（Preview/Index）、查看查询记载（History）和操作剪贴板（Clipboard），提高查询效率。点击 Limits 按钮，即可进入限定查询范围页面，可以根据该数据库结构，将输入的关键词限制在某个查询范围内，如编号、代码、提交日期等。而不同的数据库，其限定范围不同，如序列数据库可以限定序列长度，文献数据库则可以限定作者、题目、杂志名称等。点击预览查询按钮（Preview/Index），检索栏中会增加一个"Preview"按钮，输入关键词后，若点击"Preview"按钮，则不列出具体查询结果，而只列出查询到的数据条目数。利用这一辅助功能，可以提高查询速度，并对查询结果有个初步了解，以便对查询结果作进一步处理，缩小查询范围。点击"History"按钮，则可以查看查询过程的记录，对每次查询结果进行分析，并作进一步处理。

例如，若需要检索与细胞凋亡有关的自噬基因"autophagy"的核酸序列，可以按下面步骤进行：

- 进入 NCBI 主页，点击"Entrez"按钮进入 Entrez 查询系统，点击"Nucleotide"按钮选择核酸序列数据库；
- 点击"Limits"按钮，在检索栏中填入"Autophagy"并在"Limited to"选择栏中选择"Title word"；点击"Preview/Index"按钮进入 Preview 页面，点击检索栏内的"Preview"按钮，得到核酸序列数据库的文献题目中与 Autophagy 有关

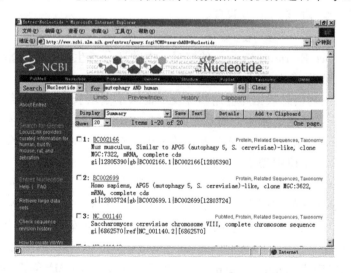

图 3.5 利用 Entrez 系统检索人类自噬基因序列结果。核酸序列数据库在不断更新，实际搜索结果可能有所不同。

的序列条目数以及该次查询结果的编号；
- 点击"Limits"按钮，在检索栏中填入"human"并在"Limited to"选择栏中选择"Organism"；点击"Preview/Index"按钮进入Preview页面，点击检索栏内的"Preview"按钮，得到核酸序列数据库中所有人类的序列条目数以及该次查询结果的编号；
- 在检索栏中填入上述两次查询结果的编号，并用"AND"作限定词，如上述编号为♯1和♯2，则可在检索栏中输入"♯1 AND ♯2"（注意AND必须用大写字母），点击"Go"按钮即可得到查询结果（图3.5）。

（二）Entrez系统的特点

Entrez是面向生物学家的数据库查询系统，其特点之一是使用十分方便。它把序列、结构、文献、基因组、系统分类等不同类型的数据库有机地结合在一起，通过超文本链接，用户可以从一个数据库直接转入另一个数据库。例如，图3.5所示自噬基因检索结果中，列出了它们在蛋白质数据库中的链接，点击Protein即可得到该基因的蛋白质序列条目。

Entrez的另一个特点是把数据库和应用程序结合在一起。例如，通过"Related sequence"工具，可以直接找到与查询所得蛋白质序列同源的其他蛋白质。查询得到的蛋白质三维结构，可以通过在用户计算机上安装的Cn3D软件直接显示分子图形。

Entrez系统的开发基于特殊的数据模型NCBI ASN.1（Abstract Syntax Notation），在对于文献摘要中的关键词查询时，不仅考虑了查询对象和数据库中单词的实际匹配，而且考虑了意义相近的匹配。在查询文献数据库摘要得到结果后，可以通过点击"Related Articles"继续查找相关文献。

三、数据库查询系统SRS

SRS是Sequence Retrieval System的缩写，由欧洲分子生物学实验室开发，最初用于查询核酸序列数据库EMBL和蛋白质序列数据库SWISS-PROT（Etzold et al.,1996）。随着分子生物信息数据库应用和开发的需求不断增长，SRS已经成为欧洲各国主要生物信息中心必备的数据库查询系统。目前，SRS已经发展成商业软件，由英国剑桥的LION Bioscience公司分部继续开发，学术单位在签定协议后可以免费获得该软件的使用权，而非学术单位则需要购买使用权。

与Entrez系统不同，SRS是一个开放的数据库查询系统，即不同的SRS查询系统可以根据需要安装不同的数据库，目前共有300多个数据库安装在世界各地的SRS服务器上。读者可以直接从LION公司的网页上查到这些数据库的名称，并知道它们分别安装在何处（http://www.lionbio.co.uk/publicsrs.html）。欧洲生物信息学研究所、英国的基因组测序中心Sanger中心和英国基因组资源中心HGMP等大型生物信息中心安装了100多个数据库。北京大学生物信息中心1997年开始安装SRS系统，目前共有70多个数据库，其中核酸序列数据库EMBL和蛋白质结构数据库PDB每日更新。国内中国科学院微生物研究所、上海生命科学院等单位也于 2000 年开始安装 SRS 系统。表 3.2 列出国际上主要 SRS 数据库查询系统服务器系统的网址,以供用户参考。

表 3.2 国际上主要 SRS 数据库查询系统

单　　位	网　　址
欧洲生物信息研究所	http://srs6.ebi.ac.uk/srs6/
英国基因组资源中心	http://iron.hgmp.mrc.ac.uk/srs6/
英国基因组测序中心	http://www.sanger.ac.uk/srs6/
法国生物信息中心	http://www.infobiogen.fr/srs6/
荷兰生物信息中心	http://www.cmbi.kun.nl/srs6/
澳大利亚医学研究所	http://srs.wehi.edu.au/srs6/
德国癌症研究所	http://genius.embnet.dkfz-heidelberg.de/menu/srs/
加拿大生物信息资源中心	http://www.cbr.nrc.ca/srs6.1/

注:本表选自 LION Bioscience 公司的网页 http://www.lionbio.co.uk/publicsrs.html。

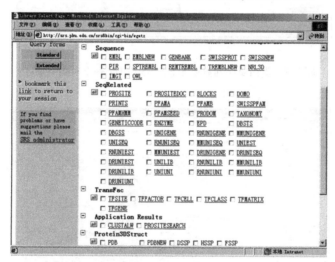

图 3.6 北京大学生物信息中心 SRS 数据库系统安装的部分数据库种类和名称。

(一) SRS 系统使用方法

进入 SRS 主页,点击 "Start" 按钮即可进入 SRS 数据库查询系统。点击页面右上方 "Show all" 右侧的 "＋" 号按钮,即可显示所安装的所有数据库。用鼠标点击数据库名左侧的选择框以选中需要检索的数据库后,可以用三种方式进行查询。

① 快速查询。在页面右上方的快速检索栏中填入关键词,按回车键或点击 "Quick Search" 按钮,即可得到查询结果。如选择蛋白质序列数据库 SWISS-PROT,输入钙离子通道 "calcium channel",按回车键后即得到该数据库中与钙离子通道有关的蛋白质序列的条目及其他信息。

② 标准查询。快速查询方式简单方便，但不便于由用户限定查询条件。例如，上述查询结果中包含了部分钾离子通道序列条目，也包括了钙离子通道序列片段条目，因为在这些条目中，也出现了"calcium channel"关键词。选择标准查询方式，则可以由用户给出适当的查询条件，以缩小查询范围。

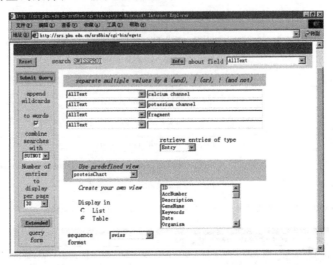

图 3.7 蛋白质序列数据库 SWISS-PROT 标准查询页面。

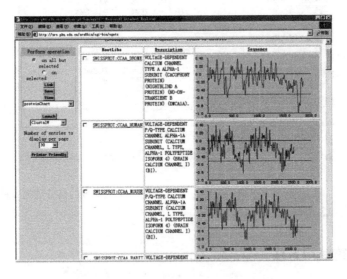

图 3.8 蛋白质序列数据库 SWISS-PROT 疏水特性图。

仍以蛋白质序列数据库 SWISS-PROT 为例，选择该数据库后，点击"Standard"按钮，则进入该数据库的标准查询页面。将页面左侧查询结合方式选择栏"combine search with"下的 AND 改为 BUTNOT，再在查询表单中分别填入"calcium channel"、"potassium channel"和"fragment"，则可将钾离子通道和钙离子通道蛋白的序列片段滤除。同时，在序列条目显示方式栏"Use predefined view"中选择"proteinChart"（图

3.7),点击页面左上方的"Submit Query"按钮,则得到以 Java 图形表示的蛋白质序列疏水特性图。改变用于计算平均疏水值的残基数,可以得到不同的波形图(图 3.8)。

③ 扩展查询。标准查询方式的功能比快速查询有所增加,但并没有体现 SRS 的全部查询功能。而利用扩展查询方式,则可充分利用 SRS 系统强大的查询功能。例如,可以将输入关键词的查询范围限定在物种、说明、作者、文献等范围内,也可以限定日期和序列长度等。对 EMBL 数据库,还可以选择人、植物、EST 等不同的子库进行检索(图 3.9)。例如,选择植物"Pln",在物种"Organism"栏填入水稻的物种名"Oryza sativa",在序列长度">="栏中填入 400,并把"Display per page"的缺省值由 30 改为 10 000,点击"Submit Query",则可得到 EMBL 数据库中长度大于 400bp 的所有水稻序列条目,并在屏幕上全部列出。此外,还可以选择 EMBL 和 SWISS-PROT 等数据库的序列特征表(feature table)中某些特殊内容,实现快速高效的检索。例如,选择蛋白质序列数据库 SWISS-PROT,进入开展查询页面,在"FtKey"栏中选择"disulfide",不填入任何关键词而直接点击"Submit Query",则可得到 SWISS-PROT 中所有含二硫键的蛋白质序列条目。

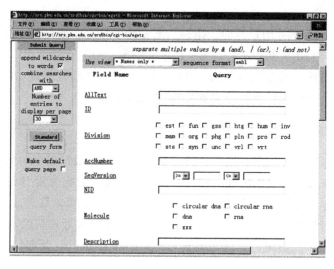

图 3.9 核酸序列数据库 EMBL 扩展查询方式页面。

上述 SRS 的使用方法,仅仅是其中一部分。SRS 系统另有许多其他功能,它设有六个常用选择按钮:TOP PAGE、QUERY、RESULTS、SESSIONS、VIEWS、DATA-BANKS,点击这些按钮,则可随时进入其特定的页面。

TOP PAGE:数据库选择页面,用来选择所需查询的数据库名称。用户可选择一个数据库进行查询,也可同时选择多个数据库查询。

QUERY:标准查询方式页面,用来输入查询代码、编号、物种来源、说明、文献、作者、日期、关键词等查询项目,有的数据库可以选择全文搜索(All Text)选项,适用于对数据库内容不很熟悉、对所查信息不很确切的情况。

RESULTS:查询结果管理页面,用来对查询结果作组合、链接等处理,以得到进一步的筛选结果。

SESSIONS：查询过程存储页面，可以将某次查询过程以文件形式下载到用户本地计算机上保存起来，以供下次使用；也可把本地计算机上存放的查询过程文件上载到服务器上。

VIEWS：显示管理页面，用户可以选择和定义查询结果的显示方式，包括文本方式、表格方式、图形方式、FASTA 搜索结果方式等。

DATABANKS：系统安装的数据库清单，包括数据库名称、版本、类型、数据量、建立索引的日期等。

此外，SRS 系统提供了详细的联机帮助信息，任何页面下点击右上方的"Help"按钮，即可启动联机帮助手册。仔细阅读该手册，可熟悉 SRS 系统的使用方法。

（二）SRS 系统的特点

SRS 系统是一个功能强大的数据库查询系统，其主要特点有以下几个方面。

1. 统一的用户界面

SRS 具有统一的 Web 用户界面，用户只需安装 Netscape 等网络浏览器即可通过 Internet 查询世界各地 SRS 服务器上的 300 多个数据库。SRS 支持以文本文件形式存放的各种数据库，包括序列数据库 EMBL、SWISS-PROT，结构数据库 PDB，资料数据库 AAIndex、BioCat、DBCat，文献摘要数据库 MedLine 等。

2. 高效的查询功能

生物信息数据库种类繁多，结构各异。如何快速、高效地对各种数据库进行查询，是数据库查询系统必须解决的问题。SRS 系统采用了建立数据库索引文件的手段，较好地解决了这一问题。即使是含几百万个序列的 EMBL 数据库，只需几分钟即可实现整库查询，得到所需结果。此外，SRS 系统具有查询结果相关处理功能，每次查询结果可作为进一步查询的子数据库，并可对其进行并、交等操作，对查询结果进行组合或筛选。

3. 灵活的指针链接

通过超文本指针链接实现信息资源的有机联系，是目前 Internet 信息服务的主要趋势。许多生物信息数据库均包含与其他相关数据库的代码，如 SWISS-PROT 数据库中的蛋白质序列包含了该序列在 EMBL、PDB、Prosite、Medline 等其他数据库的代码。利用超文本链接，可将这些相关数据库联系在一起。SRS 采用实时方式，根据查询结果产生链接指针，而不是在原始数据库中增加超文本标记，既节省了存储空间，也便于数据库管理。

4. 方便的程序接口

将序列分析等常用程序整合到基本查询系统中，是 SRS 的另一个重要特点。用户可以对查询结果直接进行进一步分析处理。例如，查询所得的蛋白质序列，可立即用

BLAST 和 FASTA 查询程序进行数据库搜索，找出其同源序列；也可以用 PrositeSearch 程序，寻找功能位点；用 ClustalW 程序进行多序列比较。

5．开放的管理模式

在管理模式上，SRS 采用了开放的方式。无论是数据库还是应用程序，均可进行扩充和更新。用户可在本地机上安装自己的 SRS 系统，并将自己的数据库添加到 SRS 系统中，并可与其他数据库实现超文本链接。也可自行编写应用程序，整合到 SRS 系统中。

6．统一的开发平台

SRS 系统中所有数据库均以文件系统方式存放，通过预先建立索引文件实现数据库查询。因此它不依赖于 Oracle、Sybase 等商业数据库管理软件，便于推广使用。为建立索引文件，特别是对 EMBL 这样大型数据库建立索引，系统的内存和 CPU 资源需要满足一定的要求。

四、数据库搜索简介

以上我们介绍了数据库查询的基本方法和常用的数据库查询系统。不言而喻，数据库查询为生物学研究提供了一个重要工具，在实际工作中经常使用。然而，在分子生物学研究中，对于新测定的碱基序列或由此翻译得到的氨基酸序列，往往需要通过数据库搜索，找出具有一定相似性的同源序列，以推测该未知序列可能属于哪个基因家族，具有哪些生物学功能。对于氨基酸序列来说，有可能找到已知三维结构的同源蛋白质而推测其可能的空间结构。因此，数据库搜索与数据库查询一样，是生物信息学研究中的一个重要工具。

弄清数据库搜索的基本概念，对于选择恰当的搜索算法和搜索程序，正确分析搜索结果，都十分必要。数据库搜索的基础是序列的相似性比对，即双序列比对（pairwise alignment）。为叙述方便，我们把新测定的、希望通过数据库搜索确定其性质或功能的序列称作检测序列（probe sequence），而把通过数据库搜索得到的和检测序列具有一定相似性的序列称目标序列（subject sequence）。为了确定检测序列和一个已知基因家族之间的进化关系，在通过数据库搜索得到某些相似序列后，还需要判断其序列相似性程度。如果检测序列和目标序列的相似性程度很低，还必须通过其他方法或实验手段才能确定其是否属于同一基因家族。

（一）核苷酸碱基和氨基酸残基代码表

我们知道，DNA 序列是由腺嘌呤 A、鸟嘌呤 G、胞嘧啶 C 和胸腺嘧啶 T 四种碱基组成的。但在实际 DNA 序列数据库中，由于序列测定的原因，个别碱基可能尚未确定，称为歧义碱基，通常用其他字符表示，如 R 表示嘌呤，Y 表示嘧啶等；完全不能确定的碱基则用 N 表示（表 3.3）。有些数据库搜索程序对歧义碱基进行预处理。蛋白质序列由 20 种氨基酸残基组成，分别用 20 个英文字母表示（表 3.4）。蛋白质序列分析，有时用 B 表示天冬酰胺或天冬氨酸（Asx），Z 表示谷氨酰胺或谷氨酸（Glx），X 表示未知残基。有的数据库将核苷酸碱基或氨基酸残基用大写字母表示，有的则用小写字母表示，一般数据库搜索程序都能够自动进行转换。

表 3.3 核苷酸代码表

代码	英文含义	中文含义
G	Guanine	鸟嘌呤
A	Adenine	腺嘌呤
T（U）	Thymine（Uracil）	胸腺嘧啶（尿嘧啶）
C	Cytosine	胞嘧啶
R（A or G）	puRine	嘌呤
Y（C or T or U）	pYrimidine	嘧啶
M（A or C）	aMino	腺嘌呤或胞嘧啶（氨基）
K（G or T）	Ketone	鸟嘌呤或胸腺嘧啶（酮基）
S（C or G）	Strong interaction	强相互作用碱基
W（A or T）	Weak interaction	弱相互作用碱基
H（A or C or T）	Not-G（H after G）	非鸟嘌呤
B（C or G or T）	Not-A（B after A）	非腺嘌呤
V（A or C or G）	Not-T/U（V after U）	非胸腺嘧啶
D（A or G or T）	Not-C（D after C）	非胞嘧啶
N（A or C or G or T）	Any	不确定

（二）相似性和同源性

如上所述，数据库搜索的基础是序列的相似性比对，而寻找同源序列则是数据库搜索的主要目的之一。所谓同源序列，简单地说，是指从某一共同祖先经趋异进化而形成的不同序列。必须指出，相似性（similarity）和同源性（homology）是两个完全不同的概念。相似性是指序列比对过程中用来描述检测序列和目标序列之间相同 DNA 碱基或氨基酸残基序列所占比例的高低。当相似程度高于 50% 时，比较容易推测检测序列和目标序列可能是同源序列；而当相似性程度低于 20% 时，就难以确定或者根本无法确定其是否具有同源性。总之，不能把相似性和同源性混为一谈。所谓"具有 50% 同源性"，或"这些序列高度同源"等说法，都是不确切的，应该避免使用。

相似性概念的含义比较广泛，除了上面提到的两个序列之间相同碱基或残基所占比例外，在蛋白质序列比对中，有时也指两个残基是否具有相似的特性，如侧链基团的大小、电荷性、亲疏水性等。在序列比对中经常需要使用的氨基酸残基相似性计分矩阵，也使用了相似性这一概念。此外，相似性概念还常常用于蛋白质空间结构和折叠方式的比较。

表 3.4　二十种氨基酸的名称、代码及基本性质

中文名	代码	缩写	英文名	相对分子质量	pI	疏水性值	保守性值
丙氨酸	A	Ala	Alanine	71	6.00	1.6	2
半胱氨酸	C	Cys	Cysteine	103	5.07	2.0	12
天冬氨酸	D	Asp	Aspartic Acid	115	2.77	−9.2	4
谷氨酸	E	Glu	Glutamic Acid	129	3.22	−8.2	4
苯丙氨酸	F	Phe	Phenylalanine	147	5.48	3.7	9
甘氨酸	G	Gly	Glycine	57	5.97	1.0	5
组氨酸	H	His	Histidine	136	7.59	−3.0	6
异亮氨酸	I	Ile	Isoleucine	113	6.02	3.1	5
赖氨酸	K	Lys	Lysine	128	9.74	−8.8	5
亮氨酸	L	Leu	Leucine	113	6.04	2.8	6
甲硫氨酸	M	Met	Methionine	131	5.10	3.4	6
天冬酰胺	N	Asn	Asparagine	114	5.41	−4.8	2
脯氨酸	P	Pro	Proline	97	6.30	−0.2	6
谷氨酰胺	Q	Gln	Glutamine	128	5.65	−4.1	4
精氨酸	R	Arg	Arginine	156	10.76	−12.3	6
丝氨酸	S	Ser	Serine	87	5.68	0.6	2
苏氨酸	T	Thr	Threonine	101	6.53	1.2	3
缬氨酸	V	Val	Valine	99	5.97	2.6	4
色氨酸	W	Trp	Tryptophan	186	5.89	1.9	17
酪氨酸	Y	Tyr	Tyrosine	163	5.66	−0.7	10

注：表中相对分子质量以氨基酸残基为单位，即不计氨基端的氢原子和羧基端的羟基；表中疏水性值引自 Carl Branden 和 John Tooze 著 Introuduction to Protein Structure, p.210, Garland Publishing, Inc. 1991 年；表中保守性值摘自 David G. George 等著 Mutation Data Matrix and Its Use, Method in Enzymology, Vol. 183, P. 341。

（三）局部相似性和整体相似性

序列比对的基本思想，是找出检测序列和目标序列的相似性。比对过程中需要在检测序列或目标序列中引入空位，以表示插入或删除（图 3.10）。序列比对的最终实现，必须依赖于某个数学模型。不同的模型，可以从不同角度反映序列的特性，如结构、功能、进化关系等。很难断定，一个模型一定比另一个模型好，也不能说某个比对结果一定正确或一定错误，而只能说它们从某个角度反映了序列的生物学特性。此外，模型参数的不同，也可能导致比对结果的不同。

```
检测序列  RQE-DISEIWFEYEGTPLKWHYPIGLLFDLL-ASSSALPWNITVHFKSFPEKDLLHCPSK
            :   . ::::  : : ::::: :: :::: :   : : :::: ::: :: : : :: :
目标序列  SAEHQDGAVWFDFNGTPLRLHYPIGVLYDLLHP----SPWCLTIHFSKFPEDMLVKLNSK
```

图 3.10　序列比对。图中"-"表示插入和删除，":"表示相同残基，"."表示相似残基。

序列比对的数学模型大体可以分为两类，一类从全长序列出发，考虑序列的整体相似性，即整体比对；第二类考虑序列部分区域的相似性，即局部比对。局部相似性比对的生物学基础是蛋白质功能位点往往是由较短的序列片段组成的，这些部位的序列具有

相当大的保守性，尽管在序列的其他部位可能有插入、删除或突变。此时，局部相似性比对往往比整体比对具有更高的灵敏度，其结果更具生物学意义。

区分这两类相似性和这两种不同的比对方法，对于正确选择比对方法是十分重要的。应该指出，在实际应用中，用整体比对方法企图找出只有局部相似性的两个序列之间的关系，显然是徒劳的；而用局部比对得到的结果也不能说明这两个序列的三维结构或折叠方式一定相同。BLAST 和 FastA 等常用的数据库搜索程序均采用局部相似性比对的方法，具有较快的运行速度，而基于整体相似性比对的数据库搜索程序则需要超级计算机或专用计算机才能实现。

（四）相似性计分矩阵

在对蛋白质数据库搜索时，可采用不同的相似性计分矩阵，以提高搜索的灵敏度和准确率。常用的相似性计分矩阵有突变数据矩阵（mutation data matrix，MD）和模块替换矩阵（blocks substitution matrix，BLOSUM）。

表 3.5　突变数据相似性计分矩阵 PAM250

	C	S	T	P	A	G	N	D	E	Q	H	R	K	M	I	L	V	F	Y	W
C	12																			
S	0	2																		
T	−2	1	3																	
P	−3	1	0	6																
A	−2	1	1	1	2															
G	−3	1	0	−1	1	5														
N	−4	1	0	−1	0	0	2													
D	−5	0	0	−1	0	1	2	4												
E	−5	0	0	−1	0	0	1	3	4											
Q	−5	−1	−1	0	0	−1	1	2	2	4										
H	−3	−1	−1	0	−1	−2	2	1	1	3	6									
R	−4	0	−1	0	−2	−3	0	−1	−1	1	2	6								
K	−5	0	0	−1	−1	−2	1	0	0	1	0	3	5							
M	−5	−2	−1	−2	−1	−3	−2	−3	−2	−1	−2	0	0	6						
I	−2	−1	0	−2	−1	−3	−2	−2	−2	−2	−2	−2	−2	2	5					
L	−6	−3	−2	−3	−2	−4	−3	−4	−3	−2	−2	−3	−3	4	2	6				
V	−2	−1	0	−1	0	−1	−2	−2	−2	−2	−2	−2	−2	2	4	2	4			
F	−4	−3	−3	−5	−4	−5	−2	−6	−5	−5	−2	−4	−5	0	1	2	−1	9		
Y	0	−3	−3	−5	−3	−7	−2	−4	−4	−4	0	−4	−4	−2	−1	−1	−2	7	10	
W	−8	−2	−5	−6	−6	−7	−4	−7	−7	−5	−3	2	−3	−4	−5	−2	−6	0	0	17

突变数据矩阵是基于可接受点突变（point accepted mutation，PAM）的概念。1个 PAM 的进化距离表示 100 个残基中发生一个残基突变的概率。对应于一个更大进化距离间隔的突变概率矩阵，可以通过对初始矩阵进行适当的数学处理得到（Dayhoff et al.，1978），如常用的 PAM250 矩阵（表 3.5）。相似性计分矩阵是序列比对的基础，用来确定两个残基之间的相似性计分值。主对角线上计分值是指两个相同残基之间的相似性计分值，有些残基的分值较高，如色氨酸 W 为 17、半胱氨酸 C 为 12，说明它们比较保守，不易突变；有的残基的分值较低，如丝氨酸 S、丙氨酸 A、门冬酰氨 N 三种氨基酸均为 2，这些氨基酸则比较容易突变。不同氨基酸之间的计分值越高，它们之间的相似性越高，进化过程中容易发生互相突变，如苯丙氨酸 F 和酪氨酸 Y，它们之间的相似性计分值是 7。而相似性计分值为负数的氨基酸之间的相似性则较低，如甘氨酸和色氨酸之间为 -7，它们在进化过程中不易发生互相突变。此外，表中把理化性质相似的氨基酸按组排列在一起，如碱性氨基酸组氨酸 H、精氨酸 R 和赖氨酸 K。

突变数据相似性计分矩阵主要来自于单个残基之间的相似性，而模块替换矩阵 BLOSUM 则以序列片段为基础，它是基于蛋白质模块数据库 BLOCKS，考虑了一个序列片段中相临残基之间的关系（Henikoff & Henikoff，1992）。

五、数据库搜索工具 BLAST

BLAST 是目前常用的数据库搜索程序，它是 Basic Local Alignment Search Tool 的缩写，意为"基本局部相似性比对搜索工具"（Altschul et al.，1990；1997）。国际著名生物信息中心都提供基于 Web 的 BLAST 服务器。BLAST 算法的基本思路是首先找出检测序列和目标序列之间相似性程度最高的片段，并作为内核向两端延伸，以找出尽可能长的相似序列片段。BLAST 程序之所以使用广泛，主要因为其运行速度比 FastA 等其他数据库搜索程序快，而改进后的 BLAST 程序允许空位的插入。

（一）程序简介

BLAST 软件包实际上是综合在一起的一组程序，不仅可用于直接对蛋白质序列数据库和核酸序列数据库进行搜索，而且可以将检测序列翻译成蛋白质或将数据库翻译成蛋白质后再进行搜索，以提高搜索结果的灵敏度（表 3.6）。位置特异性迭代 BLAST（position-specific iterated BLAST，PSI-BLAST）则是对蛋白质序列数据库进行搜索的改进，其主要思想是通过多次迭代找出最佳结果。具体做法是利用第一次搜索结果构建位置特异性计分矩阵，并用于第二次的搜索，第二次搜索结果用于第三次搜索，依此类推，直到找出最佳搜索结果。此外，BLAST 不仅可用于检测序列对数据库的搜索，还可用于两个序列之间的比对。

BLAST 程序是免费软件，可以从美国国家生物技术信息中心 NCBI 等文件下载服务器上获得，安装在本地计算机上，包括 UNIX 系统和 WINDOWS 系统的各种版本。但必须有 BLAST 格式的数据库，可以从 NCBI 下载，也可以利用该系统提供的格式转换工具由其他格式的核酸或蛋白质序列数据库经转换后得到。对核酸序列数据库而言，

表 3.6　BLAST 程序检测序列和数据库类型

程序名	检测序列	数据库类型	方　　法
Blastp	蛋白质	蛋白质	用检测序列蛋白质搜索蛋白质序列数据库
Blastn	核酸	核酸	用检测序列核酸搜索核酸序列数据库
Blastx	核酸	蛋白质	将核酸序列按 6 条链翻译成蛋白质序列后搜索蛋白质序列数据库
Tblastn	蛋白质	核酸	用检测序列蛋白质搜索由核酸序列数据库按 6 条链翻译成的蛋白质序列数据库
Tblastx	核酸	核酸	将核酸序列按 6 条链翻译成蛋白质序列后搜索由核酸序列数据库按 6 条链翻译成的蛋白质序列数据库

不论用哪种方式，都需要很大的磁盘空间；而程序运行时，需要有较大的内存和较快的运算速度，因此必须使用高性能的服务器。对一般用户来说，目前常用的办法是通过 NCBI、EBI 等国际著名生物信息中心的 BLAST 服务器进行搜索。北京大学生物信息中心也提供了 BLAST 数据库搜索服务。需要说明的是，各生物信息中心 BLAST 用户界面有所不同，所提供的数据库也可能不完全相同，使用前最好先进行适当的选择。欧洲生物信息研究所 BLAST 服务器的用户界面（图 3.11）比较简洁，提供的数据库和参数很多，用户可以根据不同要求，选择不同的数据库和各种参数。一般情况下，可以先按照系统给定的缺省参数进行初步搜索，对结果进行分析后再适当调整参数，如改变相似性矩阵、增加或减少空位罚分值、调节检测序列滑动窗口大小等。对于核酸序列数据库，一般选择重复序列屏蔽功能，而对于蛋白质序列，特别是球蛋白，通常不必选择重复序列屏蔽功能。

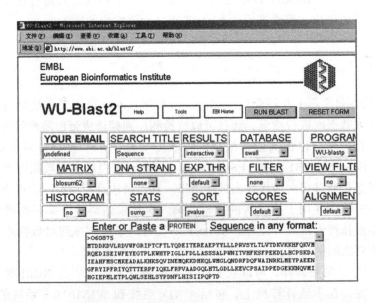

图 3.11　欧洲生物信息学研究所的 BLAST 服务器的用户界面。

框 3.2 BLAST 程序搜索结果实例

```
BLASTP 2.0.14 [Jun-29-2000]

Reference: Altschul, Stephen F., Thomas L. Madden, Alejandro A. Schaffer,
Jinghui Zhang, Zheng Zhang, Webb Miller, and David J. Lipman (1997),
"Gapped BLAST and PSI-BLAST: a new generation of protein database search
programs", Nucleic Acids Res. 25:3389-3402.

Query= O60875 (275 letters)

Database: swall    531,777 sequences; 171,451,799 total letters

                                                            Score      E
Sequences producing significant alignments:                 (bits)   Value
SWALL:O60875 O60875 APOPTOSIS SPECIFIC PROTEIN (DJ134E15.2) ...  585   e-166
SWALL:Q9W3R7 Q9W3R7 CG1643 PROTEIN.                              244   7e-64
SWALL:CAC03432 CAC03432 DJ354M18.1 (APG5 (AUTOPHAGY 5, S. CE...  167   1e-40
SWALL:BAB10516 BAB10516 APG5 (AUTOPHAGY 5)-LIKE PROTEIN.         139   2e-32
SWALL:O74971 O74971 APOPTOSIS SPECIFIC PROTEIN HOMOLOGUE.         98   1e-19
SWALL:APG5_YEAST Q12380 AUTOPHAGY PROTEIN APG5.                   68   9e-11
SWALL:O01683 O01683 SIMILAR TO SINGLE-STRAND RECOGNITION PRO...   33   3.2
SWALL:P90646 P90646 ABC PROTEIN (FRAGMENT).                       33   4.2
SWALL:Q9M9A3 Q9M9A3 F27J15.20.                                    32   5.5
SWALL:O13957 O13957 HYPOTHETICAL 37.4 KDA PROTEIN C23H4.16C ...   32   9.5


>SWALL:Q9W3R7 Q9W3R7 CG1643 PROTEIN.
           Length = 306

 Score = 244 bits (617), Expect = 7e-64
 Identities = 129/301 (42%), Positives = 178/301 (58%), Gaps = 32/301 (10%)

Query:   1 MTDDKDVLRDVWFGRIPTCFTLYQDEITEREAEPYYLLLPRVSYLTLVTDKVKKHFQKVM  60
           M  D++VLR +W G+I  CF  +DEI    EP+YL++ R+SYL LVTDKV+K+F + +
Sbjct:   1 MAHDREVLRMIWEGQIGICFQADRDEIVGIKPEPFYLMISRLSYLPLVTDKVRKYFSRYI  60

Query:  61 RQE-DISEIWFEYEGTPLKWHYPIGLLFDLL-ASSSALPWNITVHFKSFPEKDLLHCPSK 118
            +E  +   WF++ GTPL+ HYPIG+L DLL   + PW +T+HF  FPE  L+   SK
Sbjct:  61 SAEHQDGAVWFDFNGTPLRLHYPIGVLYDLLHPEEDSTPWCLTIHFSKFPEDMLVKLNSK 120

Query: 119 DAIEAHFMSCMKEADALKHKSQVINEMQKKDHKQLWMGLQNDRFDQFWAINRKLMEYPAE 178
            + +E+H+MSC+KEAD LKH+    VI+ MQKKDH QLW+GL N++FDQFWA +NR+LME   +
Sbjct: 121 ELLESHYMSCLKEADVLKHRGLVISAMQKKDHNQLWLGLVNEKFDQFWAVNRRLMEPYGD 180

Query: 179 ENGFRYIPFRIY------------QTTTER--------PFIQKLFRPVAADGQLHTLGDL 218
            +  F+ IP RIY              T +R         F  ++   A  GT
Sbjct: 181 LESFKNIPLRIYTDDVRLHVHPETDFTDQRGRTKEEFGRFNGRIIDTCAQSGSFGTRIGA 240

Query: 219 LKEVCPSAIDPEDGEKKNQ----------VMIHGIEPMLETPLQWLSEHLSYPDNFLHIS 268
           L V  +    G++ +             HGI+    ET LQW+SEHLSYPDNFLH+S
Sbjct: 241 LHAVLGTGFRFGFGKESSAPFSRTPGLIGCRTHGIDLHEETQLQWMSEHLSYPDNFLHLS 300

Query: 269 I 269
           +
Sbjct: 301 V 301
```

（二）BLAST 程序运行实例

框 3.2 是 BLAST 程序运行结果实例。这里，检测序列是与细胞凋亡有关的人自噬基因氨基酸序列，通过欧洲生物信息学研究所的 BLAST 服务器对包括 SWISS-PROT 和 TrEMBL 数据库在内的蛋白质数据库进行搜索。输出结果中包括程序名称、版本号以及文献引用出处，以及检索序列的名称、数据库名称；列出相似性值较高的序列条目，以及它们在数据库中的编号和简要说明。每个条目后面给出相似性计分值 Score 和期望频率值 E，以相似性计分值大小为序排列，计分越高，相似性越大。而 E 值则表示随机匹配的可能性，E 值越大，随机匹配的可能性也越大。最后给出检测序列和目标序列的比对结果（限于篇幅，图中只给出检测序列和一个目标序列的比对结果）。

（罗静初）

参考文献

Altschul SF, Gish W, Miller W et al. 1990. Basic local alignment search tool. J Mol Biol, 215 (3): 403~410

Altschul SF, Madden TL, Schaffer AA et al. 1997. Gapped BLAST and PSI-BLAST: a new generation of protein database search programs. Nucl Acids Res, 25: 3389~3402

Dayhoff MO, Schwartz RM, Orcutt BC. 1978. In: Dayhoff MO ed. Atlas of Protein Sequence and Structure, Vol. 5, suppl. 3, Washington DC: NBRF345

Etzold T, Ulyanov A, Argos P. 1996. SRS: Information Retrieval System for Molecular Biology Data Banks. Methods in Enzymology, 266: 28

Henikoff S. and Henikoff JG. 1992. Amino acid substitution matrices from protein blocks. PNAS, 89: 10915~10919

第四章

序列的同源比较及分子系统学和分子进化分析

一、简介

生物学研究中，有一个常用的方法，就是通过比较分析获取有用的信息。达尔文正是比较加拉帕戈斯群岛中不同岛屿的地雀的形态学特性之后，受到启发，提出了自然选择学说。今天我们的处境比达尔文好多了，大量公开的核苷酸序列和蛋白质序列使得我们不必考虑不同物种之间巨大的形态学差异，只要考察序列间碱基或氨基酸残基差异的多少，就能让我们大致了解这些序列间是否存在亲缘关系以及这种关系的密切程度。在这之前的许多进化学家和分类学家为了衡量物种间亲缘关系的密切程度，花了大量精力把形态学特征数量化，希望以这种量化的形态学差异来表示物种间的进化距离。然而这样繁复的工作不仅引起有关量化标准的大量争论，而且让许多学者对进化研究望而却步。具有天然数量特征的氨基酸序列和核苷酸序列给我们提供了进化研究的新空间，加上许多实用的序列分析的计算机程序，使得每一个熟悉序列数据库和这些程序的生物学研究人员，都可以进行分子进化分析！

我们将在这一章里简要介绍分子系统学和分子进化分析的整个流程以及在这个过程中我们经常用到的软件。在介绍上述内容时，会遇到许多相关领域的理论知识和软件的运算原理，我们只能做简要的介绍。利用计算机程序进行系统发育和分子进化分析时我们会遇到很多参数的设定，对于刚接触这个领域的研究人员来说非常头疼。但是通常这些软件的作者非常体谅使用者的处境，一般把参数设为最常用的状态，你如果觉得在弄明白这些参数确切的生物学含义上花太多时间是不值得的，那么完全可以直接使用。但要想做出专业水平的进化分析，许多参数的含义是必须搞清楚的。你不得不找些专业的书籍或者这些软件带有的使用手册钻研了。

还有，目前我们已经拥有了好几个基因组的全序列，最有名的有人类、果蝇、线虫、拟南芥、酵母和大肠杆菌基因组，还有许多生物的基因组测序工作正在进行之中。分子进化的研究将不再局限在某个序列片段的比较，而将在基因组水平进行比较。而如何科学地进行基因组的比较将是对研究人员巨大的挑战。

二、相似序列的获得

对一段序列进行进化分析的基础是获得此序列的大量同源序列，包括在同一物种和不同物种的序列。只有序列之间有足够的相似性，我们才能推断它们之间是否具有同源性。必须注意的是，相似性和同源性虽然在某种程度上有一定的联系，但它们是完全不同的两个概念。相似性是指一种很直接的数量关系，比如部分相同或相似的百分比或其他一些类似程度的度量；而同源性指不同序列之间具有共同祖先（Baxevanis, 1998）。序列间相似性的判断是或多或少的数量关系，但同源性的判断则是质的判断，序列之间要么同源，要么不同源。既然进化分析的基础是同源序列，而我们可以运用的手段是基于相似性比较的计算机程序，如何沟通这个质与量的鸿沟，就得依靠一个假设：当序列间的相似性超过某个数值时，就可以初步认为它们是同源的，因为造成两个很相似的序列的原因无非是两个：一是这两个序列来自同一个祖先，然后发生分歧；另一原因是这两个序列来自不同的祖先，但在相似的选择压力下发生趋同进化，形成相似的序列。但是遗传物质极低的突变率这一事实，大大降低了在很多位点趋同进化的可能性。当然，随着基因组项目的不断深入以及各种分析软件的不断开发，人们会有越来越多的方法来判断同源序列。

（一）BLAST

前面几章对数据库进行了介绍，现在我们可以开始讨论如何从数据库里获得大量的同源序列了。有很多分子生物学的方法可以直接获得目标序列，比如 PCR 方法、筛库的方法等。现在要讨论的问题是如何从公用数据库中获得相似序列。在上一章数据库查询中介绍了如何用 SRS 方法查询目的基因，现在的情形是我们手里已经有了几个序列，但是对这个序列的名称、功能等基本属性都不清楚，用 SRS 方法获得同源序列显然行不通。序列比对技术的发展使得这个工作变得非常轻松，我们现在可以利用 BLAST 服务器来完成这项工作了。例如我们从水稻叶 cDNA 库里得到下列数据：

>leaf119

gtacacaaaatgtgagtgagaacagacacgaatggccacggcacagacgaccttctcaataattaagatacaaagctaatggtc

aaaagccaatctaacttgttaaattggtgttacaagtttgcctgtacctgactaatcgactagagtactagtacacactacacagc

tgctaactgcatgatcggatcaaaacggagaaaggtttgcagcaacaagtacaatattaacagtcacagttgttgaagcttcat

gagataacttcagttgtttctgcaagattttgcatccatggggtctccctgccctcttggtgaatgtacagatgaagcatgcatc

actctttggttttagcagcagcctggtggttatcattatgtgactttagtgaagccgcttcatcaacagctccagtgacatgctc

tgatggctgatggaaaagcaacagagctatggaccgatcaattggatttgtctgt

首先要用 WWW 浏览器登陆到提供 BLAST 服务的常用网站，比如国内的 CBI、美国的 NCBI、欧洲的 EBI 和日本的 DDBJ。这些网站提供的 BLAST 服务在界面上差不多，但所用的程序有所差异。它们都有一个大的文本框，用于粘贴需要搜索的序列，如上面的 leaf119 序列；一个用于选择不同 BLAST 程序的下拉框；一个用于选择不同数据库的下拉框；其他参数选择菜单等。图 4.1 是 CBI 的 BLAST 界面。如果对参数选择感到迷惑，可以点击那个参数的超链接，CBI 将弹出参数说明。把序列以 FASTA 格式（即第一行为说明行，以 ">" 符号开始，后面是序列的名称、说明等，其中 ">" 是必需的，名称及说明等可以是任意形式，换行之后是序列）粘贴到那个大的文本框，选择合适的 BLAST 程序和数据库，就可以开始搜索了。

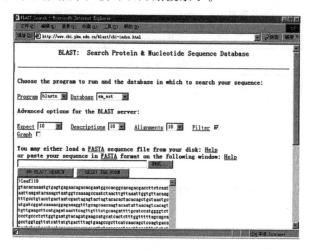

图 4.1 在因特网上实现数据库相似性搜索。这是 CBI 的 BLAST 搜索界面，查询序列按 FASTA 格式粘贴到大的文本框中。搜索所用的程序和数据库必须指定，它们可以通过下拉框选择。其他选项可以按默认值，也可以自己设定。最后，点击"SEARCH"键后就开始搜索了。

1. BLAST 程序的选择

BLAST 程序按查询序列（DNA 或蛋白质）和数据库类型的匹配来区分的。如你手里的序列是蛋白质，那么可以用 blastp 搜索蛋白质数据库（比如 SWISS-PORT、OWL 等）；也可以用 tblastn 搜索 DNA 数据库，看看哪些 DNA 可能编码你的蛋白质的类似序列。如果是 DNA 序列，一般先做 blastn 搜索 DNA 数据库；如果这段 DNA 序列可能有蛋白编码区，最好的方法就是运用 blastx，这个程序将你的 DNA 序列按 6 个可能的读码框翻译成蛋白质序列，再同蛋白质数据库里的序列进行比较；也许有时候你确信你的 DNA 里有蛋白编码区，但经过以上的搜索，没有任何已知的蛋白质可以与你的序列匹配，这时请不要绝望，tblastx 还可以帮助你，它不仅把你的序列翻译为蛋白质序列，甚至把 DNA 库里的序列也翻译成蛋白质序列，然后进行蛋白质序列的比较。这种方法通常应用于 cDNA 编码区分析，你所要花的代价就是等待服务器处理的时间将更久。下面是你的序列、BLAST 程序和数据库简要关系图。

2. 数据库的选择

所有以上程序使用服务器上的序列数据库，从而不需要本地的数据库。在 CBI 中，DNA 数据库是 EMBL 的各个子集，形式为"em_子集名"；蛋白质数据库为 SWISS-PROT 和 OWL。而表 4.1 和表 4.2 则列出了 NCBI 的 BLAST 使用的蛋白质和核酸序列数据库。NR 数据库最常用，因为它拥有大量的氨基酸和核酸序列数据，同时合并相同的序列以减少冗余度。MONTH 数据库可以让你跟踪每个月新增的数据，因为它包含了过去 30 天提出的或更新的序列。以上两个数据库都是日日更新的。

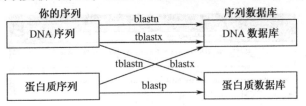

图 4.2 序列、程序和数据库关系

表 4.1 BLAST 搜索的蛋白序列数据库

数据库	描 述
NR	汇合了 SWISS-PROT，PIR，PRF 以及从 GenBank 编码序列中得到的蛋白质和 PDB 中拥有原子坐标的蛋白质。很少冗余。
MONTH	NR 的子集，搜集过去 30 天中的最新序列
SWISS-PROT	SWISS-PROT 数据库
PDB	拥有三维空间结构的原子坐标的氨基酸序列库
YEAST	酵母基因组中基因编码的全套蛋白质
ECOLI	大肠杆菌基因组中基因编码的全套蛋白质

表 4.2 BLAST 搜索的核酸序列数据库

数据库	描 述
NR	极有价值的 GenBank，排除了 EST，STS，GSS 部分
MONTH	nr 的子集，搜集过去 30 天中的最新序列
EST	GenBank 中的 EST（expressed sequence tag，表达序列标签）部分
STS	GenBank 中的 STS（sequence tagged site，序列标签位点）部分
HTGS	GenBank 中的 HTG（high throughput genomic sequence）部分
GSS	GenBank 中的 GSS（genome survey sequence）部分
YEAST	酵母的全基因序列
ECOLI	大肠杆菌的全基因序列
MITO	脊椎动物线粒体的全基因序列
ALU	灵长类动物的 Alu 重复序列

以下是 leaf119 blastn em_est 的结果，用以介绍搜索输出的不同元素，如图 4.3 所示。不同的 BLAST 程序产生的结果形式有所不同，但都包括图 4.3 的 (a)、(b) 两个部分。图 (a) 部分列出了数据库中比对得最好的的序列，图 (b) 部分列出比对的详细结果。这里不再说明其他 BLAST 程序输出结果，多练习和多看在线帮助，不会有大问题。

(a)

```
                                                           Score     E
Sequences producing significant alignments:                (bits)   Value

em_est16:AU056243 Oryza sativa cDNA, partial sequence (S2041...    942   0.0
em_est16:AU075353 Oryza sativa cDNA, partial sequence (C1126...    942   0.0
em_est16:AU057771 Oryza sativa cDNA, partial sequence (S2176...    942   0.0
em_est16:AU057770 Oryza sativa cDNA, partial sequence (S2176...    908   0.0
em_est16:AU057556 Oryza sativa cDNA, partial sequence (S2155...    624   e-177
→ em_est15:AI978379 RZ284.F EcoRI Rice Etiolated Leaf cDNA Lib...   198   9e-49
em_est37:OSC887 Rice cDNA, partial sequence (E11171_1A).           178   8e-43
em_est24:AW394502 sh05h12.y1 Gm-c1016 Glycine max cDNA clone...    40    0.50
em_est24:AW384288 PM1-HT0383-131299-001-h07 HT0383 Homo sapi...    40    0.50
em_est24:AW432489 sh74g12.y1 Gm-c1015 Glycine max cDNA clone...    40    0.50
```

(b)
```
>em_est15:AI978379 RZ284.F EcoRI Rice Etiolated Leaf cDNA Library Oryza sativa cDNA
     clone RZ284, mRNA sequence.
     Length = 263

Score =  198 bits (100), Expect = 9e-49
Identities = 118/127 (92%)
Strand = Plus / Minus

Query: 2    tacacaaaatgtgagtgagaacagacacgaatggccacggcacagacgaccttctcaata 61
            |||||||||||||||||||||||||||||||||||||||| ||||||||||| ||  |||
Sbjct: 127  tacacaaaatgtgagtgagaacagacacgaatggccacgnnncagacgacctnnnnnata 68

Query: 62   attaagatacaaagctaatggtcaaaagccaatctaacttgttaaattggtgttacaagt 121
            |||||||||||||||||||||||||||||||||||||||||||||||||||| |||||||
Sbjct: 67   attaagatacaaagctaatggtcaaaagccaatctaacttgttaaattggtnttacaagt 8

Query: 122  ttgcctg 128
            |||||||
Sbjct: 7    ttgcctg 1
```

图 4.3 CBI 中 blastn 搜索的输出。(a) 显示出数目为 Descriptions 数的最好搜索结果。每个检索出来的序列都由它们的 EMBL 检索号码以及定义行的一部分组成。包括 HSP（高分片段配对）计分 (Score) 和偶然选中这片段的可能性（E Value）。当 E Value 越小，计分越高，就越能提供进化同源性的证据。（b）显示箭头所指的其中一条序列匹配的结果，它在 EMBL 中的检索号为 AI978379。Identities 值表明比对上的片段之间有 92%的一致，Strand=Plus/Minus 表明比对结果由 AI978379 的互补链与 leaf119 比对产生。

（二）与 BLAST 相关的一些知识

　　BLAST 程序是搜索数据库中相似序列的程序，但它不是第一个数据库相似性搜索工具，FASTA 才是第一个广泛使用的工具（Lipman & Pearson, 1985；Pearson & Lipman, 1988）。也有一些网站提供 FASTA 搜索服务，如 EBI 等。这两个工具都采用局部比对方法，有一个打分系统来确定好的局部比对，最后对这些局部比对进行统计学显著性分析，来判断这个比对能否提供进化同源性的证据。BLAST 程序对数据库搜索进行了大量的改良，提高了搜索速度，同时把数据库搜索建立在严格的统计学基础之上（Altschul et al., 1990）。现在常用的软件包为 2.0 版本（Altschul et al., 1997）（注意不要同WU-BLUST混淆，这个软件由华盛顿大学的研究人员设计，有时称为BLAST2）。位置特异性迭代BLAST（PSI-BLAST）是BLAST 2.0的新特征，搜索过程开始于使用一个简单查询序列进行标准的数据库搜索，在初始的搜索得到的高度显著的比对中，获得一个列表，表中列出了自一个保守的蛋白质结构域中，每一个位点上发现20种氨基酸中每一种的频率。这个列表称为表头文件（profile）。然后这个表头文件在第二轮的数据库搜索中使用。如果需要，这个过程会反复进行，并且在操作中为了精炼表头文件，会在每一轮中加入新的序列。

蛋白质和核酸都会包含低复杂度区域（LCR）（Wootton & Federhen, 1993；1996），即这些区域的组成有某种偏好，比如DNA中简单的CA重复，在蛋白质序列中一些残基多表现等。我们在做包含LCR区域的蛋白质或DNA序列的BLAST时，经常看到下面的情况（图4.4），提交序列中有一段被转化为X或n（蛋白质用X，核酸用n），这是BLAST中的过滤程序在起作用，它把低复杂区域屏蔽掉，防止它们过高评价匹配的显著性。许多我们常用的BLAST工具在默认情况下实行过滤。

```
>dbj|BAA81763.1| (AP000364) ESTs AU064813(E40579),D24600(R2232) correspond to a
         region of the predicted gene.; Similar to Human mRNA for
         KIAA0255 gene. (D87444) [Oryza sativa]
         Length = 661

 Score =  204 bits (519), Expect = 7e-52
 Identities = 97/128 (75%), Positives = 106/128 (82%)
 Frame = +2

Query: 2    IELFFILSSIWLGRFYYVFGFXXXXXXXXXXXXXXXXXXXXTYMHLCAEDWRWWWKAFFAS 181
            IELFFILSSIWLGRFYYVFGF                    TYM+LC EDWRWWWKAFFAS
Sbjct: 534  IELFFILSSIWLGRFYYVFGFLLIVLVLLVIVCAEVSVVLTYMNLCVEDWRWWWKAFFAS 593

Query: 182  GAVALYVFLYSINYLVFDLRSLSGPVSATLYIGYAFVVSLAIMLATGTVGFLTSFSFVHY 361
            G+VA+YVFLYSINYLVFDLRSLSGPVSA LY+GY+F+++ AIMLATGT+GFLTSFSFVHY
Sbjct: 594  GSVAIYVFLYSINYLVFDLRSLSGPVSAMLYLGYSFLMAFAIMLATGTIGFLTSFSFVHY 653

Query: 362  LFSSVKID 385
            LFSSVKID
Sbjct: 654  LFSSVKID 661
```

图4.4 一个水稻cDNA序列在NCBI中，运行blastp后，得到的一个高度相似比对。我们可以看到提交的序列中有一段被连续的X代替，表明这段序列为LCR，它被BLAST程序默认的过滤程序屏蔽掉了，以防止过高评价这些匹配的显著性。

BLAST等数据库搜索工具对分子生物学家来说是非常重要的，在世界各地的科学家们每天都要进行成千上万次的序列比对和数据库搜索。这些方法注定要不断发展，以适应不断增长的数据库。因此，生物学工作者不仅要熟练运用这些工具，而且要跟踪这些工具的发展，运用多种不同方法，以尽量完善地达到目标。

表4.3 常用的因特网上的BLAST服务网站

CBI	http://www.cbi.pku.edu.cn/blast/cbi-index.html
NCBI	http://www.ncbi.nlm.nih.gov/blast/blast.cgi?Jform=0
DDBJ	http://www.ddbj.nig.ac.jp/E-mail/homology.html
TAIR	http://www.arabidopsis.org/blast/

（三）获得同源序列的其他方法

除了以上描述的 BLAST 数据库搜索工具外，还有许多因特网提供的方法可用来获取相关序列。很多时候，这些方法所揭示的距离关系并非总能从例行的、标准的数据库搜索中获得的。这些方法采用了模体（motif）和模式（pattern）的方法，可以根据最少的序列信息进行蛋白质家族分类。

1. ProfileScan

这种方法的搜索的是两个表头文件库：第一个是 PROSITE（一个 ExPASy 数据库），通过使用模体和序列模式将生物学意义重大的位点收集分类（Bairoch，1997）；第二个为 Pfam，收集蛋白质结构域家族。它与其他收集方法相比有一个重要区别，即最初的蛋白质结构域的比对完全是手工完成的，而不是依靠自动化的处理，因此这个数据库很小，只有 500 多条，但数据质量极好。

北京大学生物信息中心有 ExPASy 的镜像，进入 http://expasy.mirror.edu.cn/tools/scnpsit1.html 输入蛋白质序列（文本格式），或者数据库里的标号，比如 SWISS-PROT ID，就可以向服务器提交搜索。比如我们输入 SWISS-PROT 的 ID：IBBR_ORYSA（水稻胰蛋白酶抑制剂蛋白），搜索结果见图 4.5。

ScanProsite - Protein against PROSITE

Scan of IBBR_ORYSA (P07084)

```
BOWMAN-BIRK TYPE BRAN TRYPSIN INHIBITOR PRECURSOR (RBTI) (OSE727A).
Oryza sativa (Rice).

[1] PDOC00005 PS00005 PKC_PHOSPHO_SITE
Protein kinase C phosphorylation site
Number of matches: 3
     1      99-101  SCR
     2     127-129  TPR
     3     147-149  TCR
[2] PDOC00006 PS00006 CK2_PHOSPHO_SITE
Casein kinase II phosphorylation site
Number of matches: 3
     1      43-46   STVD
     2      99-102  SCRE
     3     130-133  TWGD
[3] PDOC00007 PS00007 TYR_PHOSPHO_SITE
Tyrosine kinase phosphorylation site
           110-117 KLICEDIY
[4] PDOC00008 PS00008 MYRISTYL
N-myristoylation site
Number of matches: 2
     1      28-33  GGDFNG
     2      34-39  GAFVCS
[5] PDOC00253 PS00281 BOWMAN_BIRK
Bowman-Birk serine protease inhibitors family signature
Number of matches: 2
     1       9-23  CNDEVKQCAAACKEC
     2     150-164 CMDEVKECADACKDC
```

图 4.5 用 SWISS-PROT：IBBR_ORYSA 搜索 PROSITE 得到的结果。其中第 5 条是 BOWMAN_BIRK 蛋白质家族，与 SWISS-PROT 中对 IBBI_ORYSA 的描述一致。通过点击词条中的超链接，可以获得此蛋白质家族的详细信息，包括家族成员、结构等重要信息。

2. BLOCKS

BLOCKS数据库利用了块的概念对蛋白质家族进行鉴定，组合了具有相似块结构的蛋白序列。块的思想来源于更加普遍的概念——模体，即拥有一定蛋白质功能和结构的一段保守氨基酸序列。当同一家族的模体比对，并且不引入空位，这些序列集合就是块。BLOCKS数据库本身来源于PROSITE，对它的搜索可以通过访问西雅图的Fred Hutchinson肿瘤研究中心的BLOCK主页（http://blocks.fhcrc.org/blocks/blocks_search.html）完成。输入序列后，如果搜索成功，将会得到许多条目。找到比对得最好的条目，点击超链接进入此条目，会发现里面详细列出家族信息。见图4.6。

```
ID    Bowman-Birk_leg; BLOCK
AC    IPB000877; distance from previous block=(23,137)
DE    Bowman-Birk serine protease inhibitor
BL    CCD; width=31; seqs=32; 99.5%=1445; strength=1219
IBB1_ARAHY|P01066   ( 36) CPASCNSCVCTRSNPPQCRCTDKTQGRCPVT  29
IBB2_ARAHY|P01067   ( 30) CPAACNKCVCTRSIPPQCRCTDRTQGRCPLT  25

IBB2_SETIT|P19860   ( 24) CRDLLEQCSDACKECGKVRDSDPPRYICQDV  53
IBB3_SETIT|P22737   ( 24) CRDLLEQCSDACKECGKVRDSDPPRYICQDV  53

IBB3_DOLAX|P01057   ( 40) CHSACSSCVCTFSIPAQCVCVDMKDFCYAPC  23
IBB4_DOLAX|P01059   ( 39) CHSACKSCICALSEPAQCFCVDTTDFCYKSC  12
IWIT_MEDSA|P16346   ( 27) CHSACKTCLCTKSIPPQCHCADITNFCYPKC  18
IBB_MEDSC|P80321    ( 31) CHSACKSCLCTLSIPPQCHCYDITDFCYPSC  14
IBB1_PHAAN|P01058   ( 42) CHSACKSCACTYSIPAKCFCTDINDFCYEPC  11
IBB_PHALU|P01056    ( 42) CHSACKSCICTLSIPAQCVCDDIDDFCYEPC  13
IBB1_SOYBN|P01055   ( 71) CHSACKSCICALSYPAQCFCVDITDFCYEPC  12
IBB_VIGUN|P17734    ( 42) CHSACKSCACTFSIPAECFCGDIDDFCYKPC  16
Q40329              ( 82) CHSACKSCLCTRSIPPQCRCTDITNFCYPKC  11
Q40330              ( 82) CHSACKSCICTRSYPPQCRCTDITNFCYPKC  11
```

图4.6 用SWISS-PROT：IBBR_ORYSA序列搜索BLOCKS数据库后，进入IPB000877得到典型的BLOCK条目结构。头几行标记ID、AC和DE，分别是这个块代表的家族的缩写、BLOCK数据库注册码和家族的详细描述；BL行给出了关于组建这个块的原始序列模体信息，包括block的宽度，即残基数目、这个块包含序列数目、统计学有效性。最后是序列列表，只显示出对应于这个特殊模体的序列部分，每一行的开头都是这个序列的SWISS-PROT注册码，接着是第一个残基在整个序列中的位置，然后是序列本身和基于位点的序列权重。权重用100刻度，100表示序列距离这个群体最远。此图只显示部分序列。注意，有些序列行中有空行，用于分隔聚集在一起的部分比对序列，在每个聚集中，80%的序列残基是相同的。

3. MoST 和 PROBE

我们用BLAST等程序搜索序列时，经常会搜索出一些相似性不是很高，但在统计学上却有效的序列。如何对待这些序列呢？如果对基因（或蛋白质）家族有所了解，我们通常会假设这些序列或许在进化上相关，可能是不同亚家族的序列。我们为了拿到尽可能多的相关序列，就非常想知道库中是否有与这些序列相似的其他序列。通常情况下，可以选取这些序列重新做BLAST以达到目标。这样反复以新的序列作为新的起点搜索序列的后果是，最后搜索出来的序列与我们最初的序列会毫无相似性。为了鉴别出确实相关的序列，将花费很多时间。如果运用 MoST 或 PROBE 程序，不仅可以达到我们开始的目标，而且对反复搜索的过程会有所控制。

MoST 即模体搜索工具，是一个 UNIX 程序，用来搜索数据库以寻找保守的模体 (Tatusov et al., 1994)。这个方法使用比对序列块（alignment block），可以容纳任意数目 N 的序列，每一个序列长 L，所有序列长度一致并不含空位。这个比对块用来产生一个蛋白质权重矩阵，然后对所有序列进行矩阵扫描，从目标蛋白质数据库开始搜索，对每一个长 L 的片段通过加和适当的权重矩阵元素得到分值。如果找到在统计学上显著地匹配于序列块中的序列，这些序列也会被加入到序列块中。搜索完一个循环后，权重矩阵会重新计算，然后重新搜索数据库。这个过程反复进行，直到不再有新的序列加入。这个程序可以从 ftp://ncbi.nlm.nih.gov/pub/koonin/most 下载。

PROBE 是最新的比对模型程序（Neuwald et al., 1997）。在某些方面，PROBE 与 MoST 很相似，它们都运用循环搜索的策略来检测较远关系的序列。但它们在算法机制上不一样。PROBE 执行可传递的搜索方法，即如果发现序列 A 和 B 相关，B 和 C 相关，那么即使 A 和 C 之间没有直接发现相关性，A 和 C 也一定相关。PROBE 的过程很像前面所说的反复 BLAST 过程，不像 MoST 需要一个预先准备好的序列块，而只需要从一个"种子"序列出发，得到新的"种子"，反复比对直到不再有新的序列加入。前面说过反复 BLAST 的结果是会引入许多不相关的序列，PROBE 则在每一轮新的搜索之前，使用"折刀（jackknife）"程序自动消除不相关的序列，从而保证了序列相关性。这个程序可以从 ftp://nvbi.nlm.nih.gov/pub/neuwald/probe1.0 下载。

三、多序列比对

前面介绍了如何从公用数据库获得与新序列相关的其他序列。手里有了这么多相关序列之后，当然最想看清楚的是它们之间究竟在哪些区域是可以比对在一起的。我们将所有相关序列都排列在一起，希望在同一列上的位点都是相关的，就像图 4.7。如果是蛋白质序列，那么更能从比对中发现保守区域，可以更好地推测未知蛋白的功能。从一个家族中多个相关蛋白质的比对中，可以发现隐含其中的系统发育的关系，从而更好地理解蛋白质的进化。很多时候可以对未知蛋白质的结构进行预测，推测哪些区域构成了蛋白质的活性位点，哪些区域维持了蛋白质的空间构象。如果有与这些蛋白质的相关 DNA 序列，那就更好了，因为 DNA 能提供更多的有关进化历程的信息。但是只有良好的序列比对结果，才能进行深入的进化分析。

用于多序列比对的程序的开发是一个很活跃的领域，绝大多数方法都是基于渐进比对（progressive alignment）的概念。渐进比对的方法假设了参与比对的序列存在亲缘关系。当比对的序列大大超过两个时，计算量是惊人的，不同算法从不同方面寻求计算速度和获得最佳比对之间的平衡。不管使用什么方法，使用者必须根据对比对的 DNA 或蛋白质的了解，在计算机提供的序列排列的基础上做一些手工修改，以使相关位点确实排在同一列上。

```
seq1    TATTTGCACAGTATGGGGATCGTTGGTACTAGGATATATGCGAGATTTAAGTAAAAGAGA
seq2    TATTTGGATGGTATGGGGATTATTGGTACCAGAGTATATGCGAGATTGAGGTAAAAGAGA
seq3    TATTTGCATAGTATGGGGATCGTTGGTATTAGGATATATGCAAGATTGAGGTAAATGAGA
        ****** *  ************ ****** **  ******** ***** * **** ****

seq1    CGGAGACGAGGATTTTT-TATAGGTTCGGGCCCCTGAAATGTCAGGTAATAACCCTATAT
seq2    TGGAGACAGGGATTTTTATACAGGTTCGGGCCCCTTATCTTACAGGTAATAGCCCTACAT
seq3    TGGGAACGAGGATTTTTATACAGGTTCGGGCCCCTGAATTGTCAGGTAATAACCCTAC-T
         ** ** ********  ** ************** *   * ********* *****  *

seq1    CATGTTGGCCAAAGCCGGT-ATTGCT-TTTATTCACCATAATCATACCAGTATAATATTT
seq2    CCTGTTGGCCGAAGCCGGT-GTTGCTCTTTATTCATCTGTATCACACAAATACAATATTT
seq3    CCTGTTGGCCGAAGCCGGTCGTTGCT-TTTATTCACCATAATCACACCAGTACAATATTT
        * ******** ********  ***** ******** *   *** ** ** ** *******
```

图 4.7 3个 DNA 序列经过多序列比对后的结果。所用的程序是 CLUSTAL X。＊表示一致位点。

1. CLUSTAL W

CLUSTAL W 算法是一个最广泛使用的多序列比对程序，在常用的计算机平台上可以免费使用（Higgins et al., 1996）。这个程序基于渐进比对原理，对一系列输入序列进行两两比对，得到一个反映每对序列之间关系的距离矩阵。然后运用邻接法（neighbor joining）计算出一个系统发育辅助树，经过加权，辅助树证实极相近的序列，接着从极相近的序列开始双重比对，重新比对下一个加入的序列，依次循环，直到加入所有序列。在加入序列过程中，不可避免要引入空位（gap）以适应序列间的差异，过多的空位无疑将降低比对质量，因此程序使用罚分控制机制，避免引入过多的空位。

CLUSTAL W 程序有很多种版本，可以基于 UNIX、DOS 和 WINDOWS 平台，同时被许多常用的序列分析软件中集成，如后面要介绍 BioEdit。以下将介绍基于 WINDOWS 的 CLUSTAL X。输入序列的格式可以是以下 6 种之一：NBRF/PIR，EMBL/SWISS-PROT，Pearson（Fasta），GDE，Clustal，GCG/MSF。先把要排序的序列存成以上格式的文件，然后在 "file" 里点 "Load Sequences"，将准备好的序列文件打开。如果输入序列中有 85% 的 A、C、G、T、U 和 N，程序则将此序列集看为 DNA 序列，否则为蛋白质序列。窗口将显示序列，不同的碱基或氨基酸残基用不同颜色区别。用户可以设定一些参数来影响比对结果。

最重要的是空位罚分的控制，可以在 Alignment Parameters 中设定。在 Pairwise Alignment Parameters 下，可以调整用于慢比对和快比对的罚分。序列的两两比对的速度和精确度可以在这个窗口调整。在 Pairwise Alignment 下拉框中可以选择慢比对还是快比对。慢比对采用动态规划方法，运行速度慢但是精确，适用序列数少（<20）长度短（<1000位点）；快比对采用 Wilbur & Lipman（1983）方法，运行速度快但不精确。程序默认值为慢比对。在 Multiple Alignment Paraments 下，可以指定空位的开放罚分（opening penalty）和扩展罚分（extension penalty）。这些参数控制最后的多重比对，是程序的核心。开放罚分控制空位的数目（要注意：如序列 A——CC——TT，里面插入了 5 个划线，但前面 3 个连续，后面两个也连续，分别算为一个空位，因此这段序列只有 2 个空位），罚分越高，空位数目越少；扩展罚分控制空位的长度，罚分越高，空位

长度越短。在特殊情况下，有些序列相对其他序列有很长一段的缺失，这时要把扩展罚分降低，程序将加入长的空位以适应这种特殊情况。在序列两端加入的空位不受罚分控制。

如果想看序列之间的相似分值，那么在比对之前选上"Save Log File"，当比对完成时，程序生成的 .log 文件记录了整个比对过程计算的分值。

通常初次比对不会得到理想的结果，比如序列间的长度不匹配，同源区域没有很好地匹配上，部分序列和其他序列几乎没有任何相似等。这时需要采取多种措施以改善比对结果。比如去掉过长序列的多余部分，去除与其他序列没有相似性的序列，改变比对参数等。图 4.7 是 CLUSTAL X 输出的部分结果。星号标记表明在所标位点上所有比对序列都具有相同的碱基或氨基酸残基。

2．BioEdit

BioEdit（Hall，1999）程序非常适合序列比对、编辑和分析，是一个很好的序列分析程序。它基于 WINDOWS 平台，界面友好。里面集成了多种序列分析程序，如对 DNA 序列的翻译、得到其互补链、ORF（可读框）的预测、酶切图谱分析、质粒图制作等；蛋白质分析的程序也很多，可以获得一些基本的参数，进行亲疏水性分析等。程序里集成的两个程序非常有用，一是 BLAST，另一是 CLUSTAL W。BioEdit 程序拥有许多通往著名序列分析环球网站的链接；同时它还具有扩充其他 DOS 程序的能力。CLUSTAL W 正是在 BioEdit 优良的序列编辑分析的环境下发挥功能的。如果一轮的比对结果不理想，可以在程序内编辑，直到获得满意的结果为止。其中的 Toggle Translation 功能是非常有用的，在对编码蛋白质的 DNA 序列比对时，利用这个功能把 DNA 临时翻译为氨基酸序列，比对结束后再转换回原来的 DNA 序列，这时的 DNA 比对已经按密码子为单位排列好了，这样的比对通常更好地把同源位点排列在一起。

BioEdit 是免费软件，在 http：//www.mbio.ncsu.edu/RNaseP/info/programs/BIOEDIT/bioedit.html 下可以获得。

3．MultAlin

MultAlin 方法（Corpet，1988）也是从一系列的两两比对开始，得到分值，然后根据这个分值进行分层次的聚类。当序列都分成类后，进行多序列比对，计算出多序列比对中的两个序列比对的新值，基于这些新值，重新建树。这个过程不断循环直到分值不再上升，此时多序列比对结束。

MultAlin 可以在http：//www.toulouse.inra.fr/multalin.html 上执行，把要比对的序列按照 FASTA 格式粘贴到序列输入框中，然后从一系列下拉菜单中定义适当的参数，比如输出格式、可选的输入格式、引用的分值矩阵以及空位开放和扩展开放罚分的分值。可以根据输入序列的远近关系选择不同的分值矩阵。然后提交到服务器，计算完成时，会以图片形式显示比对结果，如图 4.8。同时也可以用其他输出方式输出，比如文本方式等。在比对的下方计算出一个一致序列，所有序列都匹配的残基相应位置用大写字母表示，多数匹配的用小写字母表示，符号！、$、%和♯分别表示保守替代，具体含义见图 4.8 上方说明。

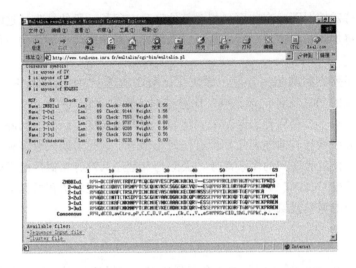

图4.8 6个氨基酸序列用 MultAlin 多序列比对程序得到的结果。上方是保守替代的各种符号。

4．其他多序列比对工具

GCG 软件包的 Pileup 程序也是著名的多序列比对工具。GCG 软件是一套蛋白质、核酸序列分析软件。它提供了约130个程序。范围涉及：序列模块、关键词、同源性数据库搜索，序列比较，进化分析，序列两级结构分析，限制性酶切图谱，引物设计，序列模式识别，翻译，片段拼接等。在北京大学生物信息中心和中国科学院上海生命科学研究院生物信息中心（http://www.biosino.org）有 GCG 服务器。

其他的多序列比对工具有：

Multiple alignment (http://www.genebee.msu.su/services/malign_reduced.html);

SAM (http://www.cse.ucsc.edu/research/compbio/papers/sam_doc/sam_doc.html);

MAP(http://dot.imgen.bcm.tmc.edu:9331/multi-align/Help/map.html);

MSA(http://dot.imgen.bcm.tmc.edu:9331/multi-align/multi-align.html)等。

要反复强调的是，序列比对是以后系统发育分析的基础，因此有必要运用多种工具，并且对最终比对结果进行手工修正以达到最佳效果。如果比对结果将用来系统发育分析，那么还要排除遗传物质在不同物种之间（比如物种的杂交等）传递的可能性，因为如果所观察的序列并非严格"纵向"遗传的话，大多数系统发育方法都会得到错误的结果。总之序列比对的重要性无论怎么估计都不会过分！

四、系统发育分析

系统发育分析根据同源性状的分歧来评估物种或分子之间的进化关系。这种进化关系通常用分支图（系统树）来描述。在现代系统发育研究中，重点已经不再是生物的形态学特征或其他特征，而是生物大分子尤其是序列，对序列的系统发育分析又称为分子系统学或分子系统发育研究。它的发展得益于大量序列的测定和分析程序的完善。比起许多其他实验性学科，分子系统学与其他进化研究一样有其局限，即系统发育的发生过程都是已经完成的历史，只能在拥有大量序列信息的基础上去推断过去曾经发生过什么，而不能再现。分子系统发育分析不太可能拥有实验基础，在这个领域发表的论文里，如果有实验数据的话，那么它们绝大多数是序列测定，少数是进化模拟实验。如何处理序列从中得到有用的信息、如何用计算的办法得到可信的系统树、如何从有限的数据得到进化模式成为这个领域的研究热点。

（一）系统树的构建方法

系统树的构建主要有3种方法，即距离法（distance method）、最简约法（most parsimony method）和最大似然法（maximum likelihood method）。距离法是一种纯数学算法，它将系统树的构建和最优系统树的确定合在一起，构建系统树的过程，也就是寻找最佳系统树的过程。此外，该方法首先需要将数据转变为距离数据。另外两种方法则是，首先确定一个标准，然后按这一标准去比较不同的系统树，最后选择最优的树，结果符合标准的最优树可能是一个，也可能是多个。下面就三种方法分别加以概述。

1. 距离法

距离法有多种，这里只介绍常用的两种，即 UPGMA 和 Fitch-Margolialsh 氏方法（Fitch-Margolialsh's method）。

（1）平均距离法（average distance method）

平均距离法是距离法中最简单的一种，该法又叫 UPGMA（unweighted pair-group method with arithmetic mean）。该方法首先估计任何两个分类单元（operational taxonomic unit，OTU）之间的距离。系统树的构建以距离最小的两个 OTU 开始。然后将这两个 OTU 合为一个 OTU（记为 OTU1），计算 OTU1 与其他 OTU 的距离，将与 OTU1 距离最小的 OTU（记为 OTU2）与 OTU1 组成一个聚簇（cluster），节点与 OTU1 内两个 OTU 的距离相等，再将 OTU1 与 OTU2 合为一个 OTU。依次类推，直到最后一个 OTU 加到系统树中。这种方法构建的系统树是假定各 OTU 的进化速率相同，因此任何一个内部节点（internal node）到末端节点的距离相等。

假设聚簇 A 和 B 分别有 r 和 s 两个 OTU，则在 UPGMA 树中，二者之间的距离为

$$d_{AB} = \sum_{ij} d_{ij}/(rs)$$

d_{ij} 为聚簇 A 中第 i 个 OTU 与聚簇 B 中第 j 个 OTU 的距离。

（2）Fitch-Margoliash 氏方法

与 UPGMA 不同的是，该方法并不假设各 OTU 的进化速率相同，而是允许 OTU 间存在不同进化速率。因此，一个内部节点到末端节点的距离不一定相等。Fitch-margoliash 氏方法的基本运算程序是首先计算所有 OTU 间的距离。选距离最小的两个 OTU 为起始，记为 A、B。其他的 OTU 记为 C。A 与 C 之间的距离 d_{AC} 为 A 与 C 内所有的 OTU 距离的平均值。B 与 C 间的距离按同样方法计算。在 A、B、C 构成的系统树

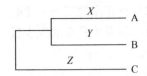

图 4.9 三个物种的系统树。X、Y、Z 为支长。若分析数据为 DNA 序列则 X、Y、Z 代表各支上的碱基替换数。

中（图 4.9），$X+Y=d_{AB}$，$Y+Z=d_{BC}$，$X+Z=d_{AC}$，此求出 X、Y、Z。

现在将 AB 合为一个 OTU（AB）。计算 OTU（AB）与其他所有 OTU 间的距离。同样选取距离最短的两个 OTU，再分别记为 A、B。其他的 OTU 记为 C。按以上程序，计算出一组新的 X'、Y'、Z'。进一步计算各分支的长度，依次类推，直到最后一个 OTU 被加到系统树中。

2. 最大简约法

简约法是分子系统学中应用最广的一种方法。该方法的原则是在所有可能的系统树中，最能反映进化历史的树具有最短的树长（tree length），即进化步数（性状在系统树中状态改变的次数）最少。例如，对于 DNA 序列则是发生的碱基替换数最少，对于 RFLP 则是限制酶识别位点的获得/丢失事件发生次数最少。树长按下式计算

$$L(\tau) = \sum_{K=1}^{B} \sum_{j=1}^{N} W_j \text{diff}(X_{k'j}, X_{k''j})$$

$L(\tau)$ 是树 τ 的长度。B 是分支数目，N 是性状数目。K' 和 K'' 为分支上的两个节点。$X_{k'j}$ 和 $X_{k''j}$ 为分支 k 的两个节点的性状状态。diff（y，z）为性状 j 从状态 y 转变到 z 的代价（cost）函数。W_j 是性状 j 的权重。

可见，树长是所有性状在所有分支上发生的状态改变的总和。

3. 最大似然法

这种最初由 Cavalli-Sforza 和 Edwards（1967）提出，用于构建基于基因频率的系统树。Felsenstein（1988，1993）将该方法引入到基于核苷酸序列的系统树的构建。后来又扩展到氨基酸序列数据。这种方法首先是选定一个进化模型，计算该模型下，各种分支树产生现有数据的可能性。具有最大可能性的系统树为最优。一个树的可能性按照下面的两个公式计算

$$L = L(1) \cdot L(2) \ldots L(N) = \prod_{j=1}^{N} L(j)$$

$$\ln L = \ln l(1) + \ln l(2) + \ldots + \ln l(N) = \sum_{j=1}^{N} \ln L(j)$$

即一个树的似然性（likelihood）等于每一个性状的似然性之和或每一个性状的似然性对数之和。

4. 对三种构建方法的评价

① 距离法是一种纯数学计算过程，其算法本身就决定了最优树的选择标准。因为结果只是一个树，所以无法与其他树型比较。而另外两种方法则不然，从树长和似然值上，可以判断在一定标准下，哪一种树最优。

② 当 DNA 序列的进化速率在不同分支上相差很大或亲缘关系太远时，简约法因低

估了实际发生的碱基替换数而造成数据越多越支持错误的系统树。Steel 等（1988）将这种现象称为长分支吸引（long-branch attraction）。而在这种情况下，最大的似然法和距离法常常能够推出正确的系统树，这主要是因为评价系统树时，简约法不考虑支长，而最大似然法则考虑到性状的改变更可能在长分支上发生。距离法在将序列转变为距离时，可以充分估计观察不到的碱基突变（同一位点多次突变），因此不会低估序列间的差异。

③ 在计算时间上，距离法最快，最大似然法最慢，因此当数据矩阵过大时，距离法非常有用。但距离法无法将不同类型的数据合在一起共同分析，而基于性状分析的简约法和最大似然法却可以。

④ 距离法和最大似然法都可以估计支长，而简约法不能。

5. **系统树的统计分析**

（1）**重复抽样法（resampling method）**

评价系统树中每一分支的可靠性，统计学上用重复取样来排除随机误差的影响。在分子系统学的研究中，用重复取样来检验系统树可靠性主要有两种：自展法（bootstrap method）和折刀法（jackknife method）。在分子系统学中，一般不可能去真正地重复取样，只能是由原有数据产生假重复数据（pseudoreplicate data）。自展法和折刀法的差别仅在于重复取样的方式有所不同。自展法是原有数据中的性状进行复置重复抽样，即随机抽取一个性状后，再将该性状放回原数据，继续随机抽样，直到新产生的一组数据（data set）大小与原有数据相同为止。结果各个性状被抽取的次数可能不同。折刀法的取样是不复置取样。Muller 和 Ayala 的折刀法是每次从原数据中去掉一定数目的性状，然后再对剩余的所有性状进行系统发育分析。Lanyon 的折刀法则是每次去掉一个 OUT，然后再对剩余的所有 OTU 进行分析。可见，折刀法产生的新数据小于原有数据。用多次抽样产生的新数据构建系统树，每一个内部分支出现的次数可以表示该分支的可靠程度。例如，若某一分支在 100 个系统树中出现 90 次，则该分支的可靠程度为 90%。这个数值越高，则该分支越可靠。

（2）**对整个系统树的评价**

广泛用于评价整个系统树可靠性的指标是一致性指数（consistency index，CI，量符号为 I_C）和保持性指数（retention index，RI，量符号为 I_R）。$I_C = R/L$。R 代表所有性状的范围的总和，即性状可能变化的最小值。若一个性状有 n 个状态，则该性状的范围为 $n-1$，那么 k 个 n 态性状的范围总和为 $k(n-1)$。L 代表给定系统树的最小进化步数。可以推测 I_C 越大，则同塑性的比例越小，系统树越可靠。但遗憾的是，I_C 随着分类群数目的增加而下降，反之上升，所以 I_C 的值不稳定。因此有人提出用 I_R 代替 I_C。$I_R = G - L/G - R$，L、R 的含义与 I_C 公式中的相同，G 为给定系统树的最大进化步数。

（二）常用的系统树构建程序

1. PHYLIP

PHYLIP（Felsenstein，1993）是一个包含了大约 30 个程序的软件包，基本囊括了系统发育分析的所有方面。PHYLIP 是免费软件，并且可以在很多平台上运行（Mac、DOS、Windows、Unix、VAX/VMS 等），在http://evolution.genetics.washington.edu/phylip/software.html 可以免费下载软件及手册。PHYLIP 是目前使用较为广泛的系统发育程序。

  PHYLIP 是命令行程序，如果是 Windows 操作系统，需要进入 DOS 方式，敲入程序名就可以了（初用者常犯的错误是在 Windows 下直接点击程序的图标，一旦程序报错，DOS 会马上消失，无法找到报错的原因，因此必须进入 DOS 方式后，再敲程序名）。程序可以从一个叫"infile"的文件中自动读取数据。然后使用者可以根据提示从选项菜单中改变参数，或者直接使用默认值。参数设置完成后键入"Y"，程序开始运行，结果输出到叫"outfile"（如果输出有树，则同时生成"treefile"）的文件中。通常建树过程是一系列程序串联完成，即前一个程序的输出结果是后一个程序的输入。下面以构建具有自展分析的 DNA 距离树为例，说明 PHYLIP 的操作流程。

  将比对好的序列存成 PHYLIP 格式（CLUSTAL W 可以输出这样的格式，还有很多程序可以转换格式，比如 ReadSeq、SeqVerter、FORCON 等程序）。把文件拷贝到 PHYLIP 目录下，更名为"infile"。进入 DOS 方式，敲入 seqboot，选择 bootstrap 分析，复制数 1000。运行后输出一个具有 1000 套比对序列的文件。将此文件更名为"infile"（将原来的 infile 删除），然后运行 DNADIST（如果是蛋白质序列，则运行 PROTDIST），程序默认的核苷酸替代模型是 Kimura 双参数模型。J-C 模型（Jukes & Cantor, 1969）是最简单的替代模型，假设所有的核苷酸替代频率都一一相等。Kimura 双参数模型允许用户把颠换（transversion）的权重设的比转换（transition）的权重高。其他几个替代模型的含义，可以参考帮助文件。"M"选项必须改动，改为分析多重数据组，数目为 1000。这是因为 SEQBOOT 得到了 1000 套数据，以后分析中这个选项同样要改变。运行后，输出 1000 个距离矩阵。同样把输出文件改为输入文件，使用 NEIGHBOR 或 FITCH 或 KITSCH 程序，根据距离矩阵获得系统树（因此这些程序还有其他功能，将用其他程序如 MEGA 获得的距离矩阵输入这些程序，同样可以获得系统树）。最后结果是获得两个文件，一个是"outfile"，另一个是"treefile"——里面是 1000 棵"树"，可以用文本编辑程序打开看看它们的格式。将 outfile 另存；treefile 改名为 infile，运行 CONSENSE，获得严格一致树。其中 outfile 记录了每个分支的自展值，treefile 可以用 TreeView 程序查看。

  另两种方法获得 DNA 系统树的主程序是 DNAPARS 和 DNAML。前者采用最简约法，后者采用最大似然法。具体参数选择在帮助文件中都可以找到，在阅读帮助文件时还可以增加对分子进化的理解。

  蛋白质数据分析的程序有：PROTDIST——距离法；PROTPARS——最简约法。PROTDIST 允许用户从 3 个氨基酸替代模型中（PAM、Kimura 或 categories）选择其中之一。一般推荐使用第一种方法，这个方法使用一张通过观察氨基酸转换得到的经验表，即 DayHoff PAM 001 矩阵（DayHoff, 1979）。程序默认也是这种方法。PROTPARS 使用的进化模型与 PROTDIST 不同，它评估观察到的氨基酸序列转化的可能性时考虑潜在的核苷酸序列的转换。比如两个氨基酸之间的转化需要在核苷酸水平上进行 3 次非同义转换，这个转换的可能性比起那些潜在的核苷酸水平上只要进行两次非同义转换和一次同义转换的氨基酸转化的可能性要小。但是这个程序不提供氨基酸转化的经验矩阵。

2. PAUP

PAUP（Swofford，1990）是最著名的系统发育分析商业软件。具有一个简单的、带有菜单的界面。程序与平台无关，拥有多种功能。

PAUP使用一种称为NEXUS的数据格式，这种格式还可以被MACCLADE程序使用。PAUP也可以输入PHLIP、GCG-MSF、NBRF-PIR、HENNIG86等数据格式。如果格式出错，程序不仅报告文件格式的错误，而且还会打开数据文件，将错误的地方高亮显示。

目前PAUP中构建系统树的方法包括MP（最简约法）方法，如果是针对核苷酸数据，还有距离法和ML（最大似然法）法。其中的ML法使用fastDNAml算法（Olsen et al.，1994）。而且，PAUP执行Lake不变方法（Swofford et al.，1996；Li，1997）。每一种建树程序都有多种选项可选择：MP选项包括任意特征权重方案的说明；距离法可以选择NJ、ME、FM和UPGMA模式。有关这些方法和模型的详细说明可以从帮助中获得。将参数设为"estimate"，执行"describe tree"命令，可以评估任何系统树的参数。

与PAUP版本一起发行的附注认为PAUP所找到的系统树同PHYLIP的一样好，或者更好。这不仅是因为PAUP对系统树进行重新排布时更加广泛，而且也是因为它对支长迭代的收敛标准更加严格。对于系统树的评估，PAUP采取无参数的自展法和折刀法，在执行过程中用到这些建树方法的所有可用的选项。对MP方法进行自展分析或折刀分析时，MAXTREES应该设为10～100之间的数。这是因为MP系统树中分解性较差的部分用重新取样得到的数据操作时，其分解性会更差。因此由重新取样得到的数据找出来的系统树数目很可能是一个天文数字。另外，PAUP执行Kishino-Hasegawa测试可以对系统树进行多种比较评估。

PAUP还有很多方便查询的设置，比如对一些设置感到迷惑时，可以使用菜单或者在合适的地方直接键入"{命令名}？"，这样就可以很及时地得到帮助。PAUP的输入输出做得很好，可以对输入数据很方便地进行编辑，系统树的结果也可以输出为多种格式的图形文件。

3. PAML

PAML（Yang et al.，1997，2000）是免费软件包，在http://abacus.gene.ucl.ac.uk/software/ paml.html可以下载软件及说明书。PAML能够进行ML模型的建立和系统树的构建和评估。这个软件包已经在Macintosh和PC计算机上编译通过。对于密码子数据和氨基酸数据，这个程序提供了最详细和最灵活的参数指定和评估方案。对于核苷酸数据（BASEML和BASEMLG），替代模型的范围同PAUP一样广泛，可能包括了所有值得考虑的模型。PAML执行额外的模型：相邻位点的速率相关性（自动-离散-gamma模型）和一个多基因模型，这个模型允许对每个基因指定替代模型。后者在分析来自在不同约束下进化的基因的混合数据非常有用。可以利用以下步骤改善系统树：

首先用PHLIP或PAUP构建系统树，然后用PAML来评估是否加入这些参数以改善似然值。PAML除了系统树的构建和评估的功能外，很重要很前沿的功能是可以估计每个密码子位点可能受到的选择压。选择压的估计在进化上非常重要，也有很大的理论意义。可以发现大部分基因在进化过程中是受负选择压力，然而即使一个基因总体上是受负选择压，但不同位点的功能不同，所受的压力也会有所差异，有些位点甚至是受正选择压力的。PAML中CODONML及其相关程序将会对这个假设进行检验，用不同模型获得每个密码子位点受到某种选择压的概率。这个优秀软件的缺点是，对于刚接触这个软件的人必须一开始就把手册摆在电脑旁边，甚至可能把手册翻烂也不知道如何开始！

4. 其他程序

FastDNAml

FastDNAml（Olsen et al.，1994）是一个独立的最大似然法建树程序。虽然它还没有成为当前版本的PHYLIP软件包的一员，但是它的输入输出约定和PHYLIP有很大的相同。而且FastDNAml和PHYLIP的DNAML的结果非常相似，甚至完全相同。FastDNAml可以在并行处理机上运行，而且自带大量有用的脚本。要想充分利用这个程序，就必须有一定的Unix知识。RDP Web站点公布了Unix和VAX/VMS平台的程序源码，而通过FTP可以获得Power Macintosh版本的程序源码（http://rdp.life.uiuc.edu/RDP/commands/sgtree.html）。

MACCLADE

MACCLADE（Maddison & Maddison，1992）是一个交互式的Macintosh程序，能够对系统树和数据进行操作，研究特性状态的系统发育行为。使用格式是NEXUS，因此也能读取PAUP格式的数据和系统树文件。还可以读取PHYLIP、NBRF-PIR格式的文件和文本文件。可以使用任何方法产生系统树，但是MACCLADE的功能是严格基于简约法的。程序还允许使用者追踪任意系统树上的每一个单独特性状态的进化轨迹。其MP和ML重新构建的功能是不同的，而且ML功能据称更加实际（Swofford et al.，1996）。系统树的拓扑结构可以通过拖动树枝进行操作。

MEGA plus METREE

MEGA（Kumar et al.，1994）是一个关于序列分析以及比较统计的DOS程序的软件包，但现在已经有了基于Windows平台的Bata2.0Build3的免费测试版在http://www.megasoftware.net/中公布。Bata2b3版本有距离建树法、MP建树法和ME［最小进化 Minimum Evolution。这个方法在DOS版本是由其捆绑的METREE程序（Rzhetsky & Nei，1994）提供的］建树法。在以前的DOS版本，无法比较MEGA与PAUP或PHYLIP中的搜索算法的效率和可靠性。针对核苷酸数据建立的系统树，MEGA效果不如PAUP或PHYLIP。可以通过密码子数据和氨基酸数据建立距离系统树，但使用的替代模型太简单，对于绝大多数数据集不能产生可靠的系统树。其Windows测试版本的输入格式仍然只能MEGA格式，但如果输入其他格式，数据会在MEGA程序弹出的一个文本编辑窗口出现。输出方面有很多改进，比如有一个系统树浏览器，能浏览和编辑系统树并以二进制方式保存为*.mts的MEGA能识别的系统树文件。测试版拥有多种测试程序,比如常见的系统树测试、选择方式的测试和相对进化速率测试。其中相对进化速率测试可以针对两个序列或两个序列集,但后者的功能在测试版中似乎还没有整合进去。

MOLPHY

MOLPHY(Adachi & Hasegawa,1996)是共享软件包,可以进行 ML 分析以及核苷酸序列或者氨基酸序列的统计。MOLPHY 在 Sun OS 和 HP9000/700 系统上经过测试。在实际使用时需要对 Unix 操作系统有一定的了解。其用途包括 NEXUS、MEGA 和 PHYLIP 文件之间的数据文件格式的转换,从 EMBL 或者 GeneBank 的核苷酸序列文件中提取编码区域。其中的 ML 程序与 PHYLIP 中的 ML 程序很相似,但是其氨基酸替代模型的范围很广,而且有很多选项能够进行快速的启发式搜索,其中包括一个选项能可以对这个子树进行自展分析以搜索更好的 ML 系统树。输出结果包括分支长度评估以及标准偏差。尽管它允许用户自行指定参数,MOLPHY 使用 PAUP 提供的核苷酸替代模型中的一个子集。尽管它允许用户自行指定参数,MOLPHY 使用 PAUP 提供的核苷酸替代模型中的一个子集。

(三)一些需要注意的问题

这些问题在李衍达等人的译著里已经反复强调过,但它们的重要性无论怎么重复也不过分。所以在这里也强调一下。

① 听起来似乎很荒谬,到目前为止,在进行系统发育分析中,最重要的因素不是进行系统发育程序所采用的方法,而是输入数据的质量。数据选择的重要性,尤其是比对过程的重要性,无论怎么估计都不过分。即使是最复杂的系统发育推断方法都不能校正输入数据的错误。

② 从尽可能多的角度观察数据。使用 3 种主要方法中的每一个,然后比较它们所建立的进化数的一致性。不幸的是,即使由不同方法得到的结果是一致的,也不能必然意味着结果就是统计显著的,因为达到一致性的因素很多。

③ 选择合适的外群对分析相当重要。尤其是当外群同一个或者几个内在的分类群拥有一个相同的不同寻常的属性(如组成偏好或者时钟频率)时,问题就会复杂化(Leipe et al., 1993)。因此合理的做法是用若干个外群计算每一个分析,检查内在分类群的拓扑结构的一致性。

④ 仅仅是因为序列输入顺序不同,程序也会给出不同的系统树。PHYLIP 和 PAUP 以及其他系统发育软件提供了一个"随机"选项,可以按照随机的顺序输入程序进行运算。一般原则是把怀疑有问题的序列放置在输入文件的结尾,以降低系统树重新排布方法受一个较差的初始拓扑结构的负面影响。

(四)COG 数据库

COG 数据库是把从全基因组中得到的蛋白质按照系统发育方法分类的数据库(Tatusov et al., 2001)。COG 指的蛋白质直系同源群聚类(cluster of orthologous group)。每一个 COG 包含的蛋白质被认为是从同一个蛋白质祖先演化来的,即它们是直系同源的(垂直进化血缘关系)。直系同源的演化不但是一对一,而且在世系特殊的基因复制的情况下,还有一对多和多对多的关系[也即蛋白质的直系同源群(orthologous group)因此这个概念包含了旁系同源]。建立 COG 数据库的目的是作为新测基因组的功能解释和基因组进化研究的平台。每个 COG 是通过完全测序基因组中蛋白质的相互全程比对来识别的。这个过程如下:考虑基因组 A 的蛋白质 Pa,与基因组 B 的所有蛋白质全程比较,得到一个最相似的蛋白质 Pb;然后 Pb 对基因组 A 做同样的比对,如果得到最相似的蛋白质是 Pa,那么 Pa 与 Pb 是相互最佳击中关系。基因组中的每一个蛋白质都经过这种方法考察。如果确立这些蛋白质(或者其中的子集)之间的相互最佳击中关系,那么组成这种关系的蛋白质将形成一个 COG。因此,COG 中一个成员与其他成员之间的相似性将比来自基因组的任何其他蛋白质的相似性都要高,即使有时绝对相似性会很低。由于使用了最佳击中原则,排除了武断选择统计分界的限制,所以适用快速进化和慢速进化的蛋白质。然而 COG 还必须满足一个条件,那就是一个 COG 必须拥有来自至少 3 个系统发育世系的基因组的蛋白质。

进入 http://www.ncbi.nlm.nih.gov/COG/,我们可以开始使用 COG。目前的 COG 数据库是从代表 26 个系统发育世系的 34 个全基因组得到的。随着新基因组测序的完成,COG 成员将不断增多。为了便于功能研究,COG 按功能分为 17 类,另外,一些已知功能的 COG 按特殊的细胞系统和生化途径组织起来。在 COG 数据库里,可以查看的信息有三种。①蛋白质的注释。一个组分的特征如功能、三维构象等信息也适用同一个 COG 的其他蛋白质。要小心的是部分带有旁系同源蛋白质的 COG 中,通过基因复制产生的组分其功能会发生变化。②系统发育模式。每个 COG 中的成员都有系统发育关系。这将表明在给定的生物里,存在哪些蛋白质,而不存在哪些蛋白质,如果系统的运用,就能发现某个特殊的代谢途径是否存在于给定的生物。③ 多序列比对。每一个 COG 页都有一个链接,里面是其成员的多序列比对,可以用来鉴定保守区域和进化分析。

有两种方法可以找到我们感兴趣的蛋白质所在的 COG,一是用基因或蛋白质名检索,这个方式在 COG 主页有"name search"栏;第二是用数据库带有的 COGnitor 程序对 COG 数据库进行检索。把蛋白质序列粘贴在 COGnitor 程序的文本框中,搜索后输出结果。

COG 数据库作为一个最新发展出来的整合全基因组信息的平台,无疑在基因组水平的比较上将有很大的潜力。比如上面提到的通过系统地比较基因组,可以发现在某个生物中一些特殊的生命活动途径。而在目前许多基因组测序工作正在开展的情况下,COG 数据库的现实意义是可以为新基因组的 ORF 预测和检验提供新的手段。

五、其他分子标记在生物系统学中的应用

人们对分子进化的广泛而深入的研究,极大地促进了生物系统学的发展。除了直接的 DNA 和蛋白质序列外,其他各种分子标记为生物系统学研究提供了新的、大量的证据(王金玲,2000)。

（一）RFLP（restriction fragment length polymorphism）标记

RFLP，即限制性片段长度多态性，是指用限制性内切核酸酶酶切不同个体基因组DNA后，含同源序列的酶切片段在长度上的差异。对于相对较小的DNA分子，如叶绿体DNA，经某一限制性内切核酸酶酶解后，因片段较少，所以琼脂糖凝胶电泳后经溴化乙锭染色，就可以直接观察而不需杂交。RFLP能检测由于碱基替换、插入或缺失而导致的限制性内切酶识别位点的丢失或获得情况。差异的显示和检测通常是利用杂交方法来实现。目前，系统学中用来作探针的序列主要有三种。① 线粒体DNA。线粒体DNA主要是在动物系统学中应用。由于植物线粒体DNA的复杂性，所以难以使用。动物线粒体较小，单性遗传，又易于提纯。但线粒体DNA进化较快，所以不适于科以上水平的研究。② 叶绿体DNA。叶绿体DNA足够大，对每种酶都有许多位点，因此提供的信息量相对较大。叶绿体DNA的保守性决定了其在系统发育研究中的局限，其上限一般不超过科级水平。而对于近缘种来说，因为酶切图谱几乎相同，因此也无法使用。③ rDNA。因为rDNA的拷贝数高，易于检测，因此得到广泛应用。重要的是，它有高度保守和易变的两类序列组成，因此能用于从种内群体到高等分类阶元之间的比较研究。④ 单拷贝的DNA。由于单拷贝DNA检测较困难，因此在RFLP中很少使用。

RFLP可提供两种类型数据，一是限制酶切图谱，其性状状态是识别位点的有或无。因为构建限制酶切图谱比较繁琐，工作量大，因此这种数据一般不用于系统发育研究。二是限制性片段，其性状状态是某片段的有无。该数据易于获得，因而使用广泛，但是有以下几点值得注意。① 限制性片段作为性状是违反了性状间相互独立的假设。例如，如果在两个已有识别位点之间产生一个新位点，则一个大片段的消失将伴随着两个较小片段的产生。② 对于有插入或缺失的片段的处理，很难将这两类突变同其他类型的突变区分开。当片段长度存在差异时，很难确定同源片段。③ 限制性片段数据比较只有在序列间差异较小时才有效。若序列分歧太大，则很难确定片段之间的同源性。④限制性内切酶识别位点的获得和丢失存在不对称性，丢失比获得要容易得多。RFLP用于系统学研究的优点是探针/酶组合数量大；能稳定遗传，且杂合种呈共显性遗传。但其缺点是所需DNA的量较大；操作复杂，工作量大；对数据的评价和处理较繁琐，并且很难将积累的数据加到新的分析中；由于RFLP依赖于识别位点的有无，因此可提供的信息量少。

（二）PCR扩增片段长度的多样性

RFLP是伴随限制性内切核酸酶的诞生而产生的分子标记，而PCR技术的产生则为检测DNA序列的多态性提供了更为快捷、经济的手段。该方法所需DNA量少，对DNA制备的纯度要求不高，而且程序非常简单。依据引物选择的不同，用PCR扩增片段多态性的技术主要有随机扩增多态性DNA（random amplified polymorphism，RAPD），任意引物PCR（arbitrary primer PCR，AP-PCR），DNA扩增指纹图谱（DNA amplification fingerprinting，DAF），扩增片段长度多态性（amplified fragments length polymorphism，AFLP)。因 AFLP 在系统学中应用较少，所以不在此加以详述。

AP-PCR、DAF 和 RAPD 的差别在于引物长度不同。AP-PCR 的引物长 20~30 bp，与一般 PCR 反应中的引物长度相当，但在反应开始阶段退火温度较低，允许大量错配，因此可引发具有随机性质的扩增。RAPD 的引物由任意十个碱基组成，为保证退火反应时双链的稳定性，G/C 含量在 40% 以上。退火反应常在较低温度下进行，一般为 36℃，以保证引物与模板的稳定配对。另一方面，退火温度为 36℃，可允许适当的碱基错配，从而扩大引物在基因组 DNA 中配对的随机性。每个 RAPD 反应中，可只加入一个引物，通过一种引物在 DNA 互补链的随机配对实现扩增。每 10 bp 的引物可平均扩增出 10.9 条带。DAF 的引物更短，只有 7~8 个碱基，因此具有更大的随机性，扩增出的 DNA 带型也更多。由 RAPD、AP-PCR 和 DAF 一起组成的 DNA 多态性分析方法，任意扩增多态谱统称为（multiple arbitrary amplification profiling，MAAP）。不过在系统学中最常用的还是 RAPD。

RAPD 标记的优点是：① 可在对基因组没有任何分子生物学研究的情况下，对 DNA 多态性进行分析，有助于在系统学研究中广泛进行物种间比较；② 一套引物可用于任何物种基因组的分析，而且可选择的引物种类（长度和序列）可无限多。但该方法也有一定缺陷：① 序列同源性的判断很困难，即 PCR 扩增产物，经电泳分离后，具有相同迁移率的条带是否具有序列同源性；② 重复性差，由于该方法极其灵敏，因此试验结果重复性不好，造成不同试验结果可比性较差；③ 几乎所有的 RAPD 标记都是显性遗传，所以无法区分杂合子和纯合子，对群体水平的分析不利；④ 易受外源及污染 DNA 的干扰。

在系统学上，RAPD 可应用于种间乃至近属间亲缘关系的研究，但有一定的局限性。因扩增产物的同源性难以确定，因此只能作为表征性状分析，将性状状态记为条带的有或无，由此构建的系统树可能与实际情况不符。此外，RAPD 在种间和属间的变异水平很高，取样代表性是一个严重的问题，即不能用 1 个个体代表 1 个种，或 1 个种代表 1 个属。在做种间差异时，权宜之计是取 5 个至多个进行混合 DNA 提取，因为个体特异带只有在其 DNA 含量大于 20% 时才能被有效扩增。

（三）SNP 标记

遗传学的一个关键课题是把序列变化与可遗传的表型变化联系起来。最普遍的序列变化是 SNP。SNP 指单核苷酸多态性（single nucleotide polymorphism），能够代表一个群体基因组里的中性遗传变化。一个 SNP 的含义是在给定的一个群体中，超过 1% 的个体在给定的遗传区域内发生一次核苷酸改变。这个定义不包括其他遗传变化比如插入和缺失、重复序列拷贝数的变化等。SNP 被认为是一个物种中不同个体表型差异的主要遗传来源。SNP 可以在非编码区发生，也可以在编码区发生（这类 SNP 称为 cSNP）。cSNP 经常造成表达蛋白的多态性变化。一个给定的 SNP 在不同群体中会有所差异。一般来说，每 100~300 个碱基就会有一个 SNP。可以期望 SNP 将推动大量的遗传相关研究，并且人们相信一些遗传疾病的发生可以从 SNP 的研究中获得答案，最近人们在 SNP 的发现和查找上有很大的投入。

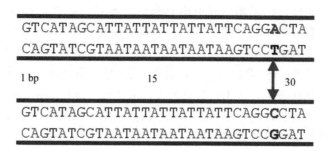

图 4.10　SNP 示例。箭头所指位点就是一个 SNP 位点。

人类基因组测序工作已经完成，针对人类基因组的 SNP 研究正是大有可为的时候。对 SNP 的研究可以包括下述方面。① 制作足够密集的 SNP 图谱，最终覆盖整个基因组。SNP 的物理定位方法类似于微卫星标记定位。在工作的最初，将按信息含量（群体中，从低于 10% 的个体中得到的 SNP 是低信息含量的，而 30%～50% 则是高信息含量的）选择哪些 SNP 适合作为遗传标记。② 针对某些特殊的疾病，获得健康人群与感病人群的 SNP 的各种差别，找出基因组中的哪些部分与疾病相关。③ 在前面工作的基础上将对 SNP 进行更精密的研究。有限的疾病相关基因（比如 10～100）的遗传变化将着重考察。

SNP 的工作必定是和数据库结合在一起的，因为大量的序列数据必须能够有效地保存、分类、查询、搜索。许多机构和公司建立了 SNP 的数据库，比如 NCBI 联合 NHGRI（National Human Genome Research Institute）建立了 dbSNP 数据库（http://www.ncbi.nlm.nih.gov/SNP/index.html），里面包含了单核苷酸替换多态性和短缺失插入多态性的数据。可以通过输入 GenBank 的序列号来查询。也可以用 BLAST 方法，获得相关序列的 SNP 信息。

（四）同工酶

同工酶（isoenzyme）的定义为：电泳观察到的全部条带，包括不同基因座和同一基因座的不同等位基因所编码的同一种酶以及转录后的酶变体统称为同工酶。近年来，已不再将转录后的酶变体处理为同工酶，因为它们中有的可能是实验条件引起的分子变化，未必存在于天然生物体中，没有相应的编码基因。等位酶（allozyme）是指同一基因座的不同等位基因所编码的同一种酶的形式，它是同工酶的一部分。

同工酶分析在研究居群的遗传结构、遗传多样性，判断杂种和多倍体的亲本中起到重要作用。但在对亲缘关系较远的种间、属间及更高分类群进行系统发育分析时，则用处不大。因为当类群间亲缘关系较远时，多数酶位点已经分化得太远，互相之间没有什么共同点，从而失去了测量亲缘关系远近的能力。

用同工酶进行系统发育研究的优点是操作简单易行、经济、结果观察直观。但同其他类型的数据一样，同工酶数据也有不足之处。① 编码酶的所有基因未必都能检测出来。有些同工酶所带电荷相同，电泳后可能出现条带重叠。有些等位基因可能不表达，没有蛋白质产物。此外，同工酶表达有时具有组织器官特异性，有些受发育调节。这样，材料所处的发育时期或取材部位不同，结果会导致同工酶谱的差异。②"人为带"的出现会给分析带来困难。由于实验方法或操作的原因，在一定条件下会出现次生的、额外的非遗传性的条带。③ 需要大量新鲜材料。④ 对数据处理存在分歧。等位基因作为性状，有人认为其状态是有或无，而有的人认为应该是等位基因的频率。此外，还有人将一个基因座作为性状，每一个分类单元中该基因座的等位基因组成为性状状态。这种对数据的不同处理必然导致系统分析结果的不同。

（陈军　王金玲　顾红雅）

参考文献

王金玲，顾红雅. 2000. CHS 基因的分子进化研究现状. 植物科学进展，B：17～24

王金玲，瞿礼嘉，陈军，顾红雅，陈章良. 2000. CHS 基因外显子 2 的进化规律及其用于植物分子系统学研究的可行性. 科学通报，45（9）：942～950

Adachi J, Hasegawa M. 1996. MOLPHY version 2.3 programs for molecular phylogeneticw based on maximum likelihood (Tokyo：Institute of Statistical Mathematics)

Altschul SF, Gish W, Miller W et al. 1990. Basic local alignment search tool. J Mol Biol, 215：403～410

Altschul SF, Madden TL, Schäffer Aa et al. 1997. Gapped BLAST and PSI-BLAST：a new generation of protein database searchprograms. Nucleic Acids Res, 25：3389～3402

Bairoch A. 1997. The PROSITE databade：its staus in 1997. Nucl Acids Res, 25：217～221

Baxevanis AD, Ouellette BFF. 1998. 生物信息学：基因和蛋白质分析的实用指南. 李衍达，孙之荣等译. 北京：清华大学出版社（2000 年出版）

Cavalli-Sforza LL, Edwards AW. 1967. Phylogenetic analysis. Models and estimation procedures. Am J Hum Genet, 19 (3)：Suppl 19：233+

Corpet F. 1988. Multiple sequence alignment with hierarchical clustering. Nucl Acids Res, 16：10881～10890

Felsenstein J. 1988. Phylogenics from molecular sesquences：inference and reliability. Ann Rev Genet, 22：521～565

Felsenstein JP. 1993. Phylogeny inference package. Version 3.5c. Distributed by the author. Department of Genetics, University of Washington, Seattle

Hall TA. 1999. BioEdit：a user-friendly biological sequence alignment editor and analysis program for Windows 95/98/NT. Nucl Acids Symp Ser, 41：95～98

Higgins DG, Thompson JD, and Gibson TJ. 1996. Using CLUSTAL for multiple sequence alignments. Methods Enzymol, 266：383～402

Leipe DD, Gunderson JH, Nerad Ta et al. 1993. Small subunit ribosomal RNA of *Hexamita inflata* and the quest for the first branch in the eukaryotic tree. Mol Biochem Parasitol, 59：41～48

Li WH. 1997. Molecular evolution (Sunderland, MA：Sinauer Associates)

Lipman DJ, Pearson WR. 1985. Rapid and sensitive protein similarity searches. Science, 227：1435～1441

Kumar S, Tamura K, Nei M. 1994. MEGA：molecular evolutionary genetics analysis software for microcomputers. Comput Appl Biosci, 10：189～191

Maddison WP, Maddison DR. 1992. MacClade：analysis of phylogeny and character evolution. Version 3.0. Sunderland, MA：Sinauer Associates

Neuwald AF, Liu JS, Lipman DJ et al. 1997. Extracting protein alignment models from the sequence database. Nucleic Acids Res, 25 (9)：1665～1677

Olsen GJ, Matsuda H, Hagstrom R et al. 1994. FastDNAml：a tool for construction of phylogenetic trees of DNA sequences using maximum likelihood. Comput Appl Biosci, 10：41

Pearson WR, Lipman DJ. 1988. Improved tools for biological sequence comparison. Proc Natl Acad Sci USA, 85 (8): 2444~2448

Rzhetsky A, and Nei M. 1994. METREE: A program package for inferring and testing minimum-evolution tree. Comput Apl Biosci, 10: 409~412

Steel MA, Hendy MD, Penny D. 1988. Loss of information in genetic distances. Nature, 336 (6195): 118

Swofford DL. 1990. PAUP. Phylogenetic analysis using parsimony. Version 3.0. Computer program distributed by the Illinois Natural History Survey, Champaign, IL

Swofford DL, Olsen GJ, Waddell Pj et al. 1996. Phylogenetic inference. In: Hillis DM, Moritz C, Mable BK Ed. Molecular systematics. sunderland, MA: Sinauer Associates. 407~514

Tatusov R, Altschul S, Koonin E. 1994. Detection of conserved segments in proteins: Iterative scanning of sequence databases with alighment blocks. Proc Natl Acad Sci USA, 91: 12091~12095

Tatusov RL, Natale DA, Garkavtsev IV et al. 2001. The COG database: new developments in phylogenetic classification of proteins from complete genomes. Nucleic Acids Res, 29 (1): 22~28

Wilbur WJ, Lipman DJ. 1983. Rapid similarty searches of nucleic acid and protein data banks. Proc Natl Acad Sci USA, 80: 726~730

Wootton JC, Federhen S. 1993. Statistics of local complexity in amino acid sequences and sequence databases. Comput Chem, 17: 149~163

Wootton JC, Federhen S. 1996. Analysis of compositionally biased regions in sequence databases. Methods Enzymol, 266: 554~571

Yang Z. 1997. PAML: a program package for phylogenetic analysis by maximum likelihood. CABIOS, 13: 555~556

Yang Z. 2000. Phylogenetic amalysis by maximum likelihood (PAML). Version 3.0

第五章

生物信息学与基因芯片

生物信息学和基因芯片是生命科学研究领域中的两种新方法和新技术，生物信息学与基因芯片密切相关，生物信息学促进了基因芯片的研究与应用，而基因芯片则丰富了生物信息学的研究内容。

生物系统通过存储、复制、修改、解读遗传信息和执行遗传指令进行特定的生命活动，产生生物进化。从信息学的角度来看，生物分子是生物信息的载体，如 DNA 序列存储对蛋白质序列的编码信息，蛋白质序列决定蛋白质在生物体中的结构，而蛋白质结构又决定了蛋白质的功能。归根到底，DNA 序列包含了最基本的生物信息，生命的信息存贮在 A、T、C、G 这 4 个字符所组成的 DNA 序列中。基因芯片是一种提取生物分子信息的有力工具，通过基因芯片可大规模并行提取 DNA 或 RNA 信息。对基因芯片所获取的信息进行分析和处理，可以发现信息之间的关系，挖掘隐含的生物学知识。

一、概 述

(一) 基因芯片简介

对于分子生物学、生物医学的研究来说，一个基本的前提是 DNA 序列的测定和分析。在对传统 DNA 测序方法和序列分析方法进行改进的过程中，以基因芯片为代表的生物芯片技术应运而生。生物芯片技术将生命科学研究中所涉及的许多不连续的分析过程，如样品制备、化学反应和分析检测等，通过采用微电子、微机械等工艺集成到芯片中，使之连续化、集成化和微型化。基因芯片技术的成熟和应用将在新世纪里给遗传研究、疾病诊断和治疗、新药发现和环境保护等生命科学相关领域带来一场革命，将在后基因组研究中发挥突出的作用。

1. 基因芯片的基本原理及生物信息学的作用

基因芯片 (gene chip)，又称 DNA 微阵列 (DNA microarray)，是由大量 DNA 或寡核苷酸探针密集排列所形成的探针阵列，其工作的基本原理是通过杂交检测信息。在生命体中基因信息的阅读、存储、复制、转录和翻译均通过分子识别的规则来进行，对于核酸，可通过碱基互补匹配识别一个核酸分子的序列。应用已知序列的核酸探针和样品进行杂交,对未知核酸序列进行检测,是分子生物学中常用的研究手段之一。基因芯片把大量已知序列探针集成在同一个基片上,经过标记的若干靶核酸序列通过与芯片特定位置上的探针杂交,便可根据碱基互补匹配的原理确定靶基因的序列。通过处理和分析基因芯片杂交检测图像,可以对生物细胞或组织中大量的基因信息进行分析(Ramsay, 1998)。基因芯片能够在同一时间内分析大量的基因,实现生物基因信息的大规模检测(Cheng et al.,1996; Marshall & Hodgson, 1998)。

根据探针的类型和长度,基因芯片可分为两类。其中一类是长探针(>100 mer)芯片,这类芯片的探针往往是 PCR 的产物,通过点样方法将探针固定在芯片上,主要用于基因的表达分析。另一类是短探针芯片,其探针长度为 20 mer 左右,一般通过原位合成方法得到,这类芯片既可用于基因的表达监控,也可以用于核酸序列分析。

基因芯片是分子生物学和微电子学及信息学相互结合所形成的新型技术,其核心在于大规模并行提取 DNA 或 RNA 信息,基因芯片为进行 DNA 序列分析和基因表达分析提供了一种强有力的工具。基因芯片的重要性可以与 20 世纪 50 年代把单个晶体管组装成集成电路芯片相比,基因芯片技术将会对 21 世纪生命科学和医学的发展产生无法估计的影响(Chee et al., 1996; Stipp, 1997)。

基因芯片的相关技术包括:基因芯片设计,基因芯片制备,靶基因的制备、杂交和检测,检测结果分析等。如图 5.1 所示,首先提出基因芯片所要解决的问题,确定研究目标,例如,研究基因单核苷酸多态性,检测或分析 DNA 的变异,或者通过表达谱的差异寻找功能基因等。根据我们所要解决的问题,选择一组特定基因对象。其次,根据所选择的基因序列,设计探针阵列,确定每个探针以及探针在芯片上的排布。然后根据设计结果制备基因芯片,制备方法大致可以分为点样法和在片合成法。接下来进行杂交实验。在对基因芯片进行杂交之前,要同时对大量不同的基因片段进行扩增和标记,而在杂交实验之后对基因芯片杂交结果进行检测,目前主要用荧光标记方法。最后根据获得的荧光谱图,进行数据处理分析,报告检测结果,并将相应的数据存入数据库。

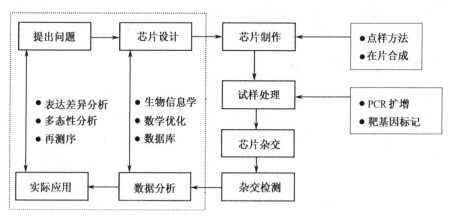

图 5.1 基因芯片的相关技术示意图。

随着基因芯片需求和应用的不断增长,基因芯片及其相关的研究内容将会越来越丰富,可以预期,基因芯片或生物芯片不久将会形成一门独立的学科。生物信息学是分析处理生物分子信息、揭示生物分子信息内涵的一种技术（孙啸，1998），它在基因芯片研究与应用中起着重要的作用。从确定基因芯片检测对象到基因芯片设计，从芯片检测结果分析到实验数据管理和信息挖掘，无不需要生物信息学的支持和帮助。图5.1中的虚框表明了生物信息学在基因芯片研究与应用中的作用范围。

2. 基因芯片制备

基因芯片的制备主要有两种基本方法，一是在片合成法，另一种方法是点样法。

在片合成法是基于组合化学的合成原理，它通过一组定位模板来决定基片表面上不同化学单体的偶联位点和次序。在片合成法制备DNA芯片的关键是高空间分辨率的模板定位技术和固相合成化学技术的精巧结合。目前，已有多种模板技术用于基因芯片的在片合成，如光去保护并行合成法（Fodor et al., 1991）、光刻胶保护合成法（McGall et al., 1996）、微流体模板固相合成技术（Maskos & Southern, 1993；陆祖宏等，1999）、分子印章多次压印原位合成的方法、喷印合成法（Therialt et al., 1999）。在片合成法可以发挥微细加工技术的优势，很适合制作大规模DNA探针阵列芯片，实现高密度芯片的标准化和规模化生产。美国Affymetrix公司制备的基因芯片产品在1.28cm×1.28cm表面上可包含30万个20～25 mer寡核苷酸探针，每个探针单元的大小为$10\mu m\times 10\mu m$。其实验室芯片的阵列数已超过到100万个探针（Lipshutz et al., 1999）。

基因芯片点样法首先按常规方法制备cDNA（或寡核苷酸）探针库，然后通过特殊的针头和微喷头，分别把不同的探针溶液，逐点分配在玻璃、尼龙或者其他固相基底表面上不同位点，并通过物理和化学的结合使探针被固定于芯片的相应位点。这种方式较灵活，探针片段可来自多个途径，除了可使用寡聚核苷酸探针，也可使用较长的基因片段（Proudnikov et al., 1998）以及核酸类似物探针（如PNA等）。探针制备方法可以用常规DNA探针合成方法，或PCR扩增的cDNA、EST文库等。固定的方式也多种多样。点样法的优越性在于可以充分利用原有的合成寡核苷酸的方法和仪器或cDNA探针库，探针的长度可以任意选择，且固定方法也比较成熟，灵活性大适合于研究单位根据需要自行制备科研型基因芯片，制作点阵规模较小的商品基因芯片。

3. 靶基因样品的制备及芯片杂交

根据基因芯片的检测目的不同，可以把样品制备方法分为用于表达谱测量的mRNA样品制备和用于多态性（或突变）的基因样品的制备，由于这两种不同的基因芯片在探针设计上有较大的区别，靶基因的制备的实验方法也不完全一样.

与普通分子生物学实验一样，靶基因的制备需要运用常规手段从细胞和组织中提取模板分子。并在模板扩增过程中，对靶基因进行标记，但由于在基因芯片上一般包括了上千个不同的探针分子，因此，靶基因的扩增将根据基因芯片探针阵列设计的方式和研究的对象（如mRNA、DNA等）选择基因扩增及标记方法。

常规的分子杂交过程是，将待检测样品固定于滤膜上，与同位素标记的探针在一定杂交液及温度下进行杂交，一般均需要较长的时间（4～24小时）才能完成分子杂交过程，且一般每次只能检测为数不多的一个到几个探针。基因芯片将已知序列的DNA探针，固化于玻璃等基片的表面，而将待检测样品进行标记并与微集成阵列进行杂交。这种方式不仅使得检测过程平行化,可以同时检测成百上千的基因序列,而且由于集成的显微化,使得杂交所需的探针及待检测样品均大为减少,杂交时间明显缩短,一般的分子杂交过程可在 30 分钟内完成。

美国 Nanogen 公司近来报告了一种通过交变电磁场,使分子杂交速度显著提高的新方法。这种技术的原理是利用核酸分子所带的强负电荷,通过快速反转电场的正负极,驱使待检测分子与探针分子间的快速结合与分离。通过控制电场的强度,使完全杂交的特异性核酸分子通过氢键的结合而保留在阵列的表面,不完全杂交或非特异性结合的片段,在正电场的作用下,与靶探针分离,从而达到检测特异性基因的目的。据称,采用这种新方式,分子杂交速度可缩短至 1 分钟甚至数秒种。Nanogen 目前 DNA 阵列的集成度虽比较低,每平方厘米集成的点阵数不足百个,但该阵列杂交过程中采用的新颖杂交方式,使其应用前景大为拓宽。

4. 杂交信号检测

经荧光样品杂交后的芯片,荧光信号可经过荧光显微镜、激光共聚焦显微镜或激光扫描仪进行信号的收集。收集后的信号,经过计算机处理,并与探针阵列的位点进行比较,可得出杂交的检测结果。

Wang 等 (Wang et al., 1998) 将 DNA 探针显微集成在半导体传感器点阵元件上,直接利用生物传感技术,把杂交信号变为电子信号,实现信号的计算机直接收集与处理,使芯片的应用更为简化和实用。

(二) 基因芯片对于生物分子信息检测的作用和意义

基因芯片技术以其可同时、快速、准确地分析大量基因组信息的特点在诸多领域得到应用。在生命科学领域中,基因芯片为分子生物学、生物医学等研究提供了强有力的手段。利用基因芯片技术,可研究生命体系中不同部位、不同生长发育阶段的基因表达,比较不同个体或物种之间的基因表达,比较正常和疾病状态下基因及其表达的差异。基因芯片技术也有助于研究不同层次的多基因协同作用的生命过程,发现新的基因功能,研究生物体在进化、发育、遗传过程中的规律。基因芯片技术的发展将大力推进包括人类基因组计划和人类后基因组计划在内的各类基因组研究,它使生命科学的研究从单个基因、孤立地研究发展到多基因、基因组整体性研究的崭新阶段。

基因组序列的规模和组成决定生物体的形态和功能,一般而言,基因组的复杂性与生物体的复杂性成正比,相对简单的基因组,如细菌,其基因组规模为几百万个碱基对,而哺乳类的基因组较大,如人类基因组的规模约 30 亿对碱基。按照人类基因组计划,到 2003 年将完成人类所有 DNA 序列(30 亿对碱基,约 3 万个基因)的测序任务,人类基因组草图已于 2000 年 6 月绘制成功。得到原始的 DNA 序列仅仅是基因组研究的第一步,要完全掌握基因组信息的内涵,还必须深入了解 DNA 序列的含义,认识编码区域和非编码区域,研究序列的多态性变化,把握 RNA 表达的时空规律以及正常状态和疾病状态下的表达差异。深入了解基因组序列、生物分子功能以及有机体表型之间的关系,将使得人们从分子水平上认识生命的过程。

基因芯片应用主要分为两大类，一是用于研究基因型，一是用于监控RNA表达。从本质上来讲，前者实际上是利用基因芯片进行序列分析，其中包括识别DNA序列的突变和研究DNA的多态性；而后者则是利用基因芯片研究基因的功能。

当人类基因组计划即将完成时，人们逐步关注不同人群、正常与疾病状态下DNA序列的变化。DNA序列的变化是有机体种属之间存在差异或种属内存在差异的根本原因，也是影响有机体正常状态和疾病状态的关键因素。对这些基因型差异进行定位、识别以及分类有着重要的意义，这是研究基因型变化与表型变化关系的第一步，是有针对性地预防和治疗疾病的基础。单核苷酸多态性（SNP）是人类基因组中最常见的一种变化。

获得一个基因的序列之后，下一个问题自然就是：该基因产品的作用是什么？为了了解一个基因的功能，必须知道该基因在什么时间、什么地方表达，其表达所需要的环境条件是什么？也就是要知道该基因所对应的mRNA产生的时间和环境条件以及mRNA的数量。这些问题是针对单个基因而言的，然而任何一种生理现象都是多个基因协同作用的结果。为全面认识生命现象，还必须了解各个基因之间的关系，了解它们是如何协同作用的。要回答这些问题，就需要对基因进行表达水平的监控，而高密度基因芯片由于可同时检测成千上万个基因，非常适合用于上述方面的研究。

随着分子生物学的发展，我们将进一步认识和了解疾病。对于复杂的疾病，由于存在着许多影响因素，如不同细胞类型、特定细胞中的基因表达等，用一般技术难以全面了解这些相关信息，而基因芯片作为一种大规模并行序列分析技术，将有利于深入了解基因，积极推动医学诊断技术的发展，大大提高医学遗传检测的能力和遗传研究的水平（Wallace，1997；Renu et al.，1999）。

生物医学研究表明，人类大多数疾病的发病机制从根本上来说都和基因有关。因此，基因芯片在医学应用上有着重要的意义，它可快速检测与疾病相关的基因及突变。基因芯片为在分子层次上进行基因诊断和基因治疗提供了依据。利用基因芯片可以分析基因与疾病（如癌症、传染病和遗传病）的相关性，使得我们可以深入地认识疾病产生的根源。基因芯片在医学诊断中最直接的应用就是检测与疾病相关的基因。

基因芯片不仅可以提高疾病诊断的科学性，而且对于治疗疾病也有着指导意义，我们可以根据与疾病相关基因的检测结果，制订有针对性的治疗方案。

基因芯片最令人振奋的应用是药物基因组学，这是生物医学中的一个介于药理学和基因组学的新领域。许多药物作用在蛋白质水平，阻断或改变蛋白质的功能。完整的基因组序列提供了所有可能的药物作用目标，而基因芯片可进行快速的、大规模的基因表达监控和序列分析，有利于促进新药发现过程。在毒理学研究方面，已经提出了毒理基因组学，即分离对人类和环境有害的有毒成分，以及通过基因组资源的应用来确定它们作用的机制。例如，应用DNA芯片同时检测上千条基因的表达水平，寻找到某些对毒物高度敏感的基因，有可能成为cDNA芯片的一种普通应用。

（三）基因芯片研究和应用中所涉及到的生物信息学问题

1. 基因芯片数据流图

对于高密度寡核苷酸探针的基因芯片，其数据流程图如图5.2所示。对于一个具体的基因芯片研究或应用而言，主要的信息学工作包括芯片设计、检测结果分析和数据的管理与应用。首先，基因芯片设计阶段的目标是通过核酸数据库查询和序列分析，确定基因芯片所要检测的目标对象，根据芯片具体的功能要求，采用特定的方法进行探针设计和布局，并进行芯片优化，将设计结果存放到数据库之中。然后根据芯片设计结果制备芯片，进行杂交实验。采集并处理芯片杂交后的荧光图像，结合数据库中的芯片描述（各探针的序列和探针在芯片上的位置）确定基因芯片检测结果，并对检测结果进行可靠性分析。最后，将经过处理的检测数据送入数据库，以便于今后的利用。

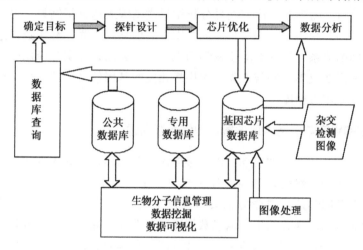

图5.2 基因芯片数据流图（孙啸等，2001）。

图中有一个综合模块，即"生物分子信息管理、数据挖掘和可视化"，其主要目的是将芯片所检测到的信息与已知的生物分子信息相结合，通过数据关联分析，发现数据之间的联系，挖掘隐含在数据中的新的生物学知识，并以直观理解的图形方式显示分析结果。

2. 生物信息学在基因芯片中的应用

基因芯片的作用是提取生物分子信息，但是提取什么信息、如何提取信息及如何处理和利用这些信息呢？这自然需要由生物信息学解决这些问题。与上面三个问题相对应，生物信息学在基因芯片中的应用主要体现在三个方面，即确定芯片检测目标、芯片设计和实验数据管理与分析。

确定基因芯片检测目标。利用生物信息学的方法，查询生物分子信息数据库，取得相应的DNA序列数据，通过序列对比分析，找出特征序列，作为芯片设计的参照序列。此外，通过数据库搜索，还可以得到关于序列突变的信息及其他信息。

芯片设计。芯片设计的目的在于：通过设计，提取更多的生物分子信息，并提高信息的可靠性。对于寡核苷酸芯片，根据参照序列设计探针，并将各个探针布局在芯片上。尽可能使最终芯片的荧光检测图像中完全互补杂交信号突出，提高基因芯片检测的可靠性。基因芯片设计的结果是形成芯片合成方案和步骤，产生制作掩膜板的描述。在芯片设计的不同阶段，都需要用到信息学中的优化方法，在探针设计方面，通过优化使芯片上的探针具有相近的杂交解链温度（孙啸等，2001）；在探针布局方面，将 AT/CG 含量相近的探针排布在芯片相邻的区域，而这种布局结果与杂交时施加在芯片上的温度场相对应；在掩膜板方面，通过优化减少制作芯片所需的掩膜板个数，以提高芯片制作效率。

实验数据管理和分析。对基因芯片杂交图像处理，给出实验结果，并运用生物信息学方法对实验结果进行可靠性分析，将实验结果及分析结果存放在数据库中，尽可能将基因芯片数据与公共数据库进行链接。数据分析有两个层次，一是局部的、具体的基因芯片实验结果分析，得到基因序列变异分析结果或基因表达分析结果。另外一个层次是全局分析，将基因芯片实验数据与公共数据库中的信息相关联，利用数据挖掘方法，揭示各种数据之间的关系，发现新的生物学知识。另一方面，在实际应用中，为了设计实用的芯片，往往需要收集一些与人类重大疾病相关的基因信息，建立为设计疾病检测基因芯片而服务的专用数据库。

3. 基因芯片中的研究与应用中所要解决的信息学问题

生物信息学现有的许多方法都可以直接应用于基因芯片，如序列比较方法、片段组装算法、聚类方法等。然而，基因芯片研究与应用又对生物信息学提出了许多新的问题。我们认为在基因芯片信息学方面要解决以下几个关键的问题。第一是芯片设计问题。探讨如何充分利用现有的生物信息数据库确定芯片检测对象，研究探针优化设计方法。第二是可靠性分析问题。目前基因芯片仅限于科学研究，尚没有推广应用，其关键在于基因芯片目前检测的可靠性还不高，因此在芯片设计时就要考虑到可靠性问题，尽可能通过设计提高芯片的信号噪声比，提高芯片的辨识能力。第三是数据挖掘问题。基因芯片所产生的数据相当多，并且与其他数据有关联，如何分析这些数据之间的关系、挖掘其中的知识，是一个十分重要的问题，而目前生物信息学中数据挖掘也是一个亟待发展的研究方向。

二、基因芯片设计及优化

（一）基因芯片设计的一般性原则

目前在基因芯片的制备、基因芯片杂交控制及杂交信号检测等方面已取得很大的进展，已研制出许多不同类型的基因芯片。然而要推广应用基因芯片技术，还需在基因芯片设计方面进行深入探讨。从基因芯片设计到探针的合成，从探针在芯片上的定位到探针与样本杂交，直到最终检测杂交信号并判断样本中是否含有特定的核苷酸序列，这是一个完整的系统过程，其中芯片设计是关键的一步，它影响基因芯片的制作和基因检测，最重要的是影响检测特定基因或目标核苷酸序列的可靠性。高密度寡核苷酸探针的基因芯片设计主要包括两个方面，即探针的设计和探针在芯片上的布局。前者是指如何选择芯片上的探针，后者指如何将探针排布在芯片上。

各种基因芯片的功能不同，制备芯片所采用的技术也不同，因此相应的芯片设计方法、设计要求也有所不同，必须根据具体的芯片功能、芯片制备技术采用不同的设计方法。基因芯片两大不同应用是基因组规模的 DNA 变异分析和基因表达比较分析，从芯片设计方面来看，这两大类应用具有许多共同的要求，但在一些重要的方面却存在着很大的差异，必须在设计方面加以考虑。

但不管什么类型的基因芯片，一般在设计之前总是要明确芯片所要检测的目标对象，即芯片要检测哪些基因，检测哪些目标序列。在这一步，通常需要利用生物信息数据库，借助于数据库查询搜索，确定基因芯片所要检测的目标对象。如直接查询生物分子信息数据库 GenBank，取得相应的 DNA 或 mRNA 序列数据，作为基因芯片探针设计的参照目标序列。这种方法适用于再测序或研究基因多态性的芯片，根据参照序列设计一系列探针，以检测序列每个位置上可能发生的变化。

若一个基因芯片的目标是检测分析大量特定的基因，则检测对象不需要是整个基因序列，只要检测能够代表该基因的一小段特征序列即可。所谓特征序列就是一段高度特异的序列，独一无二，它代表一个基因。从一个给定的序列中任选一段并不一定是特异的序列片段，因为序列之间可能存在着相似性，必须通过数据库的序列搜索比较，才能确定一段序列是否是特异的。在这种情况下，首先从核酸数据库中取得基因序列，然后通过序列比对分析，找出其特征序列，作为探针设计的参照序列。序列比对分析是生物信息学中最常用的方法，可以直接利用现有的软件。上述确定目标序列的方法多用于基因检测型芯片或基因表达型芯片。

提取特征片段需要用到序列的两两比较，与其相对应，在有些情况下需要利用多重序列比对技术，以便找出共同的保守序列，作为基因芯片设计的参考序列。

在设计用于表达分析的基因芯片时，常用到表达序列标记 EST。由于 EST 是基因的子序列，首先必须知道众多的 EST 序列究竟包含那些基因。这需要对 EST 片段进行聚类分析，在每一类中选择一条参考序列作为寡核苷酸探针的设计依据。

确定了芯片所要检测的目标序列之后，下一步的任务就是根据目标序列设计探针并进行探针的布局。对于不同功能的芯片其探针设计方法不尽相同，同时需要应用分子生物学专家的设计经验，但是不同的设计方法都遵循基本的设计准则。在进行探针设计和布局时必须考虑以下几个方面：

① 互补性：探针与待检测的目标序列片段互补；
② 敏感性和特异性：既有较高的敏感性，也有较高的特异性，要求探针仅对特定目标序列敏感，而对其他序列不产生杂交信号；
③ 容错性：通过探针设计，提高基因芯片检测的容错性，常用的方法是采用冗余探针；
④ 可靠性：通过探针设计，提高基因芯片检测的可靠性；
⑤ 可控性：在基因芯片上设置质量监控探针，以便于监控基因芯片产品的质量；
⑥ 可读性：通过探针布局，使得最终的杂交检测图像便于观察理解，如将检测相

关基因的探针放在芯片上相邻的区域。

此外，在基因芯片的杂交检测过程中，核酸分子间的相互作用是一个基本问题（Southern et al., 1999），在进行基因芯片设计时必须考虑分子间的相互作用，尤其是在探针设计时需要考虑分子内部或分子间存在的一些特殊结构，如探针或目标序列中的发夹结构影响杂交，使杂交结果难以预测。

（二）DNA 变异检测型芯片与基因表达型芯片的设计

对于 DNA 序列变异分析，最基本的要求是能够检测出发生变异的位置，进一步的要求是能够发现发生了什么样的变化。变异分析侧重要求探针和目标形成复合的反应能够辨别单碱基错配，当探针比较短时，这种辨别能力强。从杂交的单碱基错配辨别能力来看，当错配出现在探针中心时，辨别能力强，而当错配出现在探针两端时，辨别能力非常弱。所以，在设计检测 DNA 序列变异的探针时，检测变化点应该对应于探针的中心，以得到最大的分辨率。

在测量基因表达水平时，这种辨别能力并非十分重要，重要的是能够对基因表达水平进行定量测量，并使得芯片能够在一次芯片杂交实验中对上千条不同基因的表达进行定量的检测，或同时比较多个样品（如在不同组织，在不同发育和病理阶段，或在不同环境刺激下）表达的差异，或通过探针布局优化，把同一或相近分子路径的相关基因组合在一起，使人们可直观地从杂交图像上获取生命体中基因表达的关系，或便于进行相关性分析。

（三）cDNA 芯片与寡核苷酸芯片的设计

cDNA 芯片的设计主要是选择点样在芯片上的探针，这些探针序列可以直接取自 GenBank（http://www.ncbi.nlm.nih.gov/Genbank/index.html）、dbEST（http://www.ncbi.nlm.nih.gov/dbEST/index.html）、UniGene（http://www.ncbi.nlm.nih.gov/UniGene/index.html）等数据库，也可以选用 cDNA 文库或 EST 文库。用于研究高等真核生物的芯片一般用 EST，而对于酵母及原核生物，则通过特定引物扩增基因组 DNA 来产生探针（Bowtell, 1999）。数据库 UniGene 是一个很好的信息模型，能够帮助选择克隆和评价表达图谱，它包含关于特定基因功能、基因组定位及克隆的信息。

cDNA 芯片设计的关键在于数据库的建立和数据库信息的利用以及各种文库的建立。cDNA 芯片制备方法一般采用点样法，多用于基因表达的监控和分析。

对于寡核苷酸芯片，首先要对初步的目标序列进行筛选，确定最终的检测目标，作为设计寡核苷酸探针的参考序列。假如设计的是检测类型的芯片，则只需要从各个目标序列中挑选一个具有代表性的特征片段；而如果所设计的芯片是用于单碱基多态性分析研究的，则需要全部的序列。因为序列之间可能存在着同源性，必须通过数据库的序列同源性搜索比较，才能确定一段序列是否是特异的。生物信息学中常用的搜索算法有 FAST（http://biochem.otago.ac.nz:800/swdoc/fasta_doc.html）和 BLAST（http://www.ncbi.nlm.nih.gov/BLAST/）。如果是根据表达序列标记 EST 来设计寡核苷酸芯片，则首先将各 EST 片段进行聚类，从而优化设计，精简基因芯片上探针的数目。

寡核苷酸芯片制备一般采用在片合成方法。优化是寡核苷酸芯片设计的一个重要环节，包括探针的优化和整个芯片设计结果的优化。基因芯片设计结果优化的目标是减少制作芯片所需要的掩膜板个数及精简探针合成环节。下面着重介绍寡核苷酸芯片探针优化设计。

（四）寡核苷酸探针的优化设计

基因芯片检测的根本原理是 DNA 的解链与再复合，而解链温度 T_m 值依赖于序列的 GC 含量和盐离子浓度，再复合的速率则依赖于序列的复杂程度。就杂交结合而言，A/T 碱基对的稳定性比 G/C 小，对于短的寡核苷酸这种差别特别明显，探针的长度相同但 T_m 值可能相差很大，粗略的规则是增加一对 A/T 将使 T_m 值增加 2 ℃，而增加一对 G/C 将使 T_m 值增加 4 ℃。许多杂交实验还表明杂交结果不仅与 GC 含量有关，而且还与 GC 在序列上的分布位置有关，例如，寡核苷酸中间的错配对于复合物的形成有很大的影响，而在两端的错配则影响较小，后者难以通过杂交结果进行辨别。

影响基因芯片检测可靠性的一个关键因素就是待测序列与探针的碱基杂交错配，而碱基杂交错配又是由于各探针具有不同的杂交解链温度所引起的。如果各探针的杂交解链温度不一致，则容易造成在某一给定条件下探针与待测序列杂交出现碱基错配，从而显示错误的杂交信号，导致基因芯片检测的困难和误判断。

将杂交体的稀盐溶液加热到某个特定温度，双螺旋结构中氢键断裂，两条链分离。凡使 50% 杂交体分子发生变性分解的温度称为解链温度（T_m）(Chou et al., 1999)。如果同一芯片上各探针的 T_m 值保持接近，那么各探针所要求的杂交条件基本一致，在某一特定温度下，该芯片上的探针都可与互补序列较好地杂交，碱基错配现象也大大减少。

目前用于 DNA 序列变异研究的寡核苷酸探针设计方法主要是等长移位法。该方法按照目标序列从头到尾的顺序依次取一定长度的互补核苷酸序列作为探针，相邻探针序列之间覆盖的核苷酸数目恒定。这种设计方法的缺陷就是在同一芯片上所设计的探针杂交解链温度不一致，难以保证检测结果的可靠性。虽然已有人在基因芯片上采用变长变覆盖的探针，但还没有变长变覆盖探针的理论设计方法。我们通过分析现有基因芯片设计方法的不足，经过深入仔细地研究，认为必须在基因芯片设计理论中解决探针杂交解链温度不一致的问题，由此提出变长变覆盖探针的优化设计方法，以期提高基因芯片检测的可靠性。该方法的基本思想是通过动态调节各个探针的长度及探针之间的覆盖长度，使所设计的各个探针的杂交解链温度最大程度地保持一致，从而有效地减少碱基杂交错配，提高基因芯片检测结果的可靠性。

对于一个给定的目标序列，设计一个覆盖目标序列的最优探针集合，使该集合中各个探针的杂交解链温度最大程度地一致，并且各探针的长度及探针之间的覆盖长度满足一定的约束条件。必须强调，对于测序型芯片，探针集合必须完全覆盖目标序列，否则对于未覆盖到的部分将无法推测出其核酸序列，另外，各探针的长度及探针之间的覆盖长度应该大于一定的值，以保证由各个序列片段组装整个目标序列的可靠性。图 5.3 是变长变覆盖探针设计示意图。

```
目标序列：  ---TCACGCCATAAATCAAATAGGTTTGGTCCTAGCCT---
互补序列：  ---AGTGCGGTATTTAGTTTATCCAAACCAGGATCGGA---

第一探针：  AGTGCGGTATT
第二探针：      CGGTATTTAGTT
第三探针：          ATTTAGTTTATCC
第四探针：              TTTATCCAAACC
第五探针：                  AAACCAGGATC
第六探针：                      CAGGATCGGA
```

图5.3 变长变覆盖探针设计示意。

首先取目标序列的互补序列，表5.1说明了如何从序列的各位开始依次取不同长度的互补探针，从而产生一系列的候选探针。为了得到覆盖目标序列的最优探针集合，理应分析所有候选探针各种可能的组合。但是由于满足约束条件的探针集合非常多，从计算量来看，无法分析每种可能的组合，必须采用优化搜索策略。我们的策略是在进行候选探针的优化组合时，通过调节两个探针参数，即探针长度和相邻探针之间的覆盖长度，动态调节探针的杂交解链温度（即 T_m 值，探针的 T_m 值与探针长度和GC含量密切相关），并利用动态规划算法，优化组合候选探针，形成微阵列芯片上探针集合，使集合中各探针的杂交解链温度最大程度地一致。动态规划是一种在生物分子信息处理中常用的一种优化方法（Finkelstein & Roytberg, 1993），此方法用于在一个复杂的空间中寻找一条从起点到终点的最优路径。就探针设计而言，具体的优化方法如下：以各探针具有相近杂交解链温度作为优化目标，筛选并优化组合各候选探针，在优化组合时要求各探针的长度和相邻探针之间的交叠长度满足给定的约束条件。经过优化组合以后得到一组覆盖目标序列的探针。这里为探针集合定义一个代价函数 $f(S)$，其中 S 表示一个探针集合，$f(S)$ 的值就是探针集合内所有探针 T_m 值的均方差。优化的目标就是搜索一个探针集合 S，使 S 的代价函数值 $f(S)$ 最小。

表5.1 产生候选探针

目标序列：	$P'_1 P'_2 P'_3 \cdots P'_n P'_{n+1} \cdots P'_m P'_{m+1} \cdots$				
候选探针					
探针起始位置					
探针结束位置	1	2	3	$\cdots$	$m-n+1$
n	$P_1 P_2 \cdots P_n$				
$n+1$	$P_1 P_2 \cdots P_{n+1}$	$P_2 P_3 \cdots P_{n+1}$			
$n+2$	$P_1 P_2 \cdots P_{n+2}$	$P_2 P_3 \cdots P_{n+2}$	$P_3 P_4 \cdots P_{n+2}$		
$\cdots$	$\cdots$	$\cdots$	$\cdots$	$\cdots$	$\cdots$
m	$P_1 P_2 \cdots P_m$	$P_2 P_3 \cdots P_m$	$P_3 P_4 \cdots P_m$	P_{m-n+1}	$P_{m-n+2} \cdots P_m$

优化探针设计算法从目标序列前端开始，逐步求到达各位点的局部最优探针集合，该过程推进到序列末端时即得到全局最优探针集合。假设当前到达目标序列的某一位点

P，其前面各位点所对应的局部最优探针集合已知。产生若干个满足约束条件的待选探针集合，这些待选探针集合是由前面若干个局部最优探针集合加上一个以当前点 P 为末端的新探针而得到，而到达当前点的局部最优探针集合就是这些待选集合中代价函数值最小的一个。按照递推方式可根据前面阶段各部分的局部最优探针集合计算出当前位点对应的局部最优探针集合。假设探针的最短长度为 n，那么对于目标序列前 $n-1$ 个位点，其相应的局部最优探针集合为空（递推初始化条件）。在本算法中，计算各位点局部最优解是在一定的初始条件下进行的正向计算的过程，而求解最优探针集合则是一个沿目标序列反向求解的过程。

上述是变长变覆盖探针优化设计的基本方法，根据该方法，可以设计出检测一条目标核苷酸序列的基因芯片探针集合，并且各探针的杂交解链温度 T_m 一致。对于高密度基因芯片，往往需要同时检测多个目标序列。下面是检测多个目标序列的一般探针优化设计方法，该方法可以使整个芯片上所有探针的 T_m 值相近。

首先根据前面介绍的基本方法设计检测第一个目标序列的探针集合 S_1，然后顺序处理其他目标序列，依此得到对应的探针集合 S_i。在处理第 $i+1$（$i=1,2,\ldots,n-1$，n 是目标序列个数）个目标序列时，已经得到 S_1、S_2、...、S_i，计算 S_1、S_2... 和 S_i 中所有探针 T_m 的平均值 T_{avg}。这样对第 $i+1$ 个目标序列进行探针优化设计时，以各探针的 T_m 值与 T_{avg} 的均方差替代原来的代价函数 $f(S)$；经过优化设计以后得到探针集合 S_{i+1}。该过程一直进行到求出 S_n 为止。最后，S_1、S_2、...、S_n 就是所要设计的探针集合，将各集合中的探针按一定规律分区排布在基因芯片上。

（五）基因芯片的优化

高密度寡核苷酸芯片设计的结果是形成芯片合成方案和步骤，产生制作掩膜板的 CAD 文件。高密度基因芯片制备的一个关键是掩膜板技术，利用掩膜板进行定位并控制探针的在片合成，从而得到很高的探针密度。但是制作掩膜板的代价较高，为了尽可能地提高基因芯片制备效率，需要对设计好的基因芯片进行优化，以减少制备芯片所需要的掩膜板个数，同时也减少芯片探针循环合成次数，这对于基因芯片应用有着重要的意义。

用原位合成技术进行探针合成时，一般采用逐层处理方式，从芯片的最底层开始，逐步并行地合成各个探针。而在每一层顺序处理 A、T、G、C 四个碱基，各用一块模板进行定位，以便在芯片上对应位置准确地合成上新的碱基。模板是根据探针每一层碱基的分布情况来设计的。假设基因芯片上探针长度为 l，则需要 $4 \times l$ 块模板。经过分析，可以得知，上述的每一个模板都是稀疏的，完全可对相邻层的模板进行归并，以压缩模板的数量。

三、基于芯片的序列分析

（一）测定未知序列

早期基于芯片杂交的序列分析实验中，芯片上的探针是长度为 N（一般为8）的所有寡核苷酸的组合，见图 5.4。这是一种完备的探针集合，从理论上讲，根据互补关系，可用这种通用芯片检测未知序列信息（所以又称通用测序型芯片），但是由于存在不完全杂交，同时目标序列中有可能存在重复的短序列，在进行序列组装时存在许多问题，所以目前尚未见用基因芯片进行大规模测序的报道。

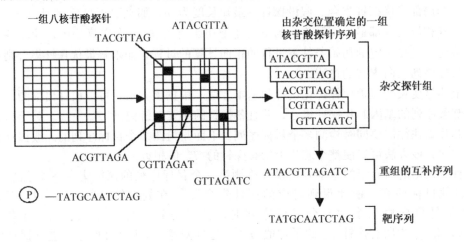

图 5.4 基因芯片的测序原理图 (Wallraff et al., 1997)。

从特异性的要求来看，希望探针能够再长一点，但是探针长度增加以后，完备探针集合迅速膨胀，无法容纳在一块或几块芯片上。假如探针长度为 20，则完备集合中的探针数目将等于 4^{20}（约为一万亿）。一种变通的方法是根据一些参考序列，从完备集合中选出合适的探针，从而大大减少最终芯片上探针的数量。再一种方法是选择具有相似组成的探针，即 GC 含量相近，但分布位置不一样，这些探针高度特异，但亲和力近似相同 (Lipshutz et al., 1999)。

（二）直接检测目标序列

在同一块芯片上设计多组探针，每一组探针分别检测一条目标序列，探针的长度在 20～30 之间。一般要求同一组探针之间相互独立，尽可能不重叠或少重叠，以提高探针的敏感性和特异性。

这里的关键是探针冗余，这并不是说在基因芯片的不同位置固定相同的探针，而是同一组内的探针检测同一个目标序列的不同区域，这些相对独立的探针大大提高了芯片检测结果的信号噪声比，同时也提高了定量检测目标的精确程度。

（三）DNA 序列突变检测分析

分子生物学研究人员已经知道一些与疾病相关的突变点，如 RAS、P53 等基因的突变。在医学检测中，如果能够很方便地检测这些突变，则可运用于相应的疾病诊断。

有两种方法可以进行已知突变点的分析。一种方法是对于目标序列上已知的突变点，以该点为中心，从目标序列选取一个片段，作为设计探针的参考序列。根据参考序列，分别设计四个高度特异的探针，这四个探针除中心位置外均相同并与参考序列互补，而中心位置分别为碱基 A、G、C、T 的四种替换，如图 5.5（a）所示。这种方法简单，但是由于对特定突变只有一个检测探针，其可靠性难以保证。

```
        GATGCTGAGGAG          GATAAGATGCTGAGGAGGGGCCA        ← 目标序列
        ------------          -----------------------
        CTACGAATCCTC                CTCCTCCCCGGT             ← 探针
        CTACGAGTCCTC                ACTCCTCCCCGG
        CTACGACTCCTC                GACTCCTCCCCG
        CTACGATTCCTC                CGACTCCTCCCC
                                    ACGACTCCTCCC
                                    TACGACTCCTCC
                                    CTACGACTCCTC
                                    TCTACGACTCCT
                                    TTCTACGACTCC
                                    ATTCTACGACTC
                                    TATTCTACGACT
                                    CTATTCTACGAC
             (a)                         (b)
```

图 5.5 检测突变点。(a) 单探针设计；(b) 多探针设计。

另一种方法是对于目标序列上已知的突变点，分别设计四组探针，其中每一组探针分别检测一种核苷酸替换，图 5.5（b）列出了其中的一组探针。同一组中的各个探针长度相同，相互之间交叠，并且每个探针均覆盖对应的突变点。因为对于每一种突变，有一组检测探针，故最终检测结果具有较高的可靠性。

（四）SNP 分析

同一物种的不同个体基因组约有 99.9% 相同，正是 0.1% 的不同才体现了个体的差异或多样性（Aravinda，1999；Hacia，1999）。单核苷酸多态性（SNP）是指基因组内特定核苷酸位置上存在两种不同的碱基，其中最小一种在群体中的频率不小于 1%。SNP 通常只是 1 种二等位基因的，或二态的遗传变异。如果在蛋白质编码区域中有一个碱基变化，则可能改变蛋白质序列，由此改变基因产物的生物活性。人类基因组中约有 3% 是编码序列，如果 0.1% 序列变化中有 1% 改变蛋白质的功能，那么每个人可能有 900 个基因产物不同（Schena & Davis，1999）。研究 DNA 序列的变化是研究生物类进化历程、种族关系、疾病产生原因的基础。

在人类基因组中估计碱基的变异频率在 0.5‰～10‰ 之间。如果假定 1/1000 的碱基是多态的话，那么人类 30 亿碱基中应有约 300 万 SNP 位点。目前的 SNP 计划希望首先鉴别出已知基因的 cSNP，然后在 5 年内制作出拥有 10 万个 cSNP 的基因组，以满足比较均质群体中的关联分析和其他研究的需要。

为了进行 SNP 研究，发现目标序列上可能出现的变化，最直接的方法就是根据已知的目标序列设计一系列寡核苷酸探针，其中每一个探针用于检测目标序列特定位置上的核苷酸是否发生变化，探察位置位于探针的中心。这种方法又称等长等覆盖移位法，所生成的探针称为野生型探针。如果目标序列特定位置没有出现核苷酸变化，那么对应的探针与目标序列片段完全互补，芯片上该探针所在的阵列单元将产生较强的荧光信号，否则由于探针中心存在碱基错配，将不产生荧光信号或荧光信号相对较弱。称这种方法为直接目标序列分析法（Hacia，1999）。

假设目标序列的长度为 N，则需要 N 个探针，如果需要同时检测正反两条链，则需要 $2N$ 个探针。各个探针之间相互覆盖，对于目标序列上的某一点，有一个主要的探针监视该点，同时还有多个其他的探针覆盖该点，因而具有较高的容错性。当然，这种方法有一个明显的弱点，即虽然能检测出发生变化的位置，但是无法知道究竟发生了什么样的变化。

第二种方法为单核苷酸分析法。针对目标序列每个位置上所有可能出现的变化设计相应的探针。若是检测核苷酸替换，则对于每个位置设计分别检测 A、T、C、G 替换的四个探针，而所有探针的数目为 $4N$。将该方法与前面介绍的直接目标序列分析法相结合，探察目标序列的每个位置一共有 5 个探针（其中两个相同），将这些探针布局在芯片同一列上，其中检测目标序列的野生型探针在 W 行，而其他 4 个探针分别位于 A 行、C 行、G 行和 T 行（如图 5.6 所示）。用这种方式设计的芯片可同时检测目标序列及其序列变化。

对于目标序列上某个待探察的位置，可以设计一个探针检测对应位置单核苷酸的缺失。检测所有单核苷酸的缺失的探针数目一共为 N，若要检测所有长度小于等于 k 的核苷酸的缺失，则需要 kN 个探针。同样，也可以设计检测核苷酸插入的变化，但是所需要的探针数随插入的长度急剧增加，检测所有单核苷酸插入的探针数为 $4N$，而检测所有长度等于 k 的核苷酸插入，需要的探针数为 4^kN。

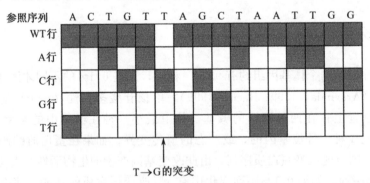

图 5.6 单核苷酸分析目标序列的杂交模式图。

由于检测多个核苷酸插入所需要的探针数呈指数级增长，在实际应用中，一般最多只检测单个核苷酸的插入。一种可能的变通方法是将上述方法与通用的测序型芯片结合起来，利用通用探针检测多核苷酸的插入（Hacia，1999）。

基于芯片突变分析的最大作用就是检测我们所感兴趣的序列变化，一旦了解了等位基因，就可以同时检测许多不同样本中等位基因的信息。然而探查所有可能的序列变化则相对比较困难。与其他突变筛选技术相似，基因芯片技术对于检测纯合子碱基变化特别敏感。虽然可以将寡核苷酸芯片用于筛选杂合突变，但是必须在目前的基础上提高检测精度。

研究结果表明，基因芯片技术和常规方法相比较，在基因组突变和多态性检测方面，具有较为明显的优势（Lander，1999）。文献（Yershov et al.，1996）采用 10 mer 阵列，检测了 β 地中海贫血患者的血液细胞，结果可清楚地显示在 β 珠蛋白基因中存在的 3 个明确的突变位点。这是基因芯片应用于基因诊断的实际例子。Hacia 等（Hacia et al.，1998）采用一含有 96 000 个合成寡聚探针的微集阵列，研究了乳腺癌相关的 BRCAI 基因和卵巢癌相关癌基因可能发生的杂合子突变。采用双色荧光法，分别标记待检测样品与对照样品，他们研究了 15 个病人的基因型，结果证明，这些病人的 BRCAI 基因中，存在有不同程度点突变的发生。

四、基于芯片的基因功能分析

（一）基因表达分析

目前，大部分基于芯片的研究主要是监控基因表达水平，获得基因表达图谱。基因表达是根据基因的 DNA 模板进行 mRNA 和蛋白质合成的过程。许多研究小组已发表了大量的利用基因芯片进行基因转录和表达图谱的研究结果。这些数据对于人们研究和探讨基因调控以及基因应答机制，将会起到重要的作用。基因芯片能够研究基因调控网络及其机制，揭示不同层次多基因协同作用的生命过程。表达型基因芯片将在研究人类重大疾病如癌症、心血管病等相关基因及作用机理方面发挥巨大的作用。

（二）高密度基因表达芯片

寡核苷酸芯片既可用于 DNA 序列变异分析，也可以用于基因表达分析。在设计用于表达分析的寡核苷酸探针方面，仅利用序列信息设计探针，而无需克隆、PCR 产物、cDNA 等。关键是设计多组探针以监控多个基因的表达水平，并且使同一块芯片所能监控的基因越多越好。一般用基因、cDNA 或 EST 序列作为设计的参考序列，其长度至少超过 200 个碱基。所设计的探针长度在 20～30 之间，但要求探针之间相互独立，尽可能不重叠或少重叠，以提高探针的敏感性和特异性（Lipshutz et al.，1999）。图 5.7 给出了一种表达型基因芯片设计的实例。通过比较完成匹配探针与单碱基失配参考探针的荧光强度，可提高准确性，扩大测量的动态范围，实现定量化检测。

该设计方法的关键是探针冗余，用不同的探针检测同一个目标序列的不同区域，这提高了信号噪声比，同时也提高了定量检测目标的精确程度。另一种冗余来自于错配检测探针，所谓错配检测探针与正常探针基本相同，仅仅是探针的中心位置有一个碱基替换，这种探针用来辨别完全匹配与非完全匹配。

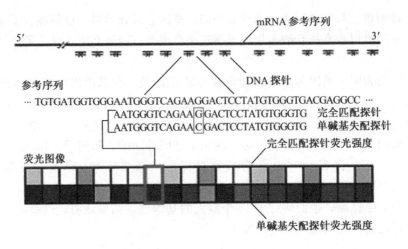

图 5.7 表达型基因芯片的设计（Lipshutz et al., 1999）。

（三）基因表达图谱

基因芯片所遇到的挑战并不在于表达芯片本身，而是在于发展实验设计方法以对基因表达进行时空的全面探索，最大的挑战则是数据分析（Bellenson，1999）。基于芯片的表达监控实验产生大量的数据，在这些数据背后隐藏着丰富的信息，需要通过细致的数据分析揭示这些信息，得到有益的结果。

斯坦福大学的 Brown 研究小组应用自制的点样仪制备的酵母 cDNA 微探针基因芯片，对不同细胞周期和外界环境下全部酵母基因的表达图谱进行了检测（Brown & Botstein，1999）。酵母基因组中的大约 6220 个基因，他们把代表其中已知的全部 2473 个基因探针点样放置于基因芯片的相应位置，通过杂交技术，对酵母基因在不同的状态和条件下表达图谱进行了研究，获得了处于不同细胞周期状态的细胞、以及在热激和冷休克以及二硫苏糖醇 DTT（dithiothreitol）处理后细胞的表达图谱。根据获得的全部 79 张基因芯片表达图谱，以表格方式绘制出了新的酿酒酵母（*Saccharomyces cerevisiae*）的表达图谱，表格纵向代表 2473 条基因，基因排列的次序是根据遗传组装标法按照它们在表达图谱中的相似性来决定的。横栏代表每一个基因的转录水平。用红色代表高转录，而用绿色代表低转录，其色度分别代表转录水平的差别。这种根据基因芯片获得的新的表达图谱有别于以前的物理图和功能图，它能够更为直接地揭示基因组中各基因相互关系。

这一新的表达图谱较明显地反映了在不同的状态和条件下基因转录调控水平，可以从基因组转录效率来获得一组共同表达基因的调控信息。例如，酵母中大部分共同表达编码基因（如核糖体和核小体等）均十分精确，但蛋白质复合体（如糖酵解酶）的表达就不很精确。这首次获得调控基因和基因产物在物理相关性方面的信息，从而为寻找基因产物之间的物理和功能联系开辟了一条捷径。

（四）寻找基因功能

DeRisi 等（DeRisi et al.，1997）应用酵母 cDNA 基因芯片研究在有丝分裂和孢子状态下基因转录和表达水平的差异。他们发现有上千条基因在转录水平上发生了变化。其中大部分是首次发现与酵母的孢子状态有关。应用基因缺失技术将其中的三条基因去除后，进一步证明了当这些基因缺失变异后细胞失去了产生孢子的功能。

Affymetrix 公司制备的酵母基因表达型芯片，包括酵母基因组可读框中的 26 万个 25mer 探针阵列。Wodicka 等（Wodicka et al.，1997）采用这种基因芯片对不同生活状态下酵母细胞的基因表达进行了研究。他们发现，对于在营养丰富或贫乏的培养基中生长的酵母，90% 以上的酵母基因（包括结构基因和核糖体基因等）没有明显的表达差异。但有 36 个基因在营养丰富的培养基中生长时，有较多的表达，而另 140 个基因在营养贫乏的培养基中生长时表达增加。这些基因中大部分是功能尚未被阐明的新基因。

五、基因芯片检测结果的分析

（一）荧光检测图像处理

基因芯片与样本杂交以后，用图像扫描仪器捕获芯片上的荧光图像。在计算机中，一幅图像由二维象素点所组成，通常用一个 8 bit 的整数存贮象素点的灰度值，取值范围为 [0，255]，其中 0 代表"黑"，255 代表"白"。然而现在许多基因芯片扫描仪大多采用 16 bit 的 TIFF 格式存贮图像，不同灰度取值可达到 65 535。Cheung 等设计了一个基因芯片杂交图像扫描系统 IRIS，该系统具有较高的灵敏度和动态范围（Cheung et al.，1999）。

一个理想的基因芯片图像具有以下几个性质（AlexAnder，1999）：① 芯片单元的形状和尺寸相同；② 每个单元的中心位于象素点上；③ 无灰尘等引起的噪声信号；④ 最小和均匀的图像背景强度。然而，在大部分情况下，这些条件无法满足，也就是说基因芯片图像存在着缺陷。为了得到可靠的基因芯片检测结果，必须对芯片图像进行处理。

基因芯片每个单元一般是大小固定的圆形，它们在芯片中的位置也是固定的。但是由于芯片制备和杂交的原因，每个单元的形状、大小以及位置都可能发生变化，这影响解释芯片图像。目前尚没有通用的处理方法，扫描和处理基因芯片图像仍然需要人工干预，以对齐网格线，保证正确标定每个芯片单元的位置，同时还要能够去除图像上的污点以及其他形式的图像噪声。

许多基因芯片研究机构已开发出一些基因芯片图像处理软件，例如 ImageGene（AlexAnder，1999）、BioDiscovery（http：//www.biodiscovery.com/software.html）、ScanAlyze（http：//bronzino.stanford.edu/ScanAlyze）等。基因芯片图像处理的基本功能包括去除图像噪声、芯片单元分割、背景强度提取、芯片单元荧光强度提取等，其最根本的目标是确定芯片上每个探针的荧光强度或荧光强度的对比值（在多色荧光标记的情况下）。

具体而言，要求对 DNA 序列变异分析芯片能够区别探针完全互补信号与非完全互补信号，而对于表达型芯片，必须有足够的荧光强度分辨率。

（二）检测结果分析

如果芯片检测的目的是测定样本序列，则需要根据芯片上每个探针的杂交结果判断样本中是否含有对应的互补序列片段，并利用生物信息学中的片段组装算法连接各个片段，形成更长的目标序列。一般的片段组装算法有基于片段覆盖图的贪婪算法和非循环子图方法（Setubl & Meidanis, 1997）。

如果芯片检测的目的是进行序列变异分析，则要根据全匹配探针以及错配探针在基因芯片对应位置上的荧光信号强度，给出序列变化的位点，并指明发生什么变化。

如果芯片检测的目的是进行基因表达分析，则需要给出芯片上各个基因的表达图谱，定量描述基因的表达水平，进一步的分析还包括根据基因表达模式进行聚类，寻找基因之间的相关性，发现协同工作的基因。检查极端情况是实验结果分析的第一步，例如，在两份独立的样品中，或经过治疗处理在以后的一系列时间点上所取得的表达样品中，关注那些表达差异十分明显的基因。这种简单的技术有时非常有效，例如，用于筛选可能的肿瘤标记和药物作用目标。然而，这种分析还不足以充分体现基因表达实验对理解细胞生物学的作用，还需要用系统的数据分析方法同时综合分析大量不同实验数据。

（三）检测结果可靠性分析

基因芯片是一个非常复杂的系统，包括许多环节，由于目前技术上的限制，在基因芯片制备、杂交及检测等方面都可能出现误差，芯片检测结果并非 100% 可靠。因此，必须对芯片检测结果做出可靠性的评价。

可靠性分析可以从两个方面进行。一是根据实验统计误差（如探针合成的错误率、全匹配探针与错配探针的误识率等），计算出基因芯片最终实验结果的可靠性。二是对基因芯片与样本序列杂交过程进行分子动力学研究，建立芯片杂交过程的计算机仿真实验模型，以便在制作芯片之前分析所设计芯片的性能，预测芯片实验结果的可靠性。

六、基因芯片信息的管理和利用

（一）基因芯片信息管理

基因芯片实验将产生大量的数据，管理与分析这些数据是生物信息学所面临的一个挑战。数据管理的目的是为了更好地利用和共享数据，而数据分析的目标则是从大量的实验数据中提取隐含的生物学信息。特别是对基因表达数据，在大规模数据集上进行分析、归纳，可以深入了解基因的功能，理解遗传网络，提供许多疾病发病机制的信息。

目前已出现一些芯片信息管理数据库，如 ArrayDB（Ermolaeca et al., 1998）。与基因芯片相关的信息包括芯片功能的描述、芯片上探针的描述、实验对象和实验条件的描述、实验结果和分析结果的描述等。以基因表达型芯片为例，其公共数据管理系统要求至少满足如下基本条件(http://www.ebi.ac.cn.uk/microarray)：

① 基因芯片表达数据管理系统应该有利于在一个广泛范围内的数据交流；

② 遵循最小信息量准则，保证递交的基于实验室的基因表达型芯片数据具有可重复性；

③ 遵循适当的可以被广泛接受的数据信息交换标准；

④ 采用合适的数据标准化规范，具有良好的数据质量控制，提供友好的用户界面并且与系统平台无关。

基因表达型芯片数据库至少含有下列信息（Bassett et al., 1999）：

① 数据来源，包括提交数据的实验室或研究人员；

② 杂交目标序列：对于基因芯片上的任何一个基因，指明其在公共数据库中的标识符，以便与对应的 DNA 序列相连接。寡核苷酸芯片上的每个基因对应于芯片上的若干个寡核苷酸探针，必须说明设计寡核苷酸探针所依据的参考序列；而 cDNA 芯片的每个基因对应于芯片上的一个单元，需要附加说明公共数据库中的克隆标识符；

③ 目标对象：包括细胞类型和组织的来源、分类名称、生物状态信息、遗传学背景等；

④ mRNA 转录的数量；

⑤ 统计的显著性。

基因表达芯片对我们理解生物过程最大的贡献并不是单个实验的结果，而是大量的实验所产生的关于基因表达的信息。为了充分利用这些信息，需要将基因芯片所产生的实验数据以数据库的形式保存起来，同时为了不同实验室的研究人员共享数据，还要将数据库建立在 Internet 网络的环境下。

对于基因芯片数据，也应该像基因组数据库 GenBank、EMBL 那样，由权威机构可靠地、公正地管理。目前，欧洲生物信息学研究所（EBI）已建立了一个基因芯片表达数据库 ArrayExpress(http://www.ebi.ac.uk/arrayexpress/)。

（二）数据集成和交叉索引

基因组信息是相互关联的，GenBank、SWISS-PROT(http://www.ebi.ac.uk/swiss-prot/)、Entrez (http://www.ncbi.nlm.nih.gov/Entrez/)和 BLAST 这些公共数据库或分析工具提供给生物学者的是集成的、相互联系的信息。合理地解释实验检测数据依赖于将实验数据与其他相关数据库的集成。基因芯片数据库如果能够像 GenBank 一样与 MEDLINE、Entrez 以及其他数据库、分析工具集成在一起，那么将成为更有价值的生物资源。对于基因表达数据，通过用户定义的或缺省的标准进行数据链接，经分析得到关于基因调控的概貌。例如，可根据链接查询 MEDLINE 的综述文章，或者查找相关药物代谢的文章，或者查找那些已经知道基因产物三维结构的记录。

虽然现有的数据库技术能够管理这些资源，但是建立一个这样的系统还存在一些障碍。首先，基因芯片数据或基因表达数据以什么样的形式存储在数据库中？在基因芯片数据库中难以找到像 GenBank 与 PDB（Protein Data Bank）之间存在的序列和三维结构的联系，而且还没有准确可靠的归一化方法，基因芯片实验受到很多因素的影响，使得直接比较基因芯片的原始数据可能会导致错误。

（三）数据的可比性和归一化问题

每个细胞的转录备份数或转录的百分比可作为各种实验技术的统一基因表达度量，若能够以这些值描述基因表达，那么就可以比较各个实验，并将它们作为数据库存贮值。但遗憾的是以目前的杂交技术还难以测量出这些值，仅能得到两个样本相对转录比。这样，将基因表达数据转换为统一的形式需要做一定的假设。如果假设存在一个无所不在的具有稳定数量的参照基因，并且假设平均荧光强度和转录水平之间存在线性关系，则可以解决归一化的问题。当然这些假设扭曲了原始数据，很可能不会作为公共数据库的标准。在多色荧光标记实验中，从不同条件下取得的 cDNA 样品经过荧光标记后与芯片上的探针进行竞争杂交，用一个标准样品作为参照物，通过这种方法能够得到高精度的相对杂交水平，这是解决表达数据归一化问题的一种方法（Duggan et al.，1999）。但是对各个实验室所得到的基因表达数据仍难以进行归一化处理。另外，在进行基因芯片实验时，随着样本密度的增大，分析仪器的输出通量急剧扩大，在对不同条件下取得的 cDNA 样品的杂交结果进行比较分析时完全有可能忽略一些重要的关联而同时记入一些根本不存在的关联，而导致分析结果的偏差。

（四）基因芯片信息的利用

目前，即使对于了解最多的有机体，也仅知道少部分基因的功能信息，并且这些信息通常是不完整的。随着基因芯片应用规模的不断扩大，基因表达数据库不断发展，为了充分利用这些数据，需要发展更加先进的分析工具，以从大量的数据之中提取隐含的信息。对于基于芯片数据，通过深入的分析，我们可以得到其他深层次的信息，如DNA 序列的进化信息、基因功能的信息、基因之间协同作用的关系、基因表达的时空规律、与疾病相关的信息等。具体的分析方法见下一节。

七、基于基因芯片的数据挖掘及可视化

（一）数据挖掘

就生物信息而言，挖掘生物分子数据库已经过二十多年的历程，现已发展到比较基因组学的阶段。以前生物信息学的数据挖掘工作主要集中在序列信息方面，而现在通过分析处理表达数据挖掘基因功能信息已成为生物信息学研究的一个重点。实际上，传统的相似序列搜索技术和基因表达的模式识别有许多共同之处，它们的最终目标都是将生物检测数据转化为人们能够直观理解的生物信息，进而将信息升华为生物学知识。

在大规模基因表达的数据挖掘方面有两种主要方式，即假设验证和知识发现。假设验证是一种自上而下的方式，在这种方式下，通过对生物过程的归纳，有时可能揭示新的现象。知识发现则是一种由下而上的方式，其手段是数据探察和分析，通过数据统计或数据可视化方法发现新的知识。

数据挖掘常用的方法有：统计分析、聚类分析、连锁分析、决策树、自组织映射、神经网络、遗传算法等（Berry & Linoff，1997；Michael et al.，2000）。统计方法可用于探查和提取数据之间的因果关系。在基因表达研究中，有一个基本假设，即基因在何时、何地表达的信息携带了关于基因功能的信息。这样，基因表达数据分析的第一步就是按照基因表达图谱的相似性分类组织基因，或按照基因表达的模式对基因进行聚类。聚类分析（Kaufman，1990）是目前运用最多的一种表达数据分析方法。在一块基因芯片上往往含有成百上千个基因，一次可以同时检测这些基因的表达。利用同一种芯片在不同条件下（不同时间，不同细胞，不同外界作用）进行基因表达实验，搜集表达数据，将原始数据放在一起，形成一个数据表格。表格的每一行代表一个基因，而每一列则代表在不同实验条件下所得到的表达强度。从数学上讲，表格的一行数据就是一个向量，而聚类分析就是将这些向量按照相似程度进行归类。

有两种基本的聚类分析，即所谓有师聚类和无师聚类。在有师聚类中，对于每一类有一个参考模式，对于一个未分类的向量，通过计算选择一个最接近的参考模式，并将该向量归入该参考模式所对应的类。在无师聚类中，没有关于聚类的先验知识。对于基因表达模式的分类问题，由于目前对基因表达的系统行为了解得不全面，所以只能用无师聚类或最多是两者的混合。下面着重介绍基因芯片的数据结构和基于聚类分析的基因芯片的生物信息学方法（Simon et al.，2000）。

（二）基因芯片的多元数据结构

假定 P 个基因在 N 块基因芯片的每一块上被用于一次检测，通常采用的大多数统计方法在分析这些数据之前都是先将数据构成一个矩阵，在 N 块芯片 P 个基因的情况下有两种矩阵构成方式：

① 令矩阵的行数与基因芯片的个数相等，来自于第 i 块基因芯片的每个基因的检测数据被按顺序置于矩阵的第 i 行之上；

② 令矩阵的列数与基因芯片的个数相等，来自于第 j 块基因芯片的每个基因的检测数据被按顺序置于矩阵的第 j 列之上。

如果采用第一种数据组织方式，那么，如果令 x_{ij} 为来自于第 i 块基因芯片的对第 j 个基因的检测结果，这里 $i \in [1, \cdots, N]$ $j \in [1, \cdots, P]$

$$X = [x_{ij}]$$

这里矩阵 X 的行是在某特定条件下基因表达的"快照"。更为精确地说矩阵的行是一个基因芯片表达谱的多重观测。为了使观测具有可比性，必须对观测结果进行标准化处理。如果观测到的原始数据来自于同一个扫描图像，对行的标准化可以采用统一规范的图像处理方法，称之为图像分析。矩阵的列可以被用于揭示基因表达的图谱。对矩阵的所有列进行扫描时，对列的基因表达状况的变化进行分析称之为表达图谱识别。

（三）数据相似程度的量化与距离矩阵

对数据进行聚类分析之前，必须将包含在矩阵中的数据进行相似性程度分析，并且对分析结果量化。通常情况下，相似往往被赋予一个较小的量化的值，而不相似则由一个较大的量化的值来表示，在此时，相似/不相似则被表示为两组数据之间的距离，此时较小或较大的量化的值的含义就与所有两两比较的数据的距离值联系起来。所有的距离值的集合可以构成一个距离矩阵。有两种方式计算距离矩阵：

① 矩阵的任意两行数组之间的距离集可以确定基因表达"快照"的相似程度；

② 矩阵的任意两列数组之间的距离集合可以用以确定具有相同表达方式的基因簇。

如果我们现在考虑第一种情况，确定矩阵的行数组的相似性，那么，令 Q，R，S 为 X 矩阵的三个行数组。令 $d(X_Q, X_R)$、$d(X_Q, X_S)$ 和 $d(X_S, X_R)$ 为矩阵 X 的三个行数组 X_Q、X_R 和 X_S 两两之间的距离。常见的相似性度量有欧几里德距离、点积、相关系数等，在第二种情况下，标准相关系数（即两个归一化矢量的点积）与分子生物学中两个基因的共表达（coexpressed）概念相一致。欧几里德距离是一个通常采用的距离的定义，与测度的选择无关，相似/不相似的量化距离必须满足如下条件：

$$d(X_Q, X_R) >= 0$$
$$d(X_Q, X_R) = d(X_R, X_Q)$$
$$d(X_Q, X_R) = 0 => X_Q = X_R$$
$$d(X_Q, X_R) \leqslant d(X_Q, X_S) + d(X_S, X_R)$$

（四）聚类分析

1. 单一连锁分层聚类

单一连锁：假定某一类 QR 中含有矩阵 X 的数组 X_Q 和 X_R，另一类 ST 含有 X_S 和 X_T。则单一连锁聚类定义，QR 和 ST 之间的距离 d 为类 QR 和类 ST 之间的所有可能距离的最小距离。单一连锁聚类在类可以被很好地界定，但并不规则的情况下是很有用的，单一连锁聚类算法保持对于距离单调性的变换不变性。

分层聚类：在分层聚类的情况下，数据被视为处于一种二元树结构，在最高层上，所有的数据属于同一个类，如同树的分叉一样，类被一分为二，相似的类保留在同一子类中，不相似的类被分开。在实际当中，当进行聚类时，从类的每个元素出发将类的集合分成为只含有两个类的一组二元类对的集合。每个时间里一个类对被合二为一。这样类的数目就减少了一个，不断地向后进行这个过程，就得到了树图的数据的分层结构。如矩阵 X 的 N 个行数组已经被聚类，那么聚类过程可通过对行数组进行如下聚类操作进行：

① 从 X 矩阵的 N 个行开始，计算所有行向量间的距离，得到 $N \times N$ 对称距离矩阵 M；

② 搜寻距离矩阵，发现最小的距离，假如最小的距离是来自于数组 X_Q 和 X_R，对

此类 Q，R 进行标记，标记为（Q）和（R）；

③ 合并类（Q）和类（R），新的类标记为（QR），重新整合距离矩阵 M，（a）除去 M 中所有与 Q，R 有关的行和列，（b）增加新的描述了（QR）与所有剩余的类之间的距离的行和列；

④ 重复步骤 2 和步骤 3 直到（$N-1$）次，所有 X 矩阵的行此时位于一个单独的类之中。如果要确定的是特殊基因的相似表达谱，那么，X 矩阵的列将被聚类，距离矩阵是 $P \times P$ 的矩阵，而且将经过 $P-1$ 次迭代后，所有数据被聚到一个类中。类之间的最小距离的意义由聚类算法决定，如单一连锁，完全连锁或者平均连锁算法等，类之间两两距离的计算完全不同于数据之间的两两距离计算。

2. 完全连锁分层聚类

完全连锁分层聚类将两个类之间的距离定义为两个不同类中的元素间的最大距离。假定类（QR）含有 X_Q 和 X_R，（ST）含有 X_S 和 X_T。在完全连锁分层聚类情况下，（QR）和（ST）之间的距离定义为 $d(X_Q, X_S)$、$d(X_Q, X_T)$、$d(X_R, X_S)$、$d(X_R, X_T)$ 之间的最大距离。完全连锁分层聚类保证了类中的所有数据之间的距离位于某个最大距离以内。

3. 两两平均连锁分层聚类（Sokal & Michener，1993）

平均连锁聚类定义两个类之间的距离为两个不同类中的数据的距离的平均距离。假定（QR）含有 X_Q 和 X_R，（ST）含有 X_S 和 X_T，在平均连锁分层聚类定义下（QR）和（ST）之间的距离将是 $d(X_Q, X_S)$、$d(X_Q, X_T)$、$d(X_R, X_S)$、$d(X_R, X_T)$ 的平均值。Michael B. Eisen 等人采用这一聚类方法分析了酵母的基因表达数据（Michael et al.，1998）。

4. K-Means 聚类

K-Means 聚类在数据划分上不考虑类的分层结构问题。

将 X 矩阵的 P 列数组聚为 K 个类，聚类方法如下：

① 随机地将 X_1，X_2，…，X_P 分配到 K 个类中；

② 计算 K 个类的重心 Y_1，Y_2，…，Y_K；

③ 按由 1 到 P 的顺序计算 X_1，X_2，…，X_P 到重心 Y_1，Y_2，…，Y_K 之间的距离，X_i 将分配到距离最近的类中；

④ 如果 X_i 被移到一个新的类之中，则重新计算两个受到影响的类的重心；

⑤ 返回到步骤 3 直到不再有新的划分出现。

5. Kohonen 的自组织特征映射算法（self-organizing map，SOM）

基本概念

① t 为迭代步长，每次增加 1，$t \in 0$，…，∞；

② i 为结点序号，常常为一矢量；

③ M_i 为结点 i 的编码矢量；

④ 一个结点可以简单地被认为是 M_i，"编码矢量"和"结点"通常可以混用。

SOM 算法

初始化

① 算法开始时 $t=0$；

② 给结点/编码矢量赋予初始状态 $M_i(0)$，$i=1,2,\cdots,S$；

（注意：这里有很多办法对编码矢量初始化。随机产生的图样可以被用于对编码矢量赋值，观测值也可以随机地被分配到各编码矢量上。）

③ 从矩阵 X 之中选择（随机地）一个可观察量，$X_j(0)$，在细胞周期的数据情况下，$X_i(0)$ 将是观测矩阵的 P 个列数组之一；

④ 搜寻最相似于输入 $X_i(0)$ 的结点 $M_i(0)$，相似判别通常采用欧氏距离，如果，C 是最接近输入 $X_i(0)$ 的编码矢量指标，r_c 是结点序列中结点 c 的位置矢量，r_i 是属于结点阵列中任一结点的位置矢量，$|r_c-r_i|$ 是结点 c 和结点 i 之间的距离，$\sigma^2(t)$ 是 t 的一个减函数，$\alpha(t)$ 是 t 的一个减函数，$\alpha(t)\in[0,1]$；

⑤ 对每一个结点 i，在 SOM 迭代中，$M_i(0)$ 通过迭代变换为 $M_i(1)$ 采用公式

$$M_i(1)=M_i(0)+h_{ci}(0)[X_j(0)-M_i(0)]$$
$$=[1-h_{ci}(0)]M_i(0)+h_{ci}(0)X_j(0)$$
$$h_{ci}(0)=\alpha(0)\exp(-|r_c-r_i|^2/2\sigma^2(0))$$
$$i=1,2,\cdots,S;\quad j=1,2,\cdots,P$$

⑥ 如同 $t=0$ 时一样，连续迭代至 $t=1,2,\cdots,\infty$；

⑦ 在每次迭代时，由于 $\alpha(t)$ 和 $\sigma^2(t)$ 的性质将使得输入 $X_j(t)$ 对 SOM 过程的影响力变小；

⑧ 当 $\alpha(t)$ 足够小时，比如说，$\alpha(t)=0.01$，终止迭代。

人工神经网络技术在模式识别方面有着独特的优势，在生物信息学中的应用也非常广泛，如基因识别、蛋白质结构预测等。神经网络能够发现复杂的数据关系，其中，自组织映射神经网络可以对基因表达数据进行自动聚类。

6. 主成分分析原理

计算主成分的目的是将多重可观测量投影到较低维空间。将多元数据的特征在低维空间里直观地表示出来，如果希望将基因表达谱数据表示为三维空间中的一个点，也即要将数据的维数从 R^N 降到 R^3。

① 第一步计算矩阵 X 的样本的协方差矩阵 S

$$S=(1/(P-1))\sum(x_j-<x>)(x_j-<x>)^T,j=1,2,\cdots,P$$
$$<x>=(1/P)\sum x_j,\quad j=1,2,\cdots,P$$

② 第二步计算协方差矩阵 S 的本征矢 $e_1,e_2,\cdots,e_n$ 的本征值 λ_i，$i=1,\cdots,n$ 本征值按大到小排序：$\lambda_1>\lambda_2>\cdots>\lambda_n$；

③ 第三步投影数据到本征矢张成的空间之中，这些本征矢相应的本征值为 λ_1，λ_2，λ_3。现在数据可以在三维空间中展示为云状的点集，通过计算本征值可以得到维数的约减值，总的方差可以被通过对协方差矩阵求迹而得到

$$\text{trace}(S) = \sum \lambda_i, i = 1, \cdots, n$$

维数约减导致方差的变化为

$$(\lambda_1 + \lambda_2 + \lambda_3)/\sum \lambda_i, i = 1, \cdots, n$$

（五）聚类分析结果的树图表示

虽然可用各种聚类方法对基因表达数据进行聚类，但是所得到的结果之中的每一类仍然包含许多基因，难以分辨，必须将聚类分析与图形表示结合起来。下面介绍一种结合聚类分析与树形表示的基因表达模式分析方法（Carr et al., 1997）。

首先应用两两平均连锁聚类方法分析由基因芯片实验所得到的基因表达数据。连锁分析是生物学家进行序列和进化分析时常采用的一种层次形的聚类方法，以一棵树表示基因之间的关系，其中分支的长度表示基因之间的相似程度。这种表示形式的优点在于能够表示相似程度的变化，表示不同基因聚类之间的远程关系，并且可以获得关于数据本质的一些假设。利用树对原始基因表达数据进行排序，从而使得相似基因或相似基因群在树中的位置靠近。

聚类算法算出各个基因表达之间的相似度，并将各基因按一定的次序放到一棵树中。对于 n 个基因的集合，通过计算得到一个上对角相似矩阵，其中的每一个矩阵元素代表两个基因的相似度。扫描该矩阵，找出矩阵的最大值（该最大值对应于一对最相似的基因或基因集合），为上述两个基因（或集合）建立一个新节点，计算这两个基因表达观察值的平均值，将其作为该节点表达轮廓。然后更新相似矩阵，用新节点代替原来的两个基因（或集合）。上述过程共执行 $n-1$ 次，直到最后仅剩一个基因集合为止，该集合对应于树的根节点。

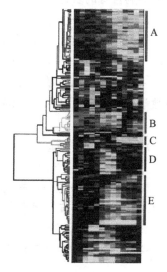

图 5.8 按表达模式聚类
（Michael et al., 1998）。

对于 n 个基因，从树形结构来看，有 $2n-1$ 种可能的线形排序，其中存在一个最优的线形排序，在这个排序中相邻基因的相似度最大化，与上述的计算结果相对应。以图形方式显示这个最优排序，如图 5.8 所示。

（六）基因芯片数据的可视化和与数据库的链接

基因组表达数据探察的另一种重要方法是数据可视化方法。将基因表达数据聚类结果以图形方式显示出来，而且能够与各类相关数据库链接，通过对表达数据的整和，方便用户细致地了解各类表达数据在序列水平上的信息，使用户得到关于大规模基因表达数据集的直观概貌（Carr et al., 1997; Michaels et al., 1998）。这样的显示技术与数据库集成结合起来，使得生物学研究人员能够考察表达数据集，认识和发现不同类型的调控单元的序列结构信息,以便了解基因组转录调控的规律,并建立模型。

八、基因转录调控网络分析

基因芯片所得到的表达数据不仅可用于分析基因表达的时空规律,研究基因的功能,而且还可用于分析基因之间的相互制约关系,研究基因转录调控网络。基因表达实际上是细胞、组织、器官受遗传和环境影响的结果。一个基因的转录由细胞的生化状态所决定,在一个基因的转录过程中,一组转录因子作用于该基因的启动子区域,控制该基因转录,而这些转录因子本身又是其他基因的产物。当一个基因通过转录、翻译形成功能基因产物后,它将改变细胞的生化状态,从而直接或间接地影响其他基因的表达,甚至影响自身的表达。多个基因的表达不断变化,使得细胞的生化状态不断地变化。

总的来说,一个基因的表达受其他基因的影响,而这个基因又会影响其他基因的表达,这种相互影响、相互制约关系构成了复杂的基因表达调控网络。从系统的观点来看,一个细胞就是一个复杂的动力学系统,其中每个基因相当于系统的一个变量,各个变量之间相互影响。基因转录调控网络分析的目的就是要建立调控网络的数学模型,通过数学模型来分析基因之间的相互作用关系。

(一) 布尔网络模型

转录调控网络的一种最简单的模型就是布尔网络模型(Liang et al.,1998;Patrick et al.,1999)。在布尔网络中,每个基因所处的状态或者是"开",或者是"关"。状态"开"表示一个基因转录表达,形成基因产物,而状态"关"则代表一个基因未转录。基因之间的相互作用关系由布尔表达式来表示,例如

$$A \text{ and not } B \to C$$

读作"如果 A 基因表达,并且 B 基因不表达,则 C 基因表达",对应的网络见图 5.9。网络中各个基因状态的集合成为整个系统的状态,当系统从一个状态转换到另一个状态时,每个基因根据其连接输入(相当于调控基因的状态)及其布尔规则确定其下一时刻的状态是否是"开"或"关"。

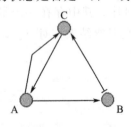

图 5.9 布尔网络模型。

借助于机器学习或者其他智能训练的方法构建一个具体的布尔网络,即根据基因表达的实验数据建立待研究的基因之间的相互作用关系,确定每个基因的连接输入(或调控输入),并且为每个基因生成布尔表达式,或者形成网络系统的状态转换表。对于复杂的网络,在网络构造过程中,其搜索空间非常大,需要利用先验知识或合理的假设,以减小搜索空间,有效地构造布尔网络。

布尔网络从初始状态开始,经过一系列状态转换,最终到达最终的稳定状态。从不同的初始状态出发,布尔网络会到达不同的终止状态,而这些不同的终止状态对应于细胞相对稳定的生化状态。如果在布尔网络的一个稳定状态下,所有基因的状态不变,则称该稳态是"点吸引子",如果网络的一个稳态是多个状态的

周期切换，则称该稳态为"动态吸引子"。

布尔网络模型简单，便于计算，但是由于它是一种离散的数学模型，不能很好地反映细胞的实际情况，如布尔网络不能反映各个基因表达的数值差异，不考虑基因作用大小的区别等。在连续网络模型中，各个基因的表达数值是连续的，并且以具体的数值表示一个基因对其他基因的影响。

（二）线性组合模型

线性组合模型（Erb & Michaels，1999）是一种连续网络模型，在这种模型中，一个基因的表达值是若干个其他基因表达值的加权和。基本表示形式为

$$X_i(t+\Delta t) = \sum_j W_{ij} X_j(t)$$

其中 $X_i(t+\Delta t)$ 是基因 i 在 $t+\Delta t$ 时刻的表达水平，W_{ij} 代表基因 j 的表达水平对基因 i 的影响。在这种基因表示形式中，还可以增加其他数据项，以逼近基因调控的实际情况。例如，增加一个常数项，反映一个基因在没有其他调控输入时的活化水平。

将上述表达式转换为线性差分方程，描述一个基因表达水平的变化趋势。这样，在给定一系列基因表达水平的实验数据之后，即给定每个基因的时间序列 $X_i(t)$，就可以利用最小二乘法或者多重分析法求解整个系统的差分方程组，从而确定方程中的所有参数。最终，利用差分方程分析各个基因的表达行为。实验结果表明，该模型能够较好地拟合基因表达实验数据。

（三）加权矩阵模型

加权矩阵模型（Weaver et al.，1999）与线性组合模型相似，在该模型中，一个基因的表达值是其他基因表达值的函数。含有 n 个基因的转录调控的基因表达状态用 n 维空间中的向量 $u(t)$ 表示，$u(t)$ 的每一个元素代表一个基因在时刻 t 的表达水平。以一个加权矩阵 W 表示基因之间的调控相互作用，W 的每一行代表一个基因的所有调控。

输入。在时刻 t 基因 j 对基因 i 的净调控输入为 j 的表达水平（即 $u_j(t)$）乘以 j 对 i 的调控影响程度 W_{ij}。基因 i 的总调控输入 $r_i(t)$ 为：

这一形式与线性组合模型相似，若 W_{ij} 为正值，则基因 j 激发基因 i 的表达，而负值表示基因 j 抑制基因 i 的表达，0 表示基因 j 对基因 i 没有作用。与线性组合模型不同的是

$$r_i(t) = \sum_j W_{ij} u_j(t)$$

$$u_i(t+1) = \frac{1}{1+e^{-(\alpha_i r_i(t)+\beta_i)}}$$

基因 i 最终转录响应还需要经过一次非线性影射。

这种函数是神经网络中常用的 Sigmoid 函数，其中 α 和 β 是两个常数，规定非线性影射函数曲线的位置和曲度。通过上式，计算出 $t+1$ 时刻基因 i 的表达水平。

对于这样的模型，可以利用成熟的线性代数方法和神经网络方法进行分析。实验表

明，该模型具有稳定的和周期稳定的基因表达水平，与实际生物系统相一致。在这种模型中还可以加入新的变量，模拟环境条件变化对基因表达水平的影响。

（四）互信息关联网络

在介绍基因表达聚类方法时曾经提到用距离或相关系数作为基因表达模式之间的相似性度量，还有另外一种度量形式，即用熵和互信息描述基因与基因的关联。一个基因表达模式的熵是该模式所含信息量的度量，用下式计算

$$H(A) = -\sum_{i=1}^{n} P(x_i)\log_2(P(x_i))$$

这里 $P(x_i)$ 为基因表达值出现在区间 x_i 的频率，n 为表达水平的区间数目。熵越大，则基因表达水平越趋近于随机分布。

两个基因表达模式的互信息按下式计算

$$MI(A,B) = H(A) + H(B) - H(A,B)$$

互信息是在给定一个基因表达模式的情况下关于另一个基因表达附加信息的度量。若 MI（A，B）=0，则表示两个基因表达不相关，反之，MI（A，B）越大，则两个基因越是非随机相关，它们之间的生物关系越密切。

在构建互信息关联网络时，首先根据基因表达实验数据计算所有基因对之间的互信息，取所有互信息值大于给定阈值（预先设定）的基因对，建立这些基因对之间的连接关系，从而形成所需的基因关联网络（Butte & Kohane，2000）。

展　望

基因芯片是生物学和电子信息科学交叉领域中的一个重要方向。它的提出已引起了我国科技界极高的研究热情，其广阔的应用前景也吸引了产业界的关注。我们相信在不久的将来我国生物芯片的研究和产业将会在国际上占有应有的位置。

生物信息学在基因芯片研究和产业化中起着至关重要的作用，基因芯片的应用和发展应该紧密结合生物信息学的研究成果。我国应尽快研究和开发基因芯片设计软件及相关数据分析软件，并根据研究和应用需要，设计出有一自主知识产权的、有特色的和市场认可的基因芯片。另一方面，尽快建立相应的基因芯片数据库，管理和充分利用民族资源。

（孙　啸　陆祖宏　李亦学　何农跃）

参考文献

陆祖宏，何农跃，赵雨杰等．1999．制备化合物微阵列芯片的方法及由该方法制备的化合物微阵列芯片，CN99106790.8

孙啸．1998．生物信息学——揭示生物分子数据的内涵．电子科技导报，11：5～9

孙啸，王晔，何农跃，赵雨杰，陆祖宏．2001．生物信息学在基因芯片中的应用．生物物理学报，17（1）：27～34

孙啸，王晔，赵雨杰，马建明，陆祖宏．2001．一种高密度基因芯片设计的新方法．电子学报，29（3）：293～296

AlexAnder K. 1999. Microarray processing technology: using array image analysis to combat HTS bottleneck. Genetic Engineering News, 15

Aravinda C. 1999. Population genetics - making sense out of sequence. Nature Genetics, 21: 56~60

Bassett JDE, Eisen MB, Boguski MS. 1999. Gene expression informatics - it's all in your mine. Nature Genetics supplement, 21: 51~55

Bellenson JL. 1999. Expression data and the Bioinformatics challenges. In Mark Schena ed. DNA Microarrays-a practical approach. Oxford: Oxford University Press

Berry MJA, Linoff G. 1997. Dada mining techniques for marketing, sales and customer support. New York: John Wiley & Sons

Bowtell DDL. 1999. Options available-from start to finish-for obtaining expression data by microarray. Nature Genetics supplement, 21: 25~32

Brown PO, Botstein D. 1999. Exploring the new word of the genome with DNA microarrays. Nature Genetics supplement, 21: 33~37

Butte AJ, Kohane IS. 2000. Mutual information relevance networks: functional genomic clustering using pairwise entropy measurements. Pacific Symposium on Biocomputing, 5: 415~426

Carr DB, Somogyi R, Michaels G. 1997. Templates for looking at gene expression clustering. Statistical Computing and Graphics Newsletter, 8: 20~29

Chee M, Yang R, Hubbel et al. 1996. Accessing genetic information with high-density DNA arrays. Science, 274: 610~613

Cheng J, Schoffner M, Hvichia G et al. 1996. Chip PCR, II Investigation of different PCR amplification systems in microfabricated silicon chips. Nucleic Acid Res, 24: 380~385

Cheung VG, Morley M. Aguilar F et al. 1999. Making and reading microarrays. Nature Genetics, 21: 15~19

Chou SH et al. 1999. Stable formation of a pyrimidine-rich loop hairpin in a cruciform promoter. J Mol Biol, 292: 309~320

DeRisi J, Iyer V, Brown P. 1997. Exploring the metabolic and genetic control of gene expression on a genomic scale. Science, 278: 680~686

Duggan DJ et al. 1999. Expression profiling using cDNA microarrays. Nature Genetics supplement, 21: 10~14

Erb RS and Michaels GS. 1999. Linear modeling of mRNA expression levels during CNS development and injury. Pacific Symposium on Biocomputing, 4: 53~64

Ermolaeca O et al. 1998. Data management and analysis for gene expression arrays. Nature Genetics, 20: 19~23

Finkelstein AV, Roytberg MA. 1993. Computation of biopolymers: a general approach to different problems. Biosystems, 30: 1~9

Fodor S, Read L, Pirrung M et al. 1991. Light-directed, spatially addressable parallel chemical synthesis. Science, 251: 767~773

Hacia J, Edgemon K, Sun B et al. 1998. Two color hybridization analysis using high density oligonucleotide arrays and energy transfer dyes. Nucleic Acids Res, 26: 4249~4258

Hacia JG. 1999. Resequencing and mutational analysis using oligonucleotide microarrays. Nature genetics supplement, 21: 42~47

Kaufman L. 1990. Finding Groups in data: An introduction to cluster analysis. New York: John Wiley & Sons

Lander ES. 1999. Array of hope. Nature Genetics supplement, 21: 3~4

Liang S, Fuhrman S, Somogyi R. 1998. A General Reverse Engineering Algorithm for Inference of Genetic Network Architectures. Pacific Symposium on Biocomputing, 3: 18~29

Lipshutz R, Fodor S, Gingeras T et al. 1999. High density synthetic oligonucleotide arrays. Nature Genetics supplement, 21: 20~24

Marshall A, Hodgson J. 1998. DNA chips: an array of possibilities. Nature Biotechnology, 16: 27~31

Maskos U, Southern EM. 1993. A novel method for the analysis of multiple sequence variants by hybridization to oligonucleotide array. Nucleic Acid Res, 21: 2267~2268

McGall C, Labadie J, Brock P et al. 1996. Light-directed synthesis of high-density oligonucleotide arrays using semiconductor photoresists. Proc Nalt Acad Sci USA, 93: 13555~13560

Michael PSB et al. 2000. Knowledge-based analysis of microarray gene expression data by using support vector machines. PNAS, 97 (1): 262~267

Michael BE, Paul TS, Patrick OB et al. 1998. Cluster analysis and display of genome-wide expression patterns. Proc Natl Acad Sci USA, 95: 14863~14868

Michaels G et al. 1998. Cluster analysis and data visualization of large-scale gene expression data. Pac Symp Biocomput, 43~53

Patrick D et al. 1999. Gene expression data analysis and modeling. Pacific Symposium on Biocomputing: 4

Proudnikov D, Timofeev E, Mirzabekov A. 1998. Immobilization of DNA in polyacrylamide gel for the manufacture of DNA and oligonucleotide microchips. Anal Biochem, 259: 34~41

Ramsay G. 1998. DNA chips: State-of-the art. Nature Biotechnology, 16: 40~44

Renu A et al. 1999. Gene chips and microarrays: applications in disease profiles, drug target discovery, drug action and toxicity. In: Hames BD ed. DNA Microarrays-a practical approach. Oxford: Oxford University Press

Schena M, Davis RW. 1999. Genes, genomes, and chips. In: Hames BD ed. DNA Microarrays-a practical approach. Oxford: Oxford University Press

Setubl J, Meidanis J. 1997. Fragment assembly of DNA, In: Setubl J, Mtidanis J ed. Introduction to computational molecular biology. Boston: PWS Publishing Company

Simon Lin et al. 2000. "Building Mecroarray Information" Proceeding of the 8 th International conference on Intelligent Systems for Molecullar Biology (ISMB 2000). San Diego, California, USA. August 19~23

Sokal RR, Michener CD et al. 1993. PNAS USA, 10614~10619

Southern E, Mir K, Shchepinov M. 1999. Molecular interactions on microarrays. Nature Genetics supplement, 21: 5~9

Stipp D. 1997. Gene chip breakthrough. Fortune, March 31: 44~53

Therialt TP, Winder SC, Gramble RC. 1999. Application of ink-jet printing techlomoling to the manufacture of molecular arrays, chapter 6. In: Schena M ed. DNA arrays. Oxford, London: Oxford University Press. 101~120

Wallace RW. 1997. DNA on a chip: serving up the genome for diagnostics and research. Mol Med Today, 3 (9): 384~389

Wallraff G et al. 1997. DNA sequencing on a chip. chemtech, FEBRUARY, 22~32

Wang D, Fan J, Siao C et al. 1998. Large-scale identification, mapping, and genotyping of single-nucleotide polymorphism in the human genome. Science, 280: 1077~1082

Weaver DC, Workman CT, Stormo GD. 1999. Modeling Regulatory Networks with Weight Matrices. Pacific Symposium on Biocomputing, 4: 112~123

Wodicka L, Dong H, Mittmann M et al. 1997. Genome-wide expression monitoring in Saccharomyces cerevisiae. Nature Biotech, 15: 1359~1367

Yershov K, Barsky V, Belgovskiy A et al. 1996. DNA analysis and diagnostics on oligonucleotide chips. Proc Natl Acad Sci USA, 93: 4913~4918

第六章

蛋白质结构预测的原理与方法

一、引言

所谓的蛋白质结构预测是指从蛋白质的氨基酸序列预测出其三维空间结构。由于蛋白质的生物学功能在很大程度上依赖于其空间结构，因而进行蛋白质的结构预测对于理解蛋白质结构与功能的关系，并在此基础上进行蛋白质复性（生物工程）、突变体设计（蛋白质工程研究）以及基于结构的药物设计具有重要意义（来鲁华，1993；Sternberg，1996）。进行蛋白质结构预测的基本出发点在于：蛋白质的三维结构是由其序列及环境所决定的。这个基本假设来源于 Anfinsen 在 20 世纪 60 年代关于核糖核酸酶的折叠实验（Anfinsen，1973）。实验表明，除了核糖核酸酶以外，很多其他的蛋白质也能自动折叠成活性状态。但由于近年来的实验表明许多其他的蛋白质折叠时需要分子伴侣的存在，为这种基本假设带来了挑战。目前的实验证据支持分子伴侣在蛋白质折叠中只是起到了帮助的作用，而不是决定性的作用。因而进行蛋白质结构预测的基本假设还是成立的。

对于蛋白质进行结构预测的研究主要是基于两种需要而发展起来的。首先，分子生物学的中心法则只是确定了 DNA 与蛋白质氨基酸序列间的关系，可以称之为第一套遗传密码子。下一步需要确定的是蛋白质的氨基酸序列与其三维空间结构间的关系，或称之为"第二套遗传密码子"。蛋白质的氨基酸序列与其三维空间结构间的关系可以看作是分子生物学中心法则的延伸，对于理解生命现象的本质具有重要意义。再者，由于蛋白质结构测定的速度远跟不上序列增长的速度（大约有 20 倍的差距），而蛋白质三维结构的信息对于蛋白质结构与功能的关系研究、蛋白质工程改造、或者是进行药物设计都是必需的，因此使得蛋白质结构预测成为一种迫切的需要。基因组计划的进行产生了大量的序列信息，而最终了解基因的功能就必须认识基因的产物——蛋白质的结构与功能关系。如何发展快速的能用于大量基因结构与功能预测的方法也为蛋白质结构预测提出了新的挑战（Skolnick & Fetrow，2000；Fischer & Eisenberg，1999）。

蛋白质结构预测的一般流程图如下：
序列比对
- 在数据库中搜索同源蛋白质序列
- 如果可以找到，则建立多重序列比对关系
- 寻找已知的功能模体（motif）

↓

二级结构预测
- 利用各种现有的方法结合多重序列比对信息进行预测
- 确认是否为跨膜结构

↓

三级结构预测
- 如果能够找到序列同源的实验测定结构,则可以利用比较预测的方法
- 如果没有明显的同源性,可以利用折叠模式识别的方法来寻找远源的同源性或类似的折叠模式
- 如果找不到同源或类似结构,对于小蛋白质可尝试进行二级结构堆积计算或简化模型的从头折叠计算
- 如果是跨膜片段,确定片段间的拓扑结构

↓

蛋白质结构模建
- 利用能量优化的算法可以对于预测所得的结构进行优化,也可以研究实验所得结构中局域结构的构象变化
- 利用实验结构甚至是预测结构可以进行蛋白质-蛋白质、蛋白质-配体结合的研究

↓

蛋白质结构预测的检验
- 将预测结构与实验结构或其他实验数据相对照
- 在预测的各个环节根据研究者的经验进行人工参与

在以下的各节中,我们将首先介绍影响蛋白质折叠的因素以及蛋白质的结构特点,在此基础依照蛋白质结构预测流程图依次介绍蛋白质结构预测的主要方法,最后还将对于蛋白质结构预测的发展趋势进行讨论。

二、影响蛋白质折叠的因素[1]

除了原子间的共价连接以外,蛋白质结构的形成及稳定性在很大程度上依赖于非键相互作用。对于水溶性的蛋白质来说,多肽链的折叠主要受氨基酸侧链的疏水性所驱动,在蛋白质内部形成紧密的堆积。绝大多数水溶性蛋白质在生理条件下的稳定性都处于边缘状态,由非折叠态到折叠态的自由能变化在 $-5 \sim -20$ kcal·mol^{-1} 之间[2]。如何认识并定量计算蛋白质折叠及结构稳定性的热力学参数是一个有待解决的问题。

影响蛋白质结构稳定性的非共价键有:

① 范德华力。

---

1) 引自来鲁华,1993;Sternberg,1996。
2) 1 kcal=4.184 kJ。

② 偶极相互作用。

③ 部分电荷或完整电荷间静电相互作用。蛋白质中的每一个原子均带一定的部分电荷，这些部分电荷间存在静电相互作用。埋藏在蛋白质结构内部的带电残基间往往会形成盐桥。

④ 氢键。氢键是形成蛋白质中规则二级结构的主要作用力。除了二级结构内部的氢键外，其他的主链及侧链基团也多形成氢键。氢键在蛋白质的结合及催化过程中起重要作用。

⑤ 熵效应。当蛋白质以油滴形式溶于水时，溶剂分子的熵变化直接驱动了蛋白质折叠成为内部疏水、外部亲水的紧密结构。所谓的疏水性即是这种溶剂熵变化的宏观经验表示。

三、蛋白质结构分析及蛋白质结构数据库[1]

由于基于物理原理的从头预测正处于探索阶段，只能对小蛋白质进行研究，尚不能给出实用的蛋白质结构，因此多数蛋白质结构预测方法都是所谓的基于知识的预测（knowledge-based）。这种基于知识的预测依赖于人们对于蛋白质结构规律的认识。因而对于已知的蛋白质结构进行分析、总结结构规律是各种结构预测方法的基础。

蛋白质结构依据不同的层次可以分为：一级结构（氨基酸序列），二级结构（规则结构，如α螺旋、β折叠），三级结构（简单蛋白质的三维空间结构，或复杂蛋白质亚基的三维空间结构），四级结构（亚基的组装）。

（一）有关氨基酸残基的信息

① 蛋白质的主链只能采取有限的构象，甘氨酸由于没有侧链可以采取较大的构象范围，而脯氨酸只能采取较小的构象范围。

② 只有脯氨酸能够以较大的几率采取顺势肽键构象。

③ 侧链的构象依赖于主链的构象。侧链的构象趋向于采取特定的值，由此可以构建侧链的构象库（side chain rotamer library）。

（二）周期性的二级结构

① α螺旋是蛋白质结构中最常见的二级结构，由于在α螺旋内部每隔3～4个氨基酸残基形成氢键，因而本身的稳定性较好。α螺旋由于与溶剂的作用或中间有脯氨酸等也会发生弯曲。不同的残基对于α螺旋中间部位及N端或C端出现的倾向性不同。

② β折叠片是由带状的β折叠股间形成氢键而构成的，在氨基酸序列上往往是不连续的。几乎所有的β折叠片在沿着β折叠股的方向均发生右手的扭曲，在β折叠股间形成左手的扭曲。某些残基倾向于出现在β折叠中。

---

[1] 引自来鲁华，1993；Sternberg，1996。

（三）非同期性的二级结构

连接规则二级结构间的区域可以统称为环区（loop，或 coil，简写为 C），这些环区本身的结构也是遵循一定规律的。

① β转角是由四个残基构成的，使得蛋白质主链的走向形成 180 度的回折。β转角可以分为几种特定的类型，并具有一定的氨基酸残基倾向性。

② 由三个残基构成的主链的回折称之为 γ 转角。

③ 反平行的β折叠形成的β发夹具有特定的结构。α螺旋间的短连接具有特定的结构与堆积。

④ 当较大的环区的 N 端与 C 端靠近时就形成 Ω 环。

⑤ 非规则性环区也可以按照其平面性、手性及 N 端与 C 端的相对位置进行分类。

（四）残基间的相互作用及埋藏

① 蛋白质的核心部位是紧密堆积的。埋藏在内部的蛋白质核心主要由疏水的残基及形成氢键或盐桥的极性残基所组成。未形成氢键或盐桥的带电残基完全埋藏在蛋白质内部的几率极小。

② 暴露的蛋白质表面由大约三分之一的非极性残基构成，占主要部分的极性残基彼此间或与溶剂分子间形成氢键。

③ 大约有三分之一的带电残基间形成盐桥，其中有 20% 出现在蛋白质结构内部。

④ 侧链-侧链间的堆积（特别是带电残基或芳香环）有特定的方式。

（五）超二级结构

二级结构间特定的组合构成超二级结构。

α螺旋一般以特定的角度相堆积，使得一个螺旋的突出部分及凹槽部分与另外一个螺旋的凹槽部分及突出部分相嵌合。

β折叠片/β折叠片、α螺旋/β折叠片间的堆积有常出现的特定模式。β折叠片中的β折叠股以多种拓扑结构相连接，如希腊钥匙型结构等。平行的β折叠股间的连接（特别是βαβ单元）总是右手型的。

随着已知蛋白质结构的增加，不断有新的超二级结构类型出现。

（六）蛋白质结构数据库

由实验测定的蛋白质结构数据是对于总结蛋白质结构规律并在此基础上发展蛋白质结构预测方法的基础。早在 20 世纪 70 年代只有几个已知蛋白质结构时就建立了蛋白质结构数据库，简称 PDB，由美国 Brookhaven 国家实验室负责。早期的 PDB 采用的是简单的文本格式。从 1998 年开始 PDB 转到由美国圣迭戈超级计算机中心、Rutgers 大学及美国国家标准局（NIST）三家所共同成立的 RCSB（Research Collaboratory for Structural Bioinformatics，结构生物信息合作计划）来负责（Berman et al.，2000）。数据库建在圣迭戈超级计算机中心，数据的处理由 Rutgers 大学及美国国家标准局共同负责。RCSB-PDB 也转成在 SYBASE 基础上的数据库。RCSB-PDB 网站为用户提供各种查询服务，也为数据提供者设立了方便的数据存储界面。目前国际上主要的杂志均要求将晶体结构或核磁结构数据存储到 PDB 后才能接收文章发表。

到 2000 年 4 月 25 日为止，PDB 中共有 12 204 套结构数据，其中蛋白质的结构数据为 10 874 套（来自于 X 射线晶体衍射的有 9082 套，核磁共振数据有 1556 套，理论模型有 236 套），蛋白质/核酸复合物的结构数据为 541 套，核酸的结构数据为 833 套，碳水化合物的结构数据为 18 套。

RCSB-PDB 网站的地址为：http://www.rcsb.org/pdb/。

北京大学物理化学研究所根据国内工作的需要，从 1995 年开始在本地机器上建立了 PDB 的镜像中心，为国内及周边国家的研究工作者提供了方便（http://mdl.ipc.pku.edu.cn/npdb/index.html）。

（七）蛋白质结构域的折叠模式与蛋白质结构分类数据库

1. 蛋白质结构域的折叠模式[1]

一些蛋白质可以折叠成紧密的结构单元，另一些蛋白质则折叠成空间上可以独立分开的区域，称之为结构域。一般来说结构域的上限为 400 个氨基酸残基。

结构域可以按照二级结构的种类及排列方式进行分类：① 主要含有 α 螺旋的 α/α 结构；② 主要含有 β 折叠片的 β/β 结构；③ 以 α 螺旋和 β 折叠交替出现的 α/β 结构；④ 混和型的 α+β 结构；⑤ 小于 100 残基的不含有明显规则二级结构的小蛋白。

β 折叠片可以环合形成平行的或反平行的折叠筒。有些折叠模式出现的几率很高，如四螺旋束结构、免疫球蛋白结构以及 $(\beta\alpha)_8$ 折叠筒。随着越来越多的蛋白质结构被测定，新的结构模式也不断出现。

2. 蛋白质折叠模式的有限性

研究工作表明一些序列/功能很不同的蛋白质采用类似的结构，这就提示人们蛋白质折叠模式的种类可能是有限的。Chothia 最早提出蛋白质的结构模式在 1500 种左右（Chothia，1992）。Jones 等经过统计分析认为折叠模式在 400～700 种之间（Jones et al.，1992）。生物物理所的王志新研究员认为蛋白质的折叠模式在 650 种左右（Wang，1998）。还有人认为这个数目在几千个。

不管蛋白质折叠模式的确切数目为多少，可以肯定的是与蛋白质的序列数目相比，这是一个很小的数目。因此蛋白质结构预测的折叠模式识别方法日显重要。由于基因组计划所产生的大量数据亟待分析，如何发展快速的能够对蛋白质的折叠类型进行识别的方法已成为迫切需要解决的问题。

---

[1] 引自 Branden & Tooze，1999。

3. 蛋白质结构分类数据库

蛋白质结构数据库 PDB 中虽然有几千套数据，但其中有许多突变体的结构，以及高度同源的结构。由以上的讨论我们知道蛋白质的折叠模式是有限的，那么对于已知的蛋白质结构进行归类分析就是十分必要的了。最为著名的蛋白质结构分类数据库主要是由英国的两个研究小组建立的：由剑桥大学的 Chothia 教授小组建立的 SCOP 库 (http://scop.mrc-lmb.cam.ac.uk/scop)，和由伦敦大学院 Thornton 小组建立的 CATH 库 (http://www.biochem.ucl.ac.uk/bcm/cath)。SCOP 与 CATH 的分类方法大同小异，二者最大的区别是 SCOP 基本上靠人工分类，而 CATH 主要是利用程序进行自动化计算。

以下将以 SCOP 为例介绍蛋白质结构的分类方法。

SCOP 将蛋白质结构分为四个层次：结构类型（class）-折叠模式（fold）-超家族（superfamily）-家族（family）。

蛋白质的结构类型分为六类：① 全 α 蛋白；② 全 β 蛋白；③ α/β 蛋白；④ α+β 蛋白；⑤ 多结构域蛋白；⑥ 其他，如膜蛋白、细胞表面蛋白、多肽、小蛋白质及人工设计的蛋白质等。

以全 β 蛋白为例，SCOP 将全 β 蛋白的折叠模式分为 61 种，见表 6.1。β 蛋白的第一种折叠模式为免疫球蛋白样 β 三明治结构，其所包含的超家族数为 9 个，见表 6.2。其中的第一个超家族为免疫球蛋白，含有 5 种蛋白质家族，见表 6.3。而其中的 C2 set 结构域又含有四种蛋白质结构域，见表 6.4。

作者所在实验室从 1995 年开始在本地机器上建立了 SCOP 的镜像中心（http://mdl.ipc.pku.edu.cn/scop/index.html），为本课题组及国内外其他课题组的研究提供了方便。

表 6.1　SCOP 库中全 β 蛋白的折叠模式

蛋白质结构类型：全 β

折叠模式：

1. 免疫球蛋白样 β-三明治（9）

    三明治；在 2 个折叠片里包含 7 个折叠股；希腊钥匙型

    有附加折叠股的折叠模式的一些成员

2. 白喉毒素/转录因子/细胞色素的共同折叠模式（4）

    三明治；在 2 个折叠片里包含 9 个折叠股；希腊钥匙型；

    类免疫球蛋白结构

3. 前清蛋白类似结构（3）

    三明治；在 2 个折叠片里包含 7 个折叠股；希腊钥匙型；

    变异：有附加 1~2 个折叠股的折叠模式的一些成员

4. α-淀粉酶抑制剂（1）

    三明治；在 2 个折叠片里包含 6 个折叠股

5. 铜还原酶（1）

    三明治；在 2 个折叠片里包含 7 个折叠股；希腊钥匙型

    变异：有附加 1~2 个折叠股的折叠模式的一些成员

6. C2 结构域的类似结构（3）

    三明治；在 2 个折叠片里包含 7 个折叠股；希腊钥匙型

7. 后叶激素运载蛋白Ⅱ（1）

    三明治；在 2 个折叠片里包含 8 个折叠股；弯曲

8. 滤过性毒菌的外壳和衣壳蛋白质（1）

   三明治；在2个折叠片里包含8个折叠股；卷状结构

   变异：有附加1~2个折叠股的折叠模式的一些成员

9. 晶状体球蛋白/蛋白S/酵母杀手毒素（1）

   三明治；在2个折叠片里包含8个折叠股；希腊钥匙型

   对称性：有假的内部二重对称性

10. 共脂肪酶键合结构域的类似结构（2）

    三明治；在2个折叠片里包含8个折叠股；复合体的拓扑结构

    对称性：有微弱假的内部二重对称性

11. 糖基化天冬酰胺酶（1）

    三明治；在2个折叠片里包含8个折叠股；卷状结构

12. 胰岛素抑制剂（1）

    三明治；在2个折叠片里包含8个折叠股；带交叉环区复合体的拓扑结构

13. 类半乳糖键合的结构域（1）

    三明治；在2个折叠片里包含9个折叠股；卷状结构

14. 切割RNA-基因组病毒的蛋白质（1）

    三明治；在2个折叠片里包含9个折叠股；卷状结构；三倍体形式

15. F-MuLV受体键合结构域（1）

    三明治；在2个折叠片里包含9个折叠股；希腊钥匙型；在环区包含一些螺旋

16. 腺病毒类型5纤维蛋白质，有球形突出的结构域（1）

    三明治；在2个折叠片里包含10个折叠股；希腊钥匙型

17. 类肿瘤坏死因子（TNF）（1）

    三明治；在2个折叠片里包含10个折叠股；卷状结构

18. 奇异果甜蛋白（1）

    三明治；在2个折叠片里包含11个折叠股

19. 类伴刀豆球蛋白A的植物血凝素/葡聚糖酶（1）

    三明治；在2个折叠片里包含12~14个折叠股；复合体的拓扑结构

20. 超级三明治（2）

    三明治；在2个折叠片里包含18个折叠股

21. 类SH3筒形（6）

    筒形，部分打开；$n^*=4$，$S^*=8$；弯曲

    末尾股被3~10个螺旋组成的转角中断

22. 类GroES蛋白的结构（1）

    包含筒形，部分打开；$n^*=4$，$S^*=8$；弯曲

23. PDZ结构（1）

    包含筒形，部分打开；$n^*=4$，$S^*=8$；弯曲；由α螺旋盖住帽子

24. 小外壳蛋白质的渗透膜结构域g3p（1）

    包含筒形，部分打开；$n^*=4$，$S^*=8$；弯曲；由α螺旋盖住帽子

25. 核糖体蛋白质L14（1）

    筒形，关闭；$n^*=5$，$S^*=8$；弯曲

26. OB-折叠模式（5）

    筒形，关闭或部分打开；$n=5$，$S=10$或$S=8$；希腊钥匙型

27. 膜蛋白的近膜结构域（2）

    核心：筒形，部分打开；$n^*=5$，$S^*=8$；弯曲

28. β-三叶草形（4）

    筒形，关闭；$n=6$，$S=12$；和一个发夹形三联体；弯曲

    对称性：有假的内部三重对称性

29. 还原酶/异构酶/普通结构域的延长因子（3）

    筒形，关闭；$n=6$，$S=10$；希腊钥匙型

30. Tu（EF-Tu）延长因子，C端结构域（1）

    筒形，关闭；$n=6$，$S=10$；希腊钥匙型

31. 类胰岛素丝氨酸蛋白酶（1）

    筒形，关闭；$n=6$，$S=8$；希腊钥匙型

    复制：同一折叠模式的两个结构域组成

32. μ-转位酶，C端结构域（1）

    筒形；$n=6$，$S=8$；希腊钥匙型

33. 类Fl ATP合成酶的α和β亚单位的一个结构域（2）

    筒形；关闭；$n=6$，$S=8$；希腊钥匙型

34. 酸性蛋白酶（1）

    筒形；关闭；$n=6$，$S=10$，复合体拓扑结构

35. 双ψβ-筒形（2）

    筒形；关闭；$n=6$，$S=10$，有交叉（ψ）环区的复合体拓扑结构

36. 谷氨酰胺-tRNA合成酶（GlnRS），C端（反密码子-键合）结构域（1）

    筒形；关闭；$n=6$，$S=10$，复合体拓扑结构

37. PH类结构域（1）

包含筒形，部分打开；n* = 6，S* = 12；弯曲；
由 α 螺旋盖住帽子

38. 转录因子 IIA（TFIIA），N-端结构域（1）
    筒形；关闭；n = 6，S = 12；混合 β-sheet

39. 疱疹病毒丝氨酸蛋白酶，次晶蛋白（1）
    核心：筒形；关闭；n = 7，S = 8，复合体拓扑结构

40. 丙酮酸激酶 β 筒结构域（1）
    筒形；关闭；n = 7，S = 10，复合体拓扑结构

41. 脂质运载蛋白（1）
    筒形；关闭或开放；n = 8，S = 12；弯曲

42. 类抗生蛋白链菌素（2）
    筒形；关闭；n = 8，S = 10；弯曲

43. 胞溶质蛋白（1）
    筒形；关闭；n = 8，S = 10，复合体拓扑结构

44. 4 片 β 螺旋桨结构（1）
    4 个在 β 折叠片里包含 4 个折叠股组成片段；弯曲

45. 6 片 β 螺旋桨结构（1）
    6 个在 β 折叠片里包含 4 个折叠股组成片段；弯曲

46. 7 片 β 螺旋桨结构（3）
    7 个在 β 折叠片里包含 4 个折叠股组成片段；弯曲

47. 8 片 β 螺旋桨结构（2）
    8 个在 β 折叠片里包含 4 个折叠股组成片段；弯曲

48. α-淀粉酶，β 折叠结构域（1）
    折叠片；希腊钥匙型

49. 核苷酸交换因子 GrpE 主要的结构域（1）
    小的混合 β 折叠片，4 个"一般的"折叠股

50. 碳酸酐酶（1）
    单一的折叠片；10 个折叠股；

51. 细菌叶绿素蛋白 A（1）
    单一的折叠片；16 个折叠股；弯曲

52. 外部表层蛋白 A（1）
    单一的折叠片；21 个折叠股；弯曲；中间部分暴露于两边
    对称性：包含 β 发夹重复

53. β 棱柱 I（3）
    由 3 个包含 4 个折叠股的折叠片组成；折叠股平行于 3-fold 轴
    对称性：有假的内部三重对称性

54. β 棱柱 II（1）
    由 3 个包含 4 个折叠股的折叠片组成；折叠股垂直于 3-fold 轴
    对称性：这种折叠方式有两个结构域组成

55. β 卷状（1）
    包含一个平行的 β 螺旋，在它的转角之间键合钙离子

56. 单一的折叠股 右手 β 螺旋（3）
    超螺旋，每一个转角由 3 个折叠股用很短的连接组成
    复制：螺旋的转角是结构重复的

57. 单一的折叠股 左手 β 螺旋（1）
    超螺旋，每一个转角由 3 个折叠股用很短的连接组成
    对称性：相应单个折叠股的序列重复

58. 双折叠股的 β 螺旋（5）
    螺旋的一个转角是由两对反平行的折叠股使用很短的转角连接的，它有三明治那独特的体系结构和卷曲的拓扑结构。

59. 筒形三明治混合的（3）
    半筒形三明治状的 β 折叠片

60. β 回形针（4）
    双折叠股的带子急剧地倾向两个地方；带子终止于形成不完全的筒；卷状结构

61. 尿素酶的 α-亚单元，复合的结构域（1）
    假筒形；7 个折叠股在它的上面折叠并有两个 β 转角"扣住"的混合折叠片

表 6.2 免疫球蛋白样 β 三明治折叠模式所包含的超家族

折叠模式：免疫球蛋白样 β 三明治
三明治；在 2 个折叠片里包含 7 个折叠股；希腊钥匙型
有附加折叠股的折叠模式的一些成员
超家族：
1. 免疫球蛋白（5）
2. 纤维结合蛋白类型 III（1）
3. β-牛乳糖/葡（萄）糖苷酸酶结构域（1）
4. 转氢酶（1）
5. 钙黏着素（1）
6. 类放线菌黄质素（1）
7. 铜，锌超氧化物歧化酶（1）
   在 N 端有一个附加的折叠股
8. 菌毛黏附作用蛋白类结构（2）
9. 紫酸磷酸酶，N 端结构域（1）

表 6.3　免疫球蛋白超家族所包含的家族

超家族：免疫球蛋白

家族：

1. 抗体可变区结构域（100）
2. 抗体不变区结构域 C1（92）
3. 抗体不变区结构域 C2（4）
4. 抗体 I 区结构域（7）
5. 抗体 E 区结构域（17）

表 6.4　抗体恒定区结构域 C2 家族所包含的蛋白质

家族：C2 结构域

蛋白结构域：

1. 血管细胞黏着的分子 1 的第二个结构域（VCAM-1）
   （1）人类（2）
2. 细胞之间的细胞黏着的分子 2 的第二个结构域（ICAM-2）
   （1）人类（1）
3. CD4
   （1）人类（9）
   （2）老鼠（1）
4. CD2
   （1）人类（1）
   （2）老鼠（1）

（八）蛋白质的进化[1]

同源性的蛋白质（homologous protein）是从一个共同的祖先进化而来的，往往具有相关的功能（例如丝氨酸蛋白酶）并采取相似的三维结构。序列的相同性有时可低到 20% 以下，但三维结构在总体上是保守的。蛋白质结构的核心在序列上及三维结构上均比表面环区更保守。

类似的蛋白质（analogous protein）可以采取相似的三维结构，但序列的同源性要低于 20%（通常为 10% 左右）。在连接规则二级结构的环区及二级结构间的堆积方面会有一些变化。这种序列不同源的蛋白质采取类似三维结构的现象可能是由于所谓的收敛进化（由不同的祖先进化到同一种稳定的结构）所造成的。

随着序列的相同性从高度同源到远缘同源到类似性，蛋白质结构核心及二级结构的保守性也随之降低，保守的侧链间堆积也随之减少。

如何识别蛋白质的同源性及类似性是蛋白质结构预测中的一个重要研究课题，也是蛋白质结构预测的基础。

---

[1] 引自 Doolittl, 1994。

四、二级结构预测[1]

(一) 二级结构预测概况

蛋白质二级结构预测是蛋白质结构预测的主要组成部分之一,对于新测定的未知结构的蛋白质序列可以快速得到一些有用的信息。早在20世纪70年代只有几个蛋白质的晶体结构数据的情况下,人们就发现不同的氨基酸残基对于不同的二级结构具有不同的倾向性,由此而发展出来许多种二级结构预测方法。这些方法可以分为三类:统计/经验算法,其中最为著名的有基于经验统计规则的Chou-Fasman方法及基于信息论算法的GOR方法;物理-化学方法,基于对于蛋白质结构的物理及化学原理的预测,如Lim方法;机器学习方法,致力于将前两种方法的优点结合起来。

蛋白质二级结构预测不仅仅可以给出二级结构信息,在实际工作中有广泛的用途。如:① 由蛋白质二级结构统计分析得到的规则可用于全新蛋白质设计或蛋白质突变体的设计;② 当序列同源性较低时,二级结构的指认有助于确定蛋白质间结构与功能的关系;③ 在同源蛋白质模建中,二级结构预测有助于建立正确的序列比对关系;④ 在基于二级结构片段堆积的三级结构预测中正确的二级结构预测是第一步;⑤ 二级结构的预测有助于多维核磁共振中二级结构的指认,同时也有助于晶体结构的解析。

(二) Chou-Fasman方法

Chou-Fasman方法曾经是现在仍然是最为普遍应用的方法。该方法的原理易于理解,简单实用,结果准确度较高。其基本出发点在于对于蛋白质20种不同的氨基酸残基在不同的二级结构中出现的几率进行统计分析得出在不同二级结构中出现的倾向性。利用这种倾向性,加之周围残基的信息,在一定规则的指导下就可以进行预测了。

(三) GOR方法

GOR (Garnier-Osguthorpe-Robson) 方法基于信息论算法,是所有统计算法中理论基础最好的。其基本原理是将一级结构与二级结构看成是由一个转化过程相联系的两个信息。结构预测依赖于每个氨基酸残基及其周围的残基所携带的二级结构信息。为了避免需要大量的实验数据,GOR方法将信息函数分为多项加和形式,并且只考虑双残基及单残基所携带的信息:一个残基携带其自身的二级结构信息,同时携带有另一个残基的二级结构信息,包含不依赖于另一残基类型的和依赖于另一残基类型的信息。

---

[1] 引自来鲁华,1993;Sternberg,1996。

（四）最近邻居方法

在最近邻居方法（nearest neighbor method）中新测定的序列被归类于与已知的最相近的序列具有相同的二级结构。其基本出发点在于相似的序列具有相似的二级结构，但在蛋白质结构中有相当多的例子是同一个序列的短肽在不同的蛋白质中采取不同的构象，也就是说蛋白质的二级结构除了本身的因素外，还受长程相互作用的影响。最近邻居方法原理易于理解，但其复杂性在于如何定义两个序列的相似性。

（五）神经网络方法

神经网络学习系统是一组有相互联系强度的非线性的单元。用于二级结构预测的神经网络多为误差回传式反馈网络。用于二级结构预测的神经网络方法有许多种，其中代表性的为最早发表的 Qian 和 Sejnowski 方法以及广泛应用的 PHD 方法（Rost & Sander，1993）。相对而言神经网络方法便于应用，有较高的预测准确度。最大的缺点是没有明确的物理化学意义。

（六）基于多重序列比对的二级结构预测

基于单个序列的二级结构预测方法经过近三十年的发展，虽然可以利用的实验数据有了数十倍的增长，但预测准确度提高得不明显。在单个残基基础上的预测准确度在 58% 左右。

近年来二级结构预测最大的进展在于意识到蛋白质序列进化信息对于二级结构预测的重要性。将同源序列的信息引入二级结构预测中，可以将二级结构预测的准确度提高到 70% 左右。基于同源序列对比的二级结构预测方法有两类：一类是自动程序算法，如改进的 GOR 方法及 PHD；另一类是专家参与的多重序列对比，然后进行二级结构预测。随着多重序列搜寻方法 PSI-BLAST 的发展（Altschul et al.，1997），基于 PSI-BLAST 多重序列比对的二级结构预测方法 PSIPRED 也见诸报道（McGuffin et al.，2000）。PSIPRED 利用 PHD 的算法，将 PSI-BLAST 产生的多重序列比对用于训练及预测，使预测准确度从 70% 提高到 77%。

（七）二级结构预测的准确度

二级结构预测方法针对不同蛋白质所给出的准确度可能会有很大差别。总的来讲，单序列的预测准确度在 60% 左右，应用多重序列对比信息的二级结构预测准确度在 65%～85% 之间。例如 Rost 和 Sander 方法的预测准确度为 $71.0\% \pm 9.3\%$。

（八）二级结构在线预测（online prediction）

许多蛋白质二级结构预测程序包含在标准的分子生物学软件或商业化软件中，其中绝大部分都可以从因特网上免费下载。除了可以下载免费的软件外，更为方便的是进行在线计算：可以通过送 E-mail 的方式，也可以在因特网上实时计算。可以进行二级结构预测在线计算的网站有许多，使用率较高有两个网站为：

1. PHD 算法

PredictProtein 网站的地址为:http://cubic.bioc.columbia.edu/predictprotein/。北京大学生物信息中心也建立了该网站的镜像:http://www.cbi.pku.edu.cn/predictprotein/index.html。

2. GOR 算法

http://molbiol.soton.ac.uk/compute/GOR.html。

五、三级结构预测

（一）同源蛋白质结构预测

同源蛋白质结构预测也称之为比较模建方法，是目前为止最为成功及实用的蛋白质结构预测方法（Sternberg, 1996; Sanchez & Sali, 1999）。当一个或多个同源蛋白质的结构已知时可以成功地进行结构模建。同源蛋白质结构预测的出发点是在进化过程中蛋白质三维结构的保守性远大于序列的保守性，当两个蛋白质的序列同源性高于35%时，一般情况下它们的三维结构基本相同。同源蛋白质结构预测的吸引力在于：蛋白质结构具有确定种类的折叠模式，在没有明显序列同源性的情况下两组蛋白质也会采取类似的结构；已知蛋白质的序列远多于实验测定三维结构的数目；由于所得到的模型具有相当高的准确性，可在一定程度上用于解释实验数据、进行突变体设计、进行药物设计等。

同源蛋白质结构预测的方法有多种，大体上可分为片段组装法和距离几何法。片段组装法如 COMPOSER, SWISS-MODEL, 距离几何法如 MODELLER，许多商业化软件中都包含同源蛋白质结构预测模块（如 MSI 软件中含有 COMPOSER 及 MODELLER 模块）。其中 SWISS-MODEL 可以在因特网上进行免费在线计算(http://www.expasy.ch/swissmod/SWISS-MODEL.html)。

同源蛋白质结构预测的主要步骤为：
① 寻找一个或一组与待测蛋白质同源的由实验测定的蛋白质结构，进行结构叠合；
② 建立未知蛋白质与已知结构蛋白质的序列比对；
③ 找出结构保守性的主链结构片段；
④ 模建结构变化的区域，一般为连接二级结构片段间的区域；
⑤ 侧链模建；

⑥ 利用能量计算的方法进行结构优化。

同源蛋白质结构预测所存在的问题有：自动的模建过程常常在序列比对步骤出问题，因而需要选择不同的比对方式建立多个模型，通过结构优化并与已知的实验数据比对进行筛选；可变的环区结构预测仍然是一个问题，需要发展新的高精度进行表面环区计算的方法，由于蛋白质的活性部位或配体结合部位往往位于环区，因此环区预测的好环直接影响到利用模型进行下一步的蛋白质或药物设计；能量优化时有时会将结构"变坏"，在具体计算时需要引入限制条件，采取逐步放开的方法仔细进行计算。

得到结构模型后还需要进行检验：首先检查总体的折叠模式是否正确；然后检查局域结构是否正确；再检查立体化学是否合理，如键长、键角的合理性，二面角是否落在允许区内，是否存在不合理的过近原子接触等。有些商业的软件包中提供了检验算法，也可以利用独立的程序进行计算，如 PROCHECK（Laskowski et al.，1993）。

（二）蛋白质折叠类型识别

1. 蛋白质折叠类型识别所要解决的问题

20 世纪 90 年代初蛋白质结构预测的突出进展是发展了蛋白质折叠类型的识别方法，也称之为："threading"或逆向折叠问题（inverse folding problem）（Sippl，1995；Bryant，1996）。其主要的进展是针对那些没有明显的同源性但又采取类似结构的蛋白质。需要解决的实际上是两个问题：第一个问题是一个新测定的蛋白质序列是否能够折叠成为已知的折叠模式，也就是将一个单一的序列与蛋白质折叠库中所有类型进行匹配，找出最接近的一种（threading）；第二个问题是给定一个结构，能否在序列库中找出所有能够折叠成该结构的序列（inverse folding problem）。

蛋白质折叠类型识别与从头建立一个蛋白质所不同的是利用已知的结构类型作为模板，主要包含三大步骤。

① 需要从已知的蛋白质结构数据库中构建非重复性的蛋白质折叠模式库。有关蛋白质折叠模式库的情况已在本章前面部分中进行了介绍。

② 需要建立一套势函数或计分矩阵用于判别序列与结构的匹配情况。

③ 用于建立序列与结构进行排比的最佳算法。

2. 判别序列与蛋白质结构模式库匹配的计分方法

计分方法中最为著名的是 Bowie 等人发展的一维-三维剖面法（1D - 3D profile）（Bowie et al.，1991）。该方法利用每一个残基在蛋白质结构中所处的环境描述蛋白质的折叠类型。每个残基在蛋白质结构中所处的环境由局域的二级结构（三种状态：α、β及无规卷曲），溶剂可及性（三种状态：全部埋藏、部分埋藏及全部暴露），极性原子的埋藏度来定义。由此定义的特定残基的环境比残基本身在蛋白质结构中的保守性更好。因此这种方法可以比常规的序列比对探测出较远的序列与结构关系。该方法也可用于检验蛋白质结构模型的好坏。

3. 判别序列与蛋白质结构模式库匹配的势函数方法

与传统的力场,如 CHARMM、AMBER 力场的建立不同,反向折叠研究中的力场主要是建立在已知的结构信息基础上,是一种基于结构知识的势场(knowledge-based potential)。已知的蛋白质结构数据中隐含了大量的折叠信息,它们包含范德华力、疏水性相互作用、氢键作用、静电作用等各种因素。将能够表征这些作用的特征物理量抽取出来,找出其分布函数,在数据量具有统计意义的前提下利用 Boltzmann 机制反推出残基处于这一物理状态时所具有的能量。这种基于已知结构知识的经验力场通常被称作平均势(potential of mean force, PMF)。统计工作要在一个有效的、独立的蛋白质结构数据套中进行,即在具有高分辨率 [通常分辨率高于 2Å,同源性低(通常序列一致性小于 25%)] 的蛋白质结构数据套中进行。事实上,反向折叠这一思想一经提出,各类函数及算法便应运而生,各自显示了较高的成功率。

范德华力、疏水性相互作用、氢键作用、静电作用是形成及稳定蛋白质分子结构的重要因素,如何在平均势场中表征这些作用,是人们目前极为关注的一个方向。国际上已有几家实验室构建了各有特色的平均势场,其中多数力场无明确的物理意义,如统计特定残基对原子间的距离,统计残基或原子在给定范围内的接触情况;而另外一些力场则明确地考虑了疏水作用,氢键作用。蛋白质分子的主链对于其三维空间结构的形成及确定起着极为关键的作用;而且由于所有氨基酸残基的主链原子种类相同,所以氨基酸主链原子的性质间有可比性,利用蛋白质分子的主链性质构建平均势场,不仅将促进反向折叠的研究,而且将深化人们对蛋白质折叠的认识。作者所在的实验室首次将反映蛋白质中氨基酸残基溶剂可及性及电性的极性分数引入平均势函数,并结合主链二面角等其他主链特征物理量,构建了平均势函数,并将它们应用到反向折叠研究中来(Wang et al., 1995, 1996)。

我们所采用的极性分数(polar fraction,简写为 POLFRAC)的定义为

$$POLFRAC = \sum_{i=1}^{NATOM} POLSURF(i) / \sum_{i=1}^{NATOM} SURF(i) / POLFRAC\_MAX \quad (1)$$

$$POLSURF(i) = |q(i)| * SURF(i) \quad (2)$$

其中,$NATOM$ 为氨基酸残基主链原子数目,$|q(i)|$ 为原子 i 所带电荷的绝对值,$SURF(i)$ 为原子 i 的溶剂可及表面,其中 $POLFRAC\_MAX$ 为残基处于伸展构象时的最大极性分数。

然后利用 Boltzmann 机制构建平均势场,采用类似 Sippl 的统计方法进行。

据 Boltzmann 统计分布规律,处在某一状态 S 且具有能量 $E(s)$ 的构象在构象空间中出现的概率为

$$f(s) = \exp[-E(s)/kt]/Z$$

其中

$$Z = \int \ldots \int \exp[-E(s)/kt] ds$$

我们以残基主链的极性分数、残基主链二面角 φ、ψ 为参量 X,分别统计各氨基酸残基处于参量取值空间 [$X\_\min, X\_\max$] 中每一取值区间的几率,由此计算构象能

量平均势。将每一物理量的取值区间分为十个，分别统计 20 种氨基酸残基在各个区间内出现的几率 $faa(k, i\_res, n\_region)$，统计所有氨基酸残基在各个区间内出现的几率 $f(k, n\_region)$。其中，k 表示物理量，i_res 表示氨基酸残基，n_region 表示取值区间。

据 Boltzmann 统计分布规律，残基处于某种状态，即某一物理量处在一确定的区间内时所具有的能量由下式给出

$$\triangle E(i\_res) = W(i\_res) \sum_{k=1}^{n\_para} \triangle E(k, i\_res, n\_region) \quad (3)$$

$$= W(i\_res) \sum_{k=1}^{n\_para} kt\text{Ln}[1+C] - kt\text{Ln}[1+C*faa'/f']$$

$$C = m\_res * \sigma$$

$$faa' = faa(k, i\_res, n\_region)$$

$$f' = f(k, n\_region)$$

其中，n_para 表示参数的数目，m_res 为 20 种氨基酸分别在数据套中出现的次数；σ 表示 20 种氨基酸在数据套中出现的平均次数，为一常数，这里取为 800。$W(i\_res)$ 为氨基酸残基 i_res 的权重因子。

整条链的能量由各残基的能量线性加和而得

$$\triangle E = \sum_{i=1}^{n\_res} \triangle E(i\_res) \quad (4)$$

其中，n_res 为整条链的氨基酸数目。

4. 序列与结构排比的算法

最简单的办法是利用已知的构象为某一目标序列构建构象库，即将目标序列放在已知结构的蛋白骨架上进行滑动，人们把这一算法形象地称为 Threading 算法。例如，将一含有 100 个氨基酸残基的序列放在一个含有 200 个氨基酸残基的已知结构的蛋白骨架上滑动（假定连续滑动，无插入或删除），将为目标序列构建 101 个构象。再用平均势函数对这 101 种匹配进行评价。Jones 等采用双重动态规划的算法来进行序列与结构的比对，计算过程中考虑成对的作用能，取得了较好的结果（Jones et al., 1992）。

5. 常用的程序以及结果的评估

Jones 等人发展的基于成对能量的 THREADER 程序可以进行在线免费计算（http://insulin.brunel.ac.uk/~jones）。在 Bowie 等一维-三维剖面方法研究基础上由 D. Fisher 等人建立的蛋白质折叠类型识别网站：http://fold.doe-mbi.ucla.edu/Home，蛋白质折叠模式识别计算的结果往往是给出序列与结构匹配的能量值或者是打分函数值（如 Z-score）。常用的程序在输出结果时均会给出提示：打分函数值在何种范围内可认为序列与该折叠模式能够很好匹配，在何种范围内有可能匹配，在何种范围内不能匹配。一般情况下，如果有一个或几个解的分值明显高于其他解，则可信度较高；如分值较为弥散，则需要考虑多种可能性（如考察前 5 个解的情形），并根据已知的实验数据做出判断。

蛋白质折叠模式识别计算所存在的问题是即使能够判别出一个序列与某个结构相匹配，也难以像同源蛋白质结构预测一样模建出可靠的结构模型。其中主要的原因是当序列同源性很低时，在序列与结构的联配中难以给出准确的解，特别是在有较大的序列插入或删除时。另外蛋白质折叠模式识别计算还受限于已知蛋白质折叠的种类，无法发现新的折叠类型。

需要强调的是远缘的蛋白质序列虽然有时可以折叠成类似的空间结构，这并不意味着它们具有相似的生物学功能。蛋白质的功能往往由特定构象以及少数几个残基的特定空间位置所决定。如何根据预测出的结构模型进行蛋白质功能的预测是有待于进一步研究的问题。

（三）蛋白质结构从头预测[1]

在没有类似的蛋白质结构可以利用的情况下，许多研究小组尝试进行蛋白质结构的从头预测。这类的研究可以分为四类。

① 二级结构片段的堆积计算，假定在已知二级结构的情形下进行二级结构片段的组合堆积计算，计算量大，对于易偏离标准二级结构的情形较为困难。目前在 α 类小蛋白质的结构预测中取得了一定的成功。与此相关的是跨膜 α 蛋白拓扑结构的预测。

② 简化模型的计算。例如以一个圆球代表一个氨基酸残基的侧链，利用晶格模型进行计算。美国 Cornell 大学的 Scheraga 小组开始以简化模型代表蛋白质结构，逐步过渡到全部原子模型，对于含有 36 个残基的小蛋白质的计算取得了合理的结果（与晶体结构的均方根偏差小于 3.8Å）。Skolnick 研究小组利用晶格模型对于一些小蛋白质进行了结构模拟，所得到的有些结构与晶体结构的偏差（Cα 原子）在 2.25～3.65 Å 之间。

③ 从最近一次的蛋白质结构预测评估（CASP3，1998）来看，基于短片段（3～9 个残基）结构的预测取得了显著的进展（Sternberg，1999；Moult，1999）[2]。这类的预测虽然仍称之为从头预测，实际上是基于知识的结构预测与从头预测的结合。首先对于未知蛋白质的片段根据其与已知结构肽段序列的相似性进行结构预测，然后将这些片段进行组装，并以一定的能量函数进行判断。最后辅以人工筛选的方法给出预测模型。

④ 完全根据蛋白质的物理模型进行分子动力学模拟在小蛋白质的结构模拟中取得了突破性进展。Duan 和 Kollman 利用 AMBER 全原子力场，在充分溶剂化的情况下对于一个 36 肽在由几百个 CPU 构成并行超级计算机（Cray T3E）进行了 1 微秒的分子动力学模拟（花费了两个半月的机时），得到了与晶体结构有一定类似性的结构，并观察到了蛋白质折叠的中间体（Duan & Kollman，1998）。尽管这只是一个特例，对于其他蛋白质是否能够普适还是疑问，而且也并未能得到与晶体结构完全一致的结构，但至少提示我们用于蛋白质结构模拟的力场有很大程度的合理性。IBM 公司花费了 5 年的时间正在研制专门用于蛋白质折叠模拟的计算机，据说目前硬件问题已经解决，下一步将

---

1) 引自 Osguthorpe，2000。

2) 2000 年又有一次 CASP4，2001 年初结果揭晓。

对各种势函数进行测试。据称届时花一年的时间可以折叠一个蛋白质。该类的从头计算可能会有大的突破。

由于从头预测的方法不依赖于已知的蛋白质结构模式，最终将能给出一个蛋白质结构预测的普适解决方法。有关的研究虽然尚处于探索阶段，但伴随着人们对于蛋白质结构认识的提高以及计算能力的飞速发展，在不远的将来会有激动人心的发展。有关的研究方法也将逐步走向成熟，并跨出方法发展者实验室的大门而得到广泛的应用。

六、蛋白质结构预测发展趋势

基因组计划的进展每天产生大量数据，如何对这些数据进行分析并预测基因的产物——蛋白质的结构与功能成为蛋白质结构预测领域的主要挑战。1997年前后，美国、欧洲、加拿大及日本的科学家提出了"结构基因组（structural genomics）计划"，前几年的研究处于探索阶段，经过几年的努力已逐步形成规模，各国政府都已投入了巨额资金进行资助（Terwilliger，2000；Heinemann，2000；Yokoyama et al.，2000）。

结构基因组计划是后基因组时代一个重要的研究方向，其最终的目标是通过实验及计算的手段搞清楚每一个基因产物的结构及功能。由于近期内无法测定所有蛋白质的结构，因此结构基因组选择目标蛋白质的方法可以分为两类：① 基于蛋白质折叠类型有限性的推断，对于已测出的蛋白质序列进行归类分析计算，选择有代表性的蛋白质进行研究，试图系统找出所有可能的新的蛋白质折叠模式；② 选择有重要生物学功能或与人类重大疾病有关的蛋白质进行研究，类似于"淘金"型研究（Brenner，2000）。

后基因组时代对于蛋白质结构预测所提出的要求，作者认为主要有如下几点。

① 对于基因组数据进行大规模归类分析的方法。对于高同源性的蛋白质，可以利用序列比对的方法进行，并利用同源蛋白质结构预测的方法构建蛋白质结构模型。对于低同源性的采取类似三维结构的蛋白质，需要发展敏感的探测方法；如近年发展的用于多重序列比对的PSI-BLAST方法（美国NCBI），以及蛋白质折叠模式识别方法在基因组计算中的应用。我们知道蛋白质折叠模式识别方法在某些情况下可以探测出蛋白质的远缘同源性或类似性，但成功率还不高，计算速度适用于单个蛋白质的计算，对于大规模的基因组计算来说速度太慢。目前已有不少研究小组试图发展快速的可用于基因组计算的蛋白质折叠模式分析方法。

② 如何根据实验测定或预测的蛋白质三维结构进行蛋白质的功能预测。以往的蛋白质结构预测多是在所研究的蛋白质已有较多的生物学数据的情形下进行的。在后基因组时代，许多未知功能的蛋白质（hypothetical protein）急需进行研究。如何根据这些蛋白质的结构或者仅从序列出发来预测功能成为迫切需要解决的问题。

③ 对于蛋白质的结构预测以往主要集中在对于单个蛋白质结构及功能的预测。事实上在生物体内，蛋白质的生物功能是相关的，基因组全序列的公布为研究基因或蛋白质网络、或蛋白质间的互相作用与调控提供了可能。对于蛋白质网络的认识也为研究药物在人体内的复杂作用过程提供了可能。

④ 高精度的同源蛋白质结构预测方法。虽然同源蛋白质结构预测被认为是成熟的方法，但其精度距离蛋白质结构与功能关系以及药物设计研究的要求还相差很远。主要

需要解决的问题是非保守区域（多为表面环区）的结构计算及精确的序列-结构联配计算。

⑤ 虽然许多人集中在基于知识的或较为实用的蛋白质结构预测方法研究，有关蛋白质结构从头预测的研究仍然是一个诱人的可能会有重大突破的领域。因为这方面的进展有助于人们理解蛋白质折叠的过程、影响蛋白质结构稳定性的因素等基本问题。

（来鲁华）

参考文献

来鲁华. 1993. 蛋白质结构预测与分子设计. 北京：北京大学出版社

Alschul SF, Madden TL, Schaffer AA et al. 1997. Gapped BLAST and PSI-BLAST: a new generation of protein data base search programs. Nucleic Acids Res, 25：3389~3402

Anfinsen CB. 1973. Principles that govern the folding of protein chains. Science, 181：223~230

Berman HM, Westbrook J, Feng et al. 2000. The Protein Data Bank. Nucleic Acid Res, 28：235~242

Bowie JU, Luthy R, Eisenberg D. 1991. A method to identify protein sequences that fold into a known 3-dimensional structure. Science, 253：164~170

Branden C, Tooze J. 1999. Introduction to Protein Structure. 2nd. New York：Garland Publishing

Brenner S. 2000. Target selection for structural genomics. Nature Struc Biol, 7 (supp)：967~969

Bryant SH. 1996. Evaluation of threading specificity and accuracy. Proteins, 26：172~185

Chothia C. 1992. One thousand families for the molecular biologist. Nature, 357：543~544

Doolittle RF. 1994. Convergent evolution：the need to be explicit. Trends Biolog Sci, 19：15~18

Duan Y, Kollman PA. 1998. Pathways to a protein folding intermediate observed in a 1 microsecond simulation in aqueous solution. Science, 282：740~744

Fischer D, Eisenberg D. 1999. Predicting structures for genome proteins. Curr Opi Struc Biol, 9：208~211

Heinemann U. 2000. Structural genomics in Europe：slow start, strong finish ? Nature Struc Biol, 7 (supp)：940~942

Jones DT, Taylor WR, Thornton JM. 1992. A new approach to protein fold recognition. Nature, 358：86~89

Laskowski RA, MacArthur MW, Moss DS et al. 1993. PROCHECK-A program to check the stereochmical quality of protein structures. J Appl Crystallogr, 26：283~291

McGuffin LJ, Bryson K, Jones DT. 2000. The PSIPRED protein structure prediction server. Bioinformatics, 16：404~405

Moult J. 1999. Predicting Protein three-dimensional structure. Cur Opin Biotech, 10：583~588

Osguthorpe DJ. 2000. Ab initio protein folding. Curr Opi Struc Biol, 10：146~152

Rost B, Sander C. 1993. Improved prediction of protein secondary structure by use of sequence profiles and neural networks. Proc Natl Acad Sci USA, 90：7558~7562

Sanchez R, Sali A. 1999. Comparative protein structure modeling in genomics. J Comput Phys, 151：388~401

Sippl MJ. 1995. Knowledge based potentials for proteins. Curr Opin Struc Biol, 5：229~235

Skolnick J, Fetrow JS. 2000. From genes to protein structure and function：novel applications of computational approaches in the genomic era. Trends Biotechnol, 18：34~39

Sternberg MJE. 1996. Protein structure prediction-a practical approach. Oxford：Oxford Press

Sternberg MJE, Bates PA, Kelly LA et al. 1999. Progress in protein structure prediction：assessment of CASP3. Curr Opin Struc Biol, 9：368~373

Terwilliger TC. 2000. Structural genomic in North America. Nature Struc Biol, 7 (supp)：935~939

Yokoyama S, Hirota H, Kigawa T et al. 2000. Structural genomics projects in Japan. Nature Struc Biol, 7 (supp)：943~945

Wang YL, Lai LH, Li SW et al. 1996. Position-dependentprotein mutant profile basedon mean force field calculation. Protein Engineering, 9: 479~484

Wang YL, Lai LH, Han YZ. 1995. A new protein folding recognition potential function. Proteins, 21: 127~129

Wang ZX. 1998. A re-estimation for the total numbers of protein folds and superfamilies. Protein Eng, 11: 621~626

第七章

生物信息学与药物设计

一、当代生物医药研究所面临的困难

创新药物的研究具有重大的社会效益和经济效益。现代生物医药产业作为高投入、高风险,同时又是高回报的高科技产业,在许多国家已经成为"新经济"的重要支柱之一,它也必将成为我国 21 世纪的支柱产业和重要的经济增长点之一。随着国际上有关知识产权保护的各项法规日趋完善,新药创制的重要性和紧迫性日益明显。然而,新药的寻找是一件耗资巨大而效率很低的工作。据国际上的统计,研制成功一种新药,平均需要花费 10～12 年的时间,筛选 1.5 万～2 万种化合物,耗资 3.0 亿～5.0 亿美元。造成这种状况的一个重要原因,就是新药的发现还缺乏深入的理论指导,新药的创制至今仍主要依赖大量的随机筛选。这种状况迫切需要通过应用新的理论方法和技术予以改变。

药物的创制过程主要存在两个瓶颈:一个是疾病相关的靶标生物大分子的确定及验证;另外一个是具有生物活性的小分子药物的设计和发现。近年来,人类基因组计划和蛋白质组计划的开展,为生物医药研究提供了丰富的生物学信息。而从这些纷繁复杂的生物信息中寻找合适的药物作用靶标是生物信息学的重要目标之一。计算机辅助药物设计是在社会对医药需求的强大推动下逐步发展起来的,今天,应用各种理论计算方法、生物信息学知识和分子图形模拟技术,进行计算机辅助药物设计(computer-aided drug design,CADD),已成为国际上十分活跃的科学研究领域。本章论述生物信息学在药物研究中的应用及计算机辅助药物设计。

二、现代生物学给生物医药带来的发展契机

基因组学、蛋白质组学和生物信息学对生物科学以及生物医药的最大影响在于它们试图从整体上对生命现象进行研究,这不同于以往的研究思路,反映了生命科学研究对象的特点。基因组学和蛋白质组学从整体上分别对基因和蛋白质进行研究。如果说基因组学的研究还是偏重于静态的遗传信息,那么蛋白质组学的研究对象就不仅仅局限于 DNA 或 mRNA 所携带的遗传信息,它还包括翻译后发生的事件:蛋白质的稳定性、蛋白质的结构修饰(磷酸化、糖基化、乙酰化和甲基化)以及蛋白质的细胞定位等。考虑

到疾病的多因素本质，蛋白质组学同时研究大量事件所获得的信息远远优于由分析孤立事件得到的信息。蛋白质组学获得的这些信息与基因组信息一起为生物医药研究提供了良好的基础。

自从第一种微生物的基因组测序完成以来，又有 30 种微生物的基因组完成了测序，目前已完成基因组测序的微生物包括酿酒酵母（*Saccharomyces cerevisiae*）、大肠杆菌（*Escherichia coli*）、流感嗜血菌（*Haemophilus influenzae*）、生殖道支原体（*Mycoplasma genitalium*）、詹氏甲烷球菌（*Methanococcus jannaschii*）和肺炎支原体（*Mycoplasma pneumoniae*）等（截至 2000 年 5 月 4 日，http://ww.tigr.org）。还有更多的微生物的基因组测序工作正在进行。完成基因组测序的动物有果蝇（Myers et al.，2000；Adams et al.，2000）。由于中国、美国、英国、德国、法国和日本六国科学家的不懈努力，人类基因组计划的全部测序工作也已经完成（McPherson et al.，2001）。基因组计划所获得的大部分数据都是公开的，人们可以通过因特网快速访问这些数据。

基因组学和生物信息学对生物科学具有深远的影响，同时也将引起药物设计的革命。利用基因组计划得到的数据，已经发现许多疾病相关的基因，如遗传性非息肉病克隆癌症基因（hereditary nonpolyposis colon cancer gene，MSH1，MLH1）（Strand et al.，1993）、神经纤维瘤 1 型基因（neurofubromatosis type 1 gene，IRA2）（Gutmann et al.，1993）以及沃纳麻痹性眩晕综合征基因（Werner's syndrome gene，SGS1）（Sinclair et al.，1997）。在抗感染研究领域，科学家也希望能通过微生物基因组学发现全新的疾病相关基因作为抗生素靶标，根据这种策略设计的药物可能具有更好的选择性，因而副作用较小。

考虑到人类基因组学信息对生物医药行业的巨大影响，全球的各大制药公司对基因组计划、生物信息学都非常重视。在 Smithkline Beecham 制药公司，30% 以上的药物研究项目是由基因组研究的结果开始的（Bains，1996）。为了充分利用人类基因组信息，加快药物开发速度，抢占市场，以赢得高额利润，国外大的制药公司纷纷建立自己的生物信息学部门，或者与生物信息技术研究机构合作（Dyer et al.，1999）。

三、基因组学、蛋白质组学和生物信息学在药物研究中的应用

通常有两种寻找药物的方式，一种是传统的基于动物器官、组织或基于细胞的药物筛选方式，另一种是更为现代的基于分子的药物筛选方式。传统的药物筛选方式对化合物的评价标准是能够改变疾病症状。实践证明这种方式是行之有效的，通过这种传统的药物筛选方式已经找到了许多具有体内活性的化合物，其缺点是药物作用机理不明确，筛选所需时间长、花费大、灵敏度低，所需化合物的数量大。第二种药物设计方式，是选定对疾病防治起决定作用的靶标生物大分子，利用分子水平的高通量筛选方法，快速地确定能够调节靶标生物大分子功能的小分子化合物。基于分子靶标的筛选方法能筛选出对靶标生物大分子具有高活性的抑制剂或激动剂，并且这样得到的化合物具有明确的作用机制，但这些化合物的代谢性质、生物利用度以及作用的选择性尚不明确，对其是否能成药可能会有影响。

人类基因组计划及蛋白质组计划的实施，将会有越来越多疾病相关靶标被发现，并给药物的研究带来巨大的发展机遇。然而，人类基因组及蛋白质组固有的复杂性使得从海量信息中寻找合适的分子靶标成了一个极富挑战性的工作。

（一）选择药物作用靶标的标准

在大多数情况下，药物的效果最终取决于它所针对的靶标生物大分子。一些难以征服的病魔如癌症、老年痴呆症等迄今为止疗效不理想，很大程度上是因为目前还没有找到合适药物作用靶标，现有药物针对的靶标有的同时存在于人体正常细胞中，有的效果并不明显，针对这些靶点开发的药物将不可避免地具有严重的副作用，或者药效差难以取得理想的治疗效果。而曾经引起恐慌的艾滋病在确定 HIV-1 蛋白酶、反转录酶、整合酶等一系列特异性的、有效的靶标后，情况已大为改善。

1. 抗菌及抗病毒靶标

感染性疾病中，在接受器官移植或其他免疫抑制条件下由真菌引起的严重的系统感染日益受到重视（Hay，1991）。而目前用于治疗真菌系统感染的药物只有两性霉素 B（amphotericin B）、5-氟胞嘧啶（5-fluorocytosine）、氟康唑（fluconazole）以及伊曲康唑（itraconazole）等有限的几种药物，而且这几种药物又有毒性、抗药性或治疗范围窄等方面的严重缺陷。因此，通过基因组学、蛋白质组学以及生物信息学寻找新的药物作用靶标具有重要的现实意义。

F. Spaltmann 等（Spaltmann et al., 1999）提出判断一个基因是否适合作为抗菌靶标，必须考虑基因的以下一些性质：

① 基因对病菌的存活或感染是否重要；
② 相同或相似的基因在其他真菌以及人体中的分布情况；
③ 可用以发展高通量筛选的生物化学或功能信息。

以上的一些考虑虽然是针对病菌提出的，但对病毒、癌症等其他一些疾病相关靶标的选择同样具有借鉴意义。

标准①是显而易见的，如果基因对病菌、病毒的存活、感染至关重要，选择它作为药物靶标可能会取得很好的治疗效果。反之，则难以达到好的治疗效果。

在病菌和病毒这一类高度变异性的生物体系中，即使是对体系至关重要的生物大分子，其序列或结构的突变频率也是非常高的，因此常常出现抗药性问题。不过这一类的靶标分子也可能有保守性的结构域，这种结构的保守性意味着对靶标分子的生物功能是必不可少的，针对保守性结构域的药物能比较有效地克服抗药性问题。

流行感冒病毒具有高度的可变异性，有时会在全球范围内肆意扩散，但一直找不到有效的药物。历史上有据可查的四次感冒流行分别是 1918 年的世界大流行、1957 年的亚洲流感、1968 年的香港流感和 1977 年的俄罗斯流感。其中 1918 年的世界大流行夺去两千万人的生命。而已知的药物只对某一种流感起作用，而且还有严重的副作用，另外流感病毒对这些药物可能产生抗药性。流感新药开发的突破性进展是 Laver 等（Varghese et al., 1983; Colman et al., 1983）在 1983 年测定了神经氨酸酐酶的晶体结构，一系列的研究使科学家认识到神经氨酸酐酶的活性部位可能是所有流感病毒亚型的惟一致命弱点。流感病毒通过其表面的血细胞凝集素结合到人或动物细胞表面的唾液酸上而侵入细胞，但在细胞中产生的新的病毒粒子表面都包裹着唾液酸，如果不能清除这些唾液酸，病毒粒子将不能感染其他细胞。而流感病毒表面的神经氨酸酐酶可以清除与血细胞凝集素结合的唾液酸，使得流感病毒可以继续感染其他细胞。对神经氨酸酐酶的晶体结构分析发现，虽然神经氨酸酐酶的序列变化很大，但所有病毒活性部位结构是相同的。针对神经氨酸酐酶活性部位设计的药物 Zanamivit，GS4104 和 GS4071 不仅能减轻流感的症状，而且可以有效地抑制流感的抗药性（Laver et al.，1999）。

特定的基因或相似的基因在其他病菌或高等动物中的分布情况将影响药物的范围和副作用（标准②）。如果相应的基因存在于其他病菌中，以此基因为靶标的药物将具有广谱抗菌作用。但如果特定的基因同时在高等动物中也出现的话，最终开发出的药物将无法避免对人体的副作用，因此在早期的药物研究中就应该放弃将这一类的基因作为药物靶标。

标准③主要考虑药物开发的效率及费用，如果对于特定的靶标能够进行基于细胞或分子的筛选，将可以大大加快先导化合物的发现速度，而且与基于器官或整体动物的筛选相比，前者所需要的化合物量也要少得多。

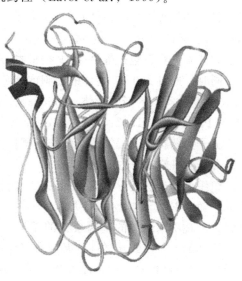

图 7.1　神经氨酸酐酶结构示意图。

Spaltmann 等（1999）对酿酒酵母（与白色念珠属病菌非常接近）的基因组数据进行了分析，希望能找到白色念珠属病菌中的全新的药物作用靶标。经过研究发现海藻糖磷酸盐合成酶 TPS1（trehalose phosphate synthase）、磷酸肌醇或磷酸胆碱转移蛋白 SEC14（phosphatidylinositol /phosphatidylcholine transfer protein）、无机焦磷酸盐酶（inorganic pyrophosphatase）等可能是比较理想的药物作用靶标。

（二）候选药物作用靶标的发现

寻找药物作用靶标的方法主要包括表达序列标签（expressed sequence tag，EST）数据库搜寻、综合分子特征方法以及结构生物学方法。

1. EST 数据库搜寻

高通量测序工作的中心是确定人类基因组中每一条表达基因并进行标记，在某些情况下，这些标签能够揭示新基因的功能、与疾病的相关性。从 EST 数据库中搜寻靶标的方法主要有同源搜寻和组织表达差异搜寻两种。

(1) 同源搜寻

同源搜寻在数据库中搜寻那些与新序列具有相同结构的已知基因或蛋白质，从而可以预测新基因的功能并判断它是否适合作为药物作用靶标。该方法发现的蛋白质中调节细胞凋亡和炎症反应的蛋白质特别多，例如与肿瘤坏死因子（tumor necrosis factor，TNF）有关的细胞素以及与它们相结合的受体等。TNF是一种对炎症反应起调节作用的化合物，与TNF有关的诱导凋亡配体（TNF-related apotosis-inducing ligand，TRAIL）（Wiley et al., 1995），诱导增殖配体（a proliferation-inducing ligand，APRIL）（Hahne et al., 1998）以及TNF类似物（TNF-like，TL-1）（Tan et al., 1997）都是与TNF家族活性有关的细胞素。以TNF氨基酸序列为模板，对数据库进行BLAST（basic local alignment search tool）（Altschul et al., 1990）搜寻，找到了以上所有的细胞素。进一步的研究证实这些细胞素都是TNF类似物。

同时，通过对TNF受体的细胞内和细胞外结构的EST数据库搜寻，也找到了一些与TNF受体类似的新的受体（Chinnaiyan et al., 1996；Pan et al., 1997；Kwon et al., 1997；Pan et al., 1997；Sheridan et al., 1997）。这些新发现的受体、配体以及相应的信号分子为药物研究提供了新的作用靶标。

(2) 组织差异表达搜寻

组织差异表达搜寻是建立在EST数据库中基因在不同组织的表达差异信息基础之上的。随着EST数据库的增大，其中将包含各种各样的组织类型。通过比较，研究人员可以发现不同组织的基因表达的差异，有时某些基因可能只出现在特定的病变组织中。这样的具有组织特异性的基因有可能成为特异性的、副作用小的靶标。利用这种方法证实组织蛋白酶（cathepsin）K是一种破骨细胞的特异性酶（Drake et al., 1996）。在研究的初期通过其结构识别出组织蛋白酶K是一种组织蛋白酶，进一步的分析表明组织蛋白酶K在破骨细胞中的特异性表达，证实是一种破骨细胞特异性酶。这一工作引发了寻找组织蛋白酶K抑制剂（Votta et al., 1997）、测定组织蛋白酶K晶体结构（McGrath et al., 1997；Zhao et al., 1997）等一系列研究工作，并阐明了致密性骨发育不全（其特征是缺乏破骨细胞对骨基质蛋白的降解）与组织蛋白酶K突变之间的联系（Gelb et al., 1996）。组织蛋白酶K现在被认为是治疗骨质疏松症的一个很有希望的靶标。

2. 综合分子特征方法

虽然通过同源搜寻或组织差异表达方法能够从基因组EST数据库中找到一些新的靶标，但是EST数据库对分析无明显结构相关性的基因功能则无能为力。在这样情况下，研究人员希望通过细胞的蛋白质、mRNA的成分特征确定新的靶标。细胞及组织的综合分子特征有助于了解疾病的分子机制、确认疾病相关靶标以及了解药物的作用机制。这种方法的优点是能够将基于细胞的筛选与基于靶标分子的药物设计结合起来，对药物及其毒性的研究工作非常有益。

(1) 基因微阵列方法——DNA芯片

基因微阵列能够用于疾病组织的转录表达的整体分析，一般是通过固定在玻璃片上的克隆DNA或合成的寡聚核苷酸序列与特定细胞或病变细胞的全部cDNA杂交，以确定细胞中所有的基因的序列（Schena et al., 1998）。通过比较病变组织与正常组织的基因组信息，可以确定疾病相关的靶标（Schena et al., 1995; DeRisi et al., 1996; Schena et al., 1996; Lockhart et al., 1996; Shalon et al., 1996; Wodicka et al., 1997; Heller et al., 1997; DeRisi et al., 1997）。

（2）蛋白质组学方法

另一种很有希望用于寻找靶标及先导化合物的方法是蛋白质组学（Anderson & Anderson, 1998）。蛋白质组学的目的是从整体上研究正常细胞的蛋白质以及病变组织细胞的蛋白质的差异。蛋白质组学利用二维凝胶分离病变组织以及正常组织的蛋白质，测定分离的蛋白质，并对两种组织的蛋白质图进行定性的和定量的比较。因此，蛋白质组信息既是定性的（能够确定哪些蛋白质是不同的），又是定量的（可以确定同种蛋白质的表达量的差异）。

快速地确认靶标是一项极富挑战性的工作，但近来蛋白质组学以及分析质谱技术所取得的进步，使得这方面的状况大大改善。现在的仪器可以检测到飞摩尔（fmol，10^{-15} mol）量级的蛋白质，因此，低浓度的蛋白质也同样可以检测到。蛋白质组学非常适合应用于癌症研究。在癌症研究中，能够方便地获得同一个病人的正常组织以及病变组织，因而可以确定疾病特异的蛋白质。蛋白质组已经被用于神经纤维瘤（Wimmer et al., 1996）、乳腺癌（Giometti et al., 1997; Williams et al., 1998; Rasmussen et al., 1998）、肺癌（Hirano et al., 1995）以及膀胱癌（Ji et al., 1997）的研究，同时也有有关蛋白质组用于确定心血管疾病特异蛋白的报道（Patel et al., 1997; Arnott et al., 1998）。

3. 结构生物学方法

由于近几年在蛋白质工程，结晶学和光谱学方面的进展，测定蛋白质结构的速度越来越快。在已知的结构中发现与新测定的生物大分子相似结构的概率也增加了；另外，在无序列相似性的情况下，新发展的算法可以将蛋白质与所有已知结构进行结构比较。序列数据库搜寻和结构数据库搜寻是生物学家研究生物大分子功能的重要手段（Holm & Sander, 1994; Rustici & Lesk, 1994）。例如，人类肥胖基因（老鼠的肥胖基因的突变导致肥胖或糖尿病）与所有已知的基因、蛋白质都没有序列相似性，然而，对其序列进行核心模板三维数据库搜寻，以确定肥胖蛋白质是否会采取与已知蛋白质类似的折叠方式时（即所谓穿针引线法，threading），发现肥胖基因表现出明显的与螺旋细胞素家族的结构相似性（Madej et al., 1995）。因此，研究者认为肥胖基因的产物（leptin）通过 JAK-STAT 途径来调节核转录，这个推断后来得到了实验的证实（Tartaglia et al., 1995）。

在原子分辨率上测定大分子结构的方法主要有 X 射线衍射和核磁共振法（NMR）。目前，在蛋白质序列库 OWL 中有 312 942 个蛋白质序列，但在 PDB 库中只有 10 743 个 X 射线衍射和核磁共振法测定的三维结构数据。虽然最近在蛋白质结构的实验测定方面有所进展，但测定基因序列并得到它编码的蛋白质氨基酸序列比测定蛋白质的三维结构容易得多。如果能根据蛋白质的一级序列预测其三级结构，将非常有利于蛋白质的结构-功能关系研究。对于给定的氨基酸序列，从理论上来说，预测其折叠好的三维结构是可能的。然而，活细胞中的蛋白质的可能构象是一个天文数字，使用目前的计算机对其构象空间进行系统搜寻是不可能的，另外影响构象能的生物物理因素非常复杂，目前仍未完全了解。

最近对结构预测问题解决方法是将其问题反过来，变成"结构反问题"。可以用两种方法来处理，第一种是：给定一个结构，什么样的序列会折叠成这样的结构？第二种是：给定的序列会折叠成哪一种三维结构？在蛋白质折叠研究中经常采用的分子动力学同样也可用于模拟另外一些生物过程，包括底物结合、酶催化、膜和膜蛋白、蛋白质与DNA的相互作用、肌肉运动、病毒感染以及DNA超螺旋等。

（三）靶标有效性的验证

仅仅确定疾病特异蛋白并不足以开展药物筛选工作，还必须确定蛋白质功能并确证蛋白质确实对疾病过程起关键作用。这些研究包括功能的获得或丧失分析。利用分子、细胞技术敲除（knock out）候选靶标，是否能使疾病的表现型逆转。如果可以，则研究人员有把握利用小分子抑制剂达到类似的效果。提出一个候选药物作用靶标通常并不是很困难的事情，目前主要的瓶颈是验证靶标的有效性。错误的结论可能使以后的所有工作努力付之东流。

1. 基因组学方法

针对特定基因的"敲除（knock out）"技术或转基因动物模型是最成熟的验证靶标有效性的方法。基因组学方法的一个缺点是比较慢，培养一个基因"敲除"动物并对其进行评价一般要12~18个月。另外，"敲除"动物可能在胚胎期间就死亡，或者根本就什么都没有，这样的结果无法对药物的研究提供什么有益的信息。

2. 蛋白质组学方法

蛋白质组学很适合用于确定靶标蛋白质在信号传导路径中所起的作用。蛋白质印迹（Western blotting）和免疫沉淀反应（immunoprecipitation）等在一维蛋白质研究中建立起来的技术（用以研究信号通路），非常适合蛋白质组学的研究。将获得的蛋白质组沉积到膜上，然后以靶标蛋白质的抗体或相关的信号分子为探针进行探测（Gravel et al.，1995；Qian et al.，1997；Sanchez et al.，1997）。蛋白质组学可以在单张膜上解析超过2000种蛋白质，可以获得信号分子的异构化的重要信息（例如糖基化或磷酸化），因此可以了解在疾病过程中靶标蛋白质发生了那些变化。采用高亲和性的抗体为探针的蛋白质免疫印迹（Western immunoblotting）技术灵敏度可以达到10个蛋白质/1个细胞，这相当于约1.7 fmol，而最好的荧光染料灵敏度最多能达到1000个蛋白质/1个细胞。利用这些灵敏的检测技术将有利于阐明复杂的信号通路以及靶标的验证研究。

3. 核糖酶方法

核糖酶（ribozyme）是具有催化活性的RNA，能够与mRNA杂交并切断mRNA。利用长度大概200个核苷酸的RNA就能设计用以清除细胞中特定mRNA的核糖酶

(Christoffersen & Marr, 1995; Nadeau & Dunn, 1998)。最简单的核糖酶称为锤头核糖酶（hammerhead ribozyme），锤头核糖酶包括催化核心和"杂交臂"两个部分。催化核心部分具有保守的碱基序列，能够切断 RNA。"杂交臂"部分通过互补碱基配对将核糖酶固定在对应的靶标 RNA 上。

Juhl 等（Juhl et al.，1997）利用一个由四环素调节的启动子控制几种锤头核糖酶的表达，使得细胞中的 Her-2/neu mRNA 和蛋白质被清除达 90% 以上。利用这种调节表达系统可以很方便地调节肿瘤实验动物中 Her-2/neu 的表达。实验揭示了肿瘤在形成过程的不同阶段的耐受性，并确证 Her-2/neu 是一个决定子宫癌生长速度的成分。

4. 免疫化学方法

直接针对脊椎动物细胞外大分子抗原识别部位的单克隆或多克隆抗体可用以研究相应大分子的功能，例如，与细胞表面受体结合的抗体能够改变或阻止受体及其同源配体之间的相互作用。细胞内部的大分子现在可以通过细胞内抗体（intracellular antibody，亦即 intrabody）来与之发生免疫化学中和。细胞内抗体是单链抗体（scFv），它由一条重链和一条轻链通过重组的方法得到。利用细胞内抗体，研究人员可以研究病变细胞质和核中的决定因素。对细胞内靶标分子的直接中和方法特别适合研究那些半衰期长的蛋白质，而核糖酶不适合研究这一类蛋白质。

Curiel 等（Wright et al.，1997；Grim et al.，1998；Piche et al.，1998）利用细胞内抗体研究了乳腺癌细胞凋亡的决定因素。编码 erbB-2 细胞内单链抗体的基因可以减少细胞表面 erbB-2 的水平。人胸腺癌和子宫癌细胞株中由 erbB-2 细胞内单链抗体诱导的细胞凋亡随细胞的表现型不同而有所差异。细胞内抗体实验和核糖酶实验同时表明 erb 家族成员有导致癌症的潜在可能，但细胞内抗体实验表明 erbB-2 在细胞质中的 C 端结构域对于细胞凋亡是必不可少的。

（四）药物作用机制的研究

通过基于靶标生物大分子的筛选找到具有生物活性的先导化合物之后，还必须确证药物是通过预计的机制起作用的。药物的作用机制一般是通过各种生物学的以及生物化学的方法进行研究的，基因组学、蛋白质组学方法也可用于药物的作用机制研究。

Gray 等（1998）采用微阵列研究环化激酶（cyclindependent kinase）Cdc28p 抑制剂对酵母转录特征的影响。实验研究了三种化合物对基因组的影响，其中两种化合物结构相似，但只有一种化合物有活性，第三种化合物有活性，不过其结构与前两种不一样。实验发现在两种活性化合物的作用下受影响的基因是相同的，而无生物活性的那一种化合物对转录几乎没有产生什么影响。

Page 等（1999）应用蛋白质组学方法研究了 OGT719 的作用机制，OGT719 是细胞毒素 5-氟尿嘧啶（5-FU）的半乳糖基衍生物，正开发用以治疗肝癌以及结肠直肠转移到肝脏的癌症。最初设计 OGT719 的目的是开发一种以带去唾液酸糖蛋白（asialogycoprotein receptor，ASGP-r）的细胞（包括肝细胞、肝细胞瘤 Huh7 细胞株和一些结直肠肿瘤细胞）为靶标的 5-FU 衍生物。5-FU 和 OGT719 都能够抑制人肝细胞瘤细胞株

Huh7 的生长，如果 OGT719 是通过吸收并转化成 5-FU 起作用的话，那么经过两种药物处理后的 Huh7 细胞应该具有相似的蛋白质组。Page 等用 IC_{50} 剂量的 OGT710 和 5-FU 分别处理 Huh7 细胞，采集的数据包括蛋白质组的全部共 2291 个特征蛋白质，然后对那些经过药物处理后表达量变化超过 5 倍的蛋白质进行进一步的分析。很有意思的是，两种药物都使同样的 19 个蛋白质表达量变化 5 倍以上，有力地显示出两个化合物具有相似的作用机制。Page 等又采用大鼠恶性肿瘤细胞 HSN 进一步研究 OGT719 的作用机制。5-FU 能够抑制 HSN 细胞的生长，而 OGT719 则不能，HSN 细胞缺少 ASGP-r 也许是造成这种差异的原因。利用蛋白质组分析（与前面一样，主要分析表达量变化 5 倍以上的蛋白质）后发现没有同时受两种药物调节的蛋白质。由这个例子可以看出，在超过 2000 种蛋白质的复杂数据中，蛋白质组学依然能够对药物对蛋白质的影响进行定性分析和定量分析。

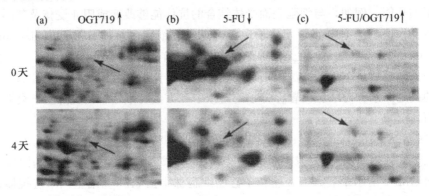

图 7.2 人肝细胞瘤细胞株中受 5-氟尿嘧啶或半乳糖基 5-氟尿嘧啶调控的蛋白质。
(a) 延长因子 1α2；(b) 通过 MS-MS 检测到的三种多肽；(c) 脯氨酰 4 羟化酶的 α 亚基。

（五）药物的药代动力学及毒理性质的研究

化合物的药代动力学性质及毒性是药物开发过程中的两种非常重要的性质，很多在体外实验中显示良好活性的化合物往往因无法克服的体内药代动力学或毒性问题，最终无法开发成药物。现在，分子的药代动力学性质可以快速、精确地测定，而毒性的研究仍需要很长的时间。

如果能够快速、精确地预测分子的体内毒性，将大大加快药物的开发进程。对药物进行毒性评估，主要采用的器官是肝和肾。肝和肾是绝大多数药物在人体中代谢和降解的场所，采用这两种器官进行实验应该更具有现实意义。

异化代谢作用的基础是增加化合物的亲水性，使得化合物容易被排出体内。大多数药物是在肝脏中通过细胞色素 P450 家族酶进行代谢的，细胞色素 P450 酶家族包括大约 200 个不同的成员（Guengerich & Parikh，1997；Rendic & Di Carlo，1997）。除清除作用外，细胞色素 P450 在一些毒性物质的产生或清除的代谢过程中起着重要的作用，因此，药物的毒性与细胞色素 P450 家族有密切的联系。

每个人都具有与别人不一样的 P450 特征，主要区别是蛋白质的多态性以及表达水平的不同，还有另外一些遗传和环境方面的差异。现在，这个领域被称为药物基因组学（pharmacogenomics），有大量研究工作正在进行，其目的就是通过人体的基因特征预测其对某个药物的反应（Vermes et al., 1997; Housman & Ledley, 1998; Persidis, 1998）。每个人清除某个化合物的能力的差异是确定药物的总的药代动力学特征的关键因素，这些信息可用以预测病人对某种治疗的反应以及可能出现的副作用。

许多医药公司已经将基因组研究（包括 P450 的测定）作为药物候选化合物的毒性研究的一个关键步骤，以确定候选化合物是否适合进行临床实验。但这一种方法也有其局限性，例如虽然根据 P450 mRNA 特征能以一定的精度预测药物的代谢，却无法确定代谢结果是否导致毒性。除病人之间的 P450 水平差异外，酶对药物的特征诱导反应差异也需要考虑，以及 mRNA 水平与相应蛋白质水平之间的相关性可能有偏差等。利用蛋白质组学方法则没有以上的问题，而且采用蛋白质组学能够研究细胞的整个蛋白质组，因而在了解和预测药物的代谢和毒性方面具有明显的优越性。

另外，除直接的组织和器官研究，血浆也可用以药物的代谢和毒性研究。血浆中收集了整个身体中易受影响的组织和器官所释放的毒性标记物，血浆包含了丰富的核酸酶活性信息，但药物基因组学不适于处理血浆这样的样品，很多有价值的毒性标记物可能还没有发现。而利用蛋白质组学进行分析，血浆标记物可以作为毒性的指示剂。

四、计算机辅助药物设计

1894 年，Emil Fischer 提出了药物作用的"锁钥原理"，即药物作用于体内特定部位，有如钥匙与锁的关系一样。这一思想虽然过于简单粗糙，但是其基本思路至今仍然富有活力和价值。

从 20 世纪 60 年代以来，经过 40 年的不断探索和努力，现代药物设计的策略和方法已经大为丰富，基本可以分成两大类：间接药物设计和直接药物设计。

（一）间接药物设计

这类方法从一组（例如几十个）小分子化合物的结构和生物活性数据出发，研究其结构-活性关系的规律，在此基础上预测新化合物的生物活性（药效）和进行高活性分子的结构设计。在药物设计研究的早期（20 世纪 60~80 年代），人们对于药物作用的靶标分子大多缺乏了解，只能从药物小分子化合物的结构和活性出发，去归纳和认识药物分子的构-效关系，因此间接药物设计成为这一时期药物设计研究的主要方法。

定量构效关系（quantitative structure-activity relationship, QSAR）是一种重要的间接药物设计方法。最早的 QSAR 方法由 Hansch 于 1962 年提出。它对一组小分子化合物的理化参数和生物活性数据进行线性回归，拟合各项系数，得到反映化合物构-效关系的方程，可用于预测新化合物的生物活性，设计具有更高活性的药物分子（Hansch et al., 1962; Hansch & Fujita, 1964）。稍后出现的此类方法还有 Free Wilson 分析方法（1964）等（Free & Wilson, 1964）。

Hansch 和 Free Wilson 模型，都没有考虑化合物的空间结构，因此被称为 2D-QSAR 方法。从 70 年代末期至 90 年代前半期，各种在化合物三维结构基础上进行 QSAR 研究的方法，即 3D-QSAR 方法逐步发展起来，较重要的方法有：距离几何 (distance geometry) (Crippen, 1979)，比较分子力场分析 (CoMFA) (Cramer et al., 1988; Marshall & Cramer, 1988; Allen et al., 1990)，比较分子相似性指数分析 (CoMSIA) (Klebe et al., 1994; Klebe & Abraham, 1999)。

其中，CoMFA 方法应用较广，它采用化合物周围的静电场、范德华力场、氢键场和疏水场等的空间分布作为化合物结构描述变量，通过数学方法建立化合物的生物活性与化合物周围上述各力场空间分布之间关系的模型。根据这一模型和相应的计算机处理，显示出应当如何进行结构的改造，以提高化合物的生物活性。

除了 2D 和 3D QSAR 方法之外，药效基团模型方法（Golender & Vorpagel, 1993; Marshall; Goodford, 1985; Martin, 1991; Wermuth & Langer, 1993; Balbes et al., 1994) 也是一种重要的间接药物设计方法。药效基团通常是指那些可以与受体结合位点形成氢键相互作用、静电相互作用、范德华相互作用和疏水相互作用的原子或官能团以及它们之间特定的空间排列方式。对一组具有生物活性的化合物进行化学结构的分析和比较，找出其共同的特征结构，即可建立药效基团的模型。得到药效基团模型后，即可以此为提问结构的模板，搜寻现有的小分子数据库，"筛选"出符合药效基团要求的其他分子，进行药理测试。

（二）直接药物设计

这类方法以药物作用的对象——靶标生物大分子的三维结构为基础，研究小分子与受体的相互作用，设计出从空间形状和化学性质两方面都能很好地与靶标分子"结合口袋"相匹配的药物分子。这种方法就像根据"锁"的形状来配"钥匙"一样，因此被称为直接药物设计方法。随着细胞生物学、分子生物学和结构生物学的发展，越来越多的药物作用靶标分子（蛋白质、核酸、酶、离子通道……）被分离、鉴定，其三维结构被阐明，为直接药物设计方法的应用提供了有利的条件。进入 20 世纪 90 年代以来，直接药物设计已逐渐成为药物设计研究的主要方法。

直接药物设计方法，可以分为全新药物设计（*de novo* drug design）和数据库搜寻[或称分子对接 (docking)] 两类。

1. 全新药物设计

这类方法是根据靶标分子与药物分子相结合的活性部位（"结合口袋"）的几何形状和化学特征，设计出与其相匹配的具有新颖结构的药物分子（Clark et al., 1997; Murcko, 1997; Bohm, 1993; Lewis & Leach, 1994)。实现全新药物设计的方法，目前主要有两种。一种方法称为碎片连接法，该方法首先根据靶标分子活性部位的特征，在其"结合口袋"空腔中的相应位点上放置若干与靶标分子相匹配的基团或原子，然后用合适的连接片段 (linker) 将其连接成一个完整的分子。另一种方法称为碎片生长法，该方法首先从靶标分子的结合空腔的一端开始，逐渐"延伸"药物分子的结构。在"延伸"过程中，每一步都要对其延伸的片段（基团或原子）的种类及其方位进行计算比较，选择最优的结果，再向下一步延伸，直至完成。

2. 数据库搜寻

这类方法首先要建立大量化合物（例如几十至上百万个化合物）的三维结构数据库，然后将库中的分子逐一与靶标分子进行"对接"（docking），通过不断优化小分子化合物的位置（取向）以及分子内部柔性键的二面角（构象），寻找小分子化合物与靶标大分子作用的最佳构象，计算其相互作用及结合能（Kuntz，1992；Blaney & Dixon，1993；Rosenfeld et al.，1995；Lybrand，1995；Jones & Willett，1995）。在库中所有分子均完成了对接计算之后，即可从中找出与靶标分子结合的最佳分子（前50名或前100名）。这类方法虽然计算量较大，但库中分子一般均是现存的已知化合物，可以方便地购得，至少其合成方法已知，因而可以较快地进行后续的药理测试，实际上这种方法就是在计算机上对几十万、上百万化合物通过分子对接的理论计算进行一次模拟"筛选"。只要库中的化合物具有足够大的分子多样性，从中搜寻出理想的分子结构就是可能的。自1982年加利福尼亚大学旧金山分校的Kuntz发展了第一个Dock程序后，这一方法已得到广泛应用，并取得了很大的成功。

随着药物设计的方法逐步建立、发展和完善，药物设计研究的深度和广度都有了空前的发展。目前已有一些应用理论方法设计而获得成功的药物上市或进入临床研究阶段。这标志着药物设计的研究已开始向实用化方向迈进。下面，试列举若干药物分子设计的成功例子。

（三）药物设计实例

1. HIV-蛋白酶抑制剂的设计

艾滋病病毒HIV损害人体免疫系统须通过多个环节。阻断这些环节，有可能找到治疗艾滋病药物。HIV蛋白酶、反转录酶、整合酶是其中的三个重要靶点。Hoffmann-La Roche公司的研究人员，首先设计了HIV-1蛋白酶的底物模拟物。通过分子模拟，确定了该酶的抑制剂所需的最短长度，并确定了该抑制剂中心带羟基的碳原子倾向于R构型。在此基础上，设计成功了抗艾滋病药物Saquinavir，该化合物具有很强的HIV-1蛋白酶抑制作用（$K = 0.12$ nmol/L），1995年被美国FDA批准上市（Wlodawer & Vondrasek，1998）。

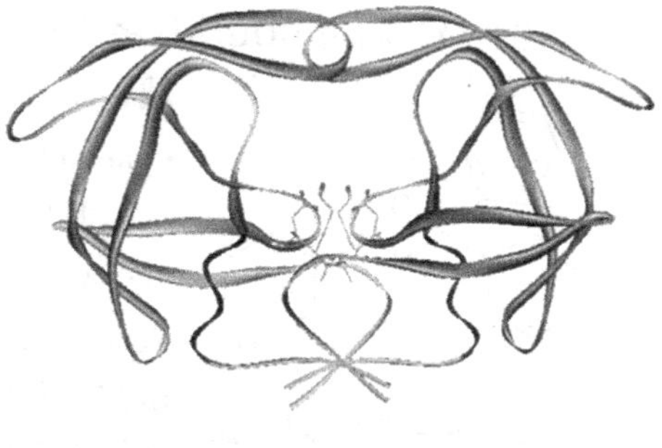

Abbott实验室的研究人员通过HIV-1蛋白酶三维结构的研究，发现该酶具有一个二重旋转轴（C2）的对称性。针对这一特点，研究人员设计了一种对称性的抑制剂。进行分子对接模拟计算的结果发现，所设计的对称性抑制剂实际上以一种不对称的结合方式与HIV-1蛋白酶结合。于是研究人员重新设计了不对称的抑制剂，并考虑了抑制

图7.3 HIV-1蛋白酶结构示意图。

剂末端对口服生物利用度的影响，终于得到了抗艾滋病药物 Ritonavir，该药于 1996 年经美国 FDA 批准上市（Wlodawer & Vondrasek，1998）。

2. 抗疟原虫药物的设计

Cohen 等（Li et al.，1994）利用同源模建法建立了疟原虫半胱氨酸蛋白酶的三维结构，然后针对该结构利用 DOCK 程序对 MDL/ACD 数据库进行"分子对接"，从中选择出 400 多个与酶结合较好的化合物进行进一步研究，对一些有希望的化合物都进行了药理测试，发现有 10% 的化合物活性至少达到 100 μmol/L，有一个化合物对疟原虫半胱氨酸蛋白酶的活性达到 10μmol/L。利用 DOCK 程序得到的结合模型对其进行进一步结构改造，发现其同系物中有一个化合物阻断疟原虫传染或在红细胞中成熟的 IC_{50} 值为 150nmol/L。这个结果非常鼓舞人心，因为它表明即使是同源模建的生物大分子结构也可成功地用于药物设计。

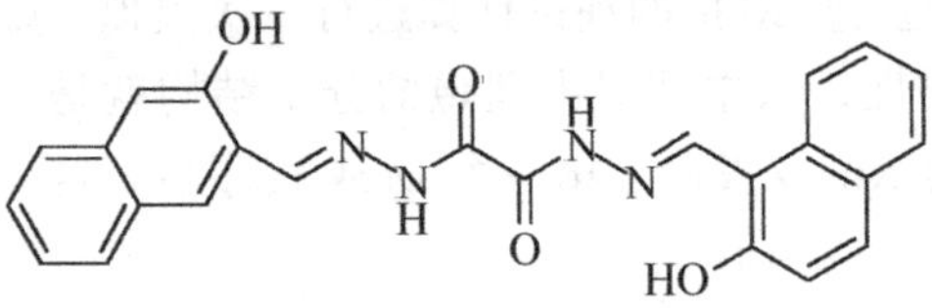

IC_{50}=10 μmol/L 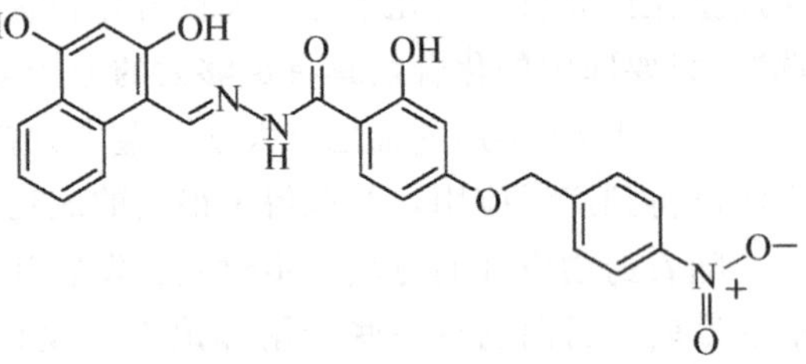 IC_{50}=150 nmol/L

图 7.4　疟原虫半胱氨酸蛋白酶抑制剂结构。

3. 胸苷酸合成酶抑制剂的设计

胸苷酸合成酶是抗增殖和抗癌药物的一个靶标。由于它在脱氧胸苷一磷酸（dTMP）的合成中起着至关重要的作用，因此也影响 DNA 的合成。Schoichet 等（1993）利用 DOCK 对精细化学品数据库（Fine Chemical Directory，现已与 DML/ACD 库合并）进行搜寻，所采用的打分函数包括范德华作用能和静电作用能。然后对得分较高的化合物进行溶剂化校正，并重新排序。进一步通过解析胸苷酸合成酶与舒利苯酮（sulibenzone）复合物的二个晶体结构，发现该酶的磷酸结合位点并没有被磺酸基占据，而是被溶剂中的一个阴离子占据。这二个结构使得人们注意到胸苷活性位点中一些以前没有研究的区域。利用 DOCK 程序将一些与舒利苯酮结构相似的化合物对接到这个区域，发现了一些活性更高的化合物，例如酚百里酚酞（phenolthymol-phthalein），其 IC_{50} 为 7μmol/L。

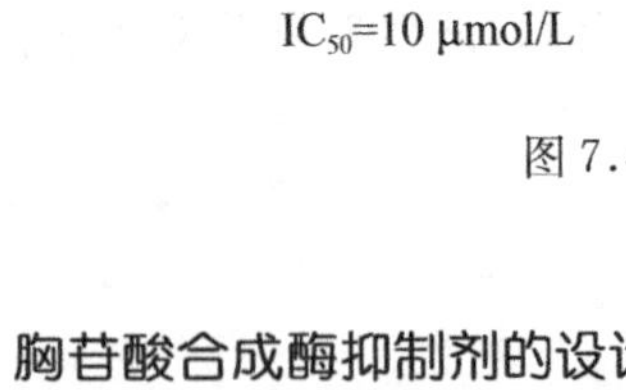

我国从 20 世纪 70 年代开始进行药物定量构效关系（QSAR）研究。80 年代，研究水平有了一定的提高。进入 90 年代后，我国开始进行基于受体三维结构的 CADD 研究。与国外相比，我国 CADD 研究起步较迟，但由于各方面研究人员的积极努力，迄今也已取得了一些可喜

图 7.5　胸苷酸合成酶抑制剂酚百里酚酞。

的成绩。

我国科研工作者建立和发展了一系列药物设计的方法和技术，包括建立了药物和生物大分子周围疏水作用力场三维分布的数学模型、配体活性构象搜寻的新方法、蛋白质结构预测的新方法、计算机辅助组合化学库设计和评价的方法等。我国研究人员还在若干药物分子的设计中取得了令人兴奋的成果。

4. 乙酰胆碱酯酶（AChE）抑制剂的分子设计

石杉碱甲是我国发明的抗早老性痴呆药物，其疗效和安全性均显著优于美国 FDA 1994 年批准的同类药物他克林。石杉碱甲是从我国特有的植物千层塔中提取的一种生物碱，但该种植物资源有限，有效成分含量很低。因此，有必要寻找结构新颖、毒副作用低、易于合成的 AChE 抑制剂。上海药物研究所陈凯先研究组与沈竞康研究组和唐希灿研究组密切合作，在"863"高科技等基金项目的支持下，在 AChE 抑制剂设计方面取得了很好的结果。

石杉碱甲的抗早老性痴呆作用是通过抑制人脑内乙酰胆碱酯酶活性来实现的。我们从乙酰胆碱酯酶-药物复合物的晶体结构出发，以酶活性区域的氨基酸残基为作用位点，用药物设计软件 LUDI 来搜寻 InsightⅡ碎片库，设计了化合物骨架，经合成和药理测试，证实其 IC_{50} 值与计算的预测值一致。然后基于乙酰胆碱酯酶-药物复合物的三维结构，进行了 3D-QSAR（三维构效关系）研究，从基本骨架出发设计一系列结构改造和修饰的衍生物。经过几轮设计——合成——药理测试的研究循环，合成了不多的化合物，就使其活性（IC_{50}）从 $\mu mol/L$ 数量级提高到 $nmol/L$ 数量级，超过天然提取的石杉碱甲大约 100 倍，且作用的选择性明显优于石杉碱甲。

图 7.6 石杉碱甲与乙酰胆碱酯酶复合物。

5. 银杏内酯类似物定量构效关系研究及新类似物的设计

银杏内酯是治疗心脑血管系统疾病的天然药物。上海药物所陈凯先研究组与陈仲良研究组合作，运用量子化学、分子力学计算方法，计算了一系列银杏内酯类化合物的分子结构和电子结构，并计算了溶剂对银杏内酯类似物分子结构和电子结构的影响。由计算结果从分子和电子水平上探究了银杏内酯类化合物在体内的作用机理。在上述理论计算的基础上，运用比较分子力场分析方法，对银杏内酯类化合物进行了三维定量构效关系分析，得到了银杏内酯作用受体三维结构的假想模型（其膜蛋白血小板受体三维结构尚未被测定），设计了新的银杏内酯类似物（Chen et al.，1998）。经合成和药理活性测试，证实其中两个类似物活性分别比银杏内酯高 2 倍和 4 倍。

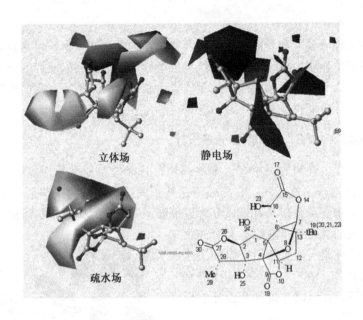

图 7.7　银杏内酯类化合物 CoMFA 图。

6. CD4 自聚合及基于结构的药物设计

李松等（Li et al., 1998）假设 CD4 在 D4 结构域发生二聚，在 D1 结构域发生寡

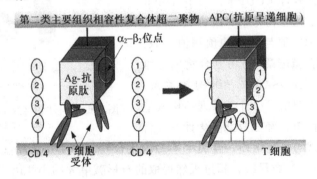

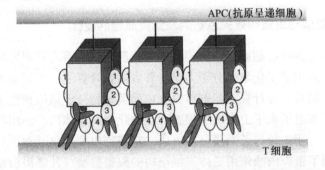

图 7.8　CD4 的二聚与寡聚。CD4 能够稳定 TCR 与其配体的复合物，有利于 T 细胞识别的敏感性及特异性。

聚，在此基础上讨论了 CD4、主要组织相容性复合体（major histocompatibility complex，MHC）和 T 细胞受体（T-cell receptor，TCR）共寡聚的可能三维结构模型，为了解 T 细胞功能提供了结构基础，并进一步针对 CD4 表面功能区域进行了药物设计，得到了高活性的化合物（图 7.8）。

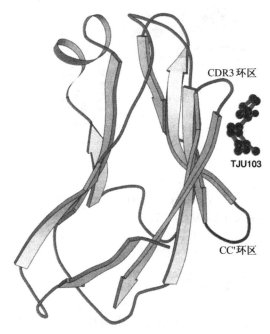

图 7.9 抑制剂 TJU103 与 CD4 D1 CDR-CC′口袋（介导 CD4 的寡聚）结合。

7. 高活性抗真菌药物的设计

张万年研究组（Ji，2000）根据真菌药物的作用原理及 P450-14α 去甲基化酶的结构特征（P450-14α 去甲基化酶的晶体结构还未被测定，他们自己模建了此酶的三维结构），对一系列抗真菌药物进行了三维定量构效关系研究，在此基础上设计了一系列三唑类化合物，得到了多个活性高于对照药物的化合物。

8. 基于 HIV-1 衣壳蛋白（capsid protein）与亲环蛋白 A（cyclophilin A）作用机制寻找新的抗 HIV 病毒抑制剂

李全等（Li et al.，2000）基于壳体蛋白与 CypA 复合物的晶体结构以及 HIV-1 壳体蛋白与 CypA 之间的分子识别机制，设计了一系列多肽化合物。用固相多肽组合合成和经典有机合成方法合成了多肽组合库。其中一个多肽抑制 CypA 的 IC_{50} 约为 6mol/L，是目前为止所发现的活性最高的 CypA 抑制剂，为进一步设计有机分子抑制剂奠定了基础。这也是目前基于蛋白质-蛋白质作用界面进行药物设计的有限几个取得初步成功的例子之一。

图 7.10 HIV-1 衣壳蛋白（capsid protein）与亲环素（cyclophilin A）复合物结构。

五、未来药物研究方法展望

药物分子设计研究，作为化学、物理学、生命科学、计算机和信息科学几大学科交叉、综合的产物，在 20 世纪奠定了发展的基础，不仅在理论、方法的发展上取得了丰硕的成果，而且也已迈开了实际应用的步伐。21 世纪将是科学技术更加蓬勃发展的世纪。可以预期，药物分子设计领域将会成为一个充满新的挑战的激动人心的科学前沿。

（一）人类基因组和生物信息学的发展，将为药物设计研究开辟更广阔的空间

2000 年 3 月 17 日出版的 *Science* 以大量的篇幅刊登了有关药物设计（drug discovery）的文章。据其统计，目前治疗药物的作用靶点共 483 个，其中受体占 45%，酶占 28%，激素和细胞因子占 11%，DNA 占 2%，核受体占 2%，离子通道占 5%，其余 7% 为未知。随着人类基因组研究的进展，大量的疾病相关基因将被发现，这将使得药物作用的靶标分子急剧增加，药物分子设计将面临前所未有的广阔的用武之地。因此要加强药物分子设计与人类基因组和生物信息学研究的衔接，发展相应的配套方法。

（二）超级计算机的发展将为复杂生物体系的理论计算和药物设计创造有利的条件

计算机技术的发展日新月异。当前，国外已出现每秒运算速度万亿次以上的超级计算机，我国研制的超级计算机运算速度也已达 3000 亿次以上。这种迅猛发展的势头，

必将引起计算化学、计算生物学和药物分子设计领域的革命性变化。美国IBM公司提出了"蓝色基因"计划，NIH提出万亿次计算机计划，值得我们充分注意。目前复杂生物大分子体系的理论计算和分子模拟仍面临严重困难，其主要原因是受到计算机能力的限制。随着计算机技术的迅速发展，这种状况将有很大改观。为此，要大力发展基于超级计算机的、能适应复杂生物体系理论计算和药物设计要求的新方法和软件技术。

（三）计算机辅助药物设计与组合化学技术相结合将显示巨大威力

组合化学是20世纪90年代发展起来的能迅速产生大量不同化合物的新方法。由于它在寻找新药和发展新型材料方面具有巨大的应用前景，受到国际学术界和产业界的高度重视，发展很快。几年来的实践表明，组合化学与计算机辅助药物设计两者之间不仅没有出现互相代替的动向，相反出现了互相结合、互相促进的趋势。药物分子设计方法在组合化学库的模拟和优化、具有特定导向的"聚焦库"（focus library）的设计以及以天然产物为基础的组合化学库的结构衍化等方面，将可发挥独特的重要作用。

（四）基于结构的药物设计将向基于作用机制的药物设计方向发展

目前的药物设计方法，主要是一种基于药物和靶标生物大分子三维结构的设计方法（structure-based drug design）。这种方法仅仅考虑了化合物与靶标生物大分子之间的相互结合，而未考虑两者之间的其他作用方式。一个优良的药物除了与靶标分子产生所预期的相互作用之外，还应该具有良好的体内输运和分布性质以及良好的代谢性质，而这些要求在基于结构的药物设计方法中也未能予以考虑。随着新世纪生命科学、计算机科学的发展，考虑药物作用不同机制和全部过程的药物设计方法——基于作用机制的药物设计方法（mechanism-based drug design）将逐步建立和完善。

尽管今天人们在药物设计领域中取得的成功还非常有限，我们有充分的理由相信，在新的世纪里药物设计研究一定会取得迅速的发展，人们的梦想一定可以逐步实现。

（罗小民　蒋华良　陈凯先）

参考文献

Adams MD et al. 2000. The genome sequence of Drosophila melanogaster. Science, 287: 2185～2195

Allen MS et al. 1990. Synthetic and computer-assisted analyses of the pharmacophore for the benzodiazepine receptor inverse agonist site. J Med Chem, 33: 2343～2357

Altschul SF, Gish W, Miller W et al. 1990. Basic local alignment search tool. J Mol Biol, 215: 403～410

Anderson NL, Anderson NG. 1998. Proteome and proteomics: new technologies, new concepts, and new words. Electrophoresis, 19: 1853～1861

Arnott D, O'Connell KL, King KL et al. 1998. An integrated approach to proteome analysis: identification of proteins associated with cardiac hypertrophy. Anal Biochem, 258: 1～18

Bains W. 1996. Using bioinformatics in drug discovery. Trends Biotechnol, 14: 37～39

Balbes L, Mascarella S, Boyd DB. 1994. A perspective of modern methods in computer-aided drug design. In: Lipkowitz KB, Boyd DB ed. Reviews in computational chemistry Rev Comput Chem, 5: 337～379. New York: Wiley

Blaney J, Dixon. 1993. A good ligand is hard to find: automated docking methods. Perspect. Drug Discovery Design, 1: 301~319

Bohm H. 1993. Ligand design. In: kubinyi H ed. 3D QSAR. in drug design. Leiden: ESCOM

Chen JZ et al. 1998. A 3D-QSAR study on ginkgolides and their analogues with comparative molecular field analysis. Bioorg Med Chem Lett, 8: 1291~1296

Chinnaiyan AM et al. 1996. Signal transduction by DR3, a death domain-containing receptor related to TNFR-1 and CD95. Science, 274: 990~992

Christoffersen RE, Marr JJ. 1995. Ribozymes as human therapeutic agents. J Med Chem, 38: 2023~2037

Clark D, Murray C, Li J. 1997. Current issues in *de novo* molecular design. In: Lipkowitz KB, Boyd DB ed. Reviews in computational chemistry, 11: 67~125 New York: Wiley

Colman PM, Varghese JN, Laver WG. 1983. Structure of the catalytic and antigenic sites in influenza virus neuraminidase. Nature, 303: 41~44

Cramer RD 3rd, Paterson D, Bunce J. 1988. Comparative molecular field analysis (CoMFA) I effect of shape on binding of steroids to carried proteins. J Am Chem Soc, 110: 5959~5967

Crippen GM. 1979. Distance geometry approach to rationalizing binding data. J Med Chem, 22: 988~997

DeRisi J et al. 1996. Use of a cDNA microarray to analyse gene expression patterns in human cancer. Nat Genet, 14: 457~460

DeRisi JL, Iyer VR, Brown PO. 1997. Exploring the metabolic and genetic control of gene expression on a genomic scale. Science, 278: 680~686

Drake FH et al. 1996. Cathepsin K, but not cathepsins B, L, or S, is abundantly expressed in human osteoclasts. J Biol Chem, 271: 12511~12516

Dyer MR, Cohen D, Herrling PL. 1999. Functional genomics: from genes to new therapies. Drug Discov Today, 4: 109~114

Free JS, Wilson W. 1964. Contribution to structure-activity studies. J Med Chem, 7: 395~399

Gelb BD, Shi GP, Chapman HA et al. 1996. Pycnodysostosis, a lysosomal disease caused by cathepsin K deficiency. Science, 273: 1236~1238

Giometti CS, Williams K, Tollaksen SL. 1997. A two-dimensional electrophoresis database of human breast epithelial cell proteins. Electrophoresis, 18: 573~581

Golender V, Vorpagel E. 1993. Computer-assisted pharmacophore identification. In: Kubinyi H ed. 3D QSAR. in Drug Design. Leiden: ESCOM. 137~149

Goodford PJ. 1985. A computational procedure for determining energetically favorable binding sites on biologically important macromolecules. J Med Chem, 28: 849~857

Gravel P et al. 1995. Human blood platelet protein map established by two-dimensional polyacrylamide gel electrophoresis. Electrophoresis, 16: 1152~1159

Gray NS et al. 1998. Exploiting chemical libraries, structure, and genomics in the search for kinase inhibitors. Science, 281: 533~538

Grim J et al. 1998. The level of erbB2 expression predicts sensitivity to the cytotoxic effects of an intracellular anti-erbB2 sFv. J Mol Med 76: 451~458

Guengerich FP, Parikh A. 1997. Expression of drug-metabolizing enzymes. Curr Opin Biotechnol, 8: 623~628

Gutmann DH et al. 1993. Analysis of the neurofibromatosis type 1 (NF1) GAP-related domain by site-directed mutagenesis. Oncogene, 8: 761~769

Hahne M et al. 1998. APRIL, a new ligand of the tumor necrosis factor family, stimulates tumor cell growth. J Exp Med, 188: 1185~1190

Hansch C, Fujita T. 1964. P-s-p analysis-correlations of biological activity and chemical Structure. J Am Chem Soc, 86: 1616~1626

Hansch C, Maloney P, Fujita T et al. 1962. Correlation of biological activity of phenoxyacetic acids with Hammett substituent constants and partition coefficients. Nature, 194: 178~180

Hay RJ. 1991. Overview of the treatment of disseminated fungal infections. J Antimicrob Chemother, 28 (Suppl B): 17~25

Heller RA et al. 1997. Discovery and analysis of inflammatory disease-related genes using cDNA microarrays. Proc Natl Acad Sci U S A, 94: 2150~2155

Hirano T et al. 1995. Detection of polypeptides associated with the histopathological differentiation of primary lung carcinoma. Br J Cancer, 72: 840~848

Holm L, Sander C. 1994. Searching protein structure databases has come of age. Proteins, 19: 165~173

Housman D, Ledley FD. 1998. Why pharmacogenomics? Why now? Nat Biotechnol, 16: 492~493

Ji H et al. 1997. A two-dimensional gel database of human colon carcinoma proteins. Electrophoresis, 18: 605~613

Jones G, Willett P. 1995. Docking small-molecule ligands into active sites. Curr Opin Biotechnol 6: 652~656

Juhl H, Downing SG, Wellstein A. & Czubayko F. 1997. HER–2/neu is rate-limiting for ovarian cancer growth. Conditional depletion of HER–2/neu by ribozyme targeting. J Biol Chem, 272: 29482~29486

Klebe G, Abraham U. 1999. Comparative molecular similarity index analysis (CoMSIA) to study hydrogen-bonding properties and to score combinatorial libraries. J Comput Aided Mol Des, 13: 1~10

Klebe G, Abraham U, Mietzner T. 1994. Molecular similarity indices in a comparative analysis (CoMSIA) of drug molecules to correlate and predict their biological activity. J Med Chem, 37: 4130~4146

Kuntz ID. 1992. Structure-based strategies for drug design and discovery. Science, 257: 1078~1082

Kwon BS et al. 1997. A newly identified member of the tumor necrosis factor receptor superfamily with a wide tissue distribution and involvement in lymphocyte activation. J Biol Chem, 272: 14272~14276

Laver WG, Bischofberger N, Webster RG. 1999. Disarming flu viruses. Sci Am, 280: 78~87

Lewis RA, Leach AR. 1994. Current methods for site-directed structure generation. J Comput Aided Mol Des, 8: 467~475

Li Q et al. 2000. Design of a Gag Pentapeptide Analogue that Binds Human Cyclophilin A More Efficiently than the Entire Capsid Protein: New Insights for the Development of Novel Anti-HIV-1 Drugs. J Med Chem, 43: 1770~1779

Li S, Satoh T, Korngold R et al. 1998. CD4 dimerization and oligomerization: implications for T-cell function and structure-based drug design. Immunol Today, 19: 455~462

Li Z et al. 1994. Anti-malarial drug development using models of enzyme structure. Current Biology, 1: 31

Lockhart DJ et al. 1996. Expression monitoring by hybridization to high-density oligonucleotide arrays. Nat Biotechnol, 14: 1675~1680

Lybrand TP. 1995. Ligand-protein docking and rational drug design. Curr Opin Struct Biol, 5: 224~228

Madej T, Boguski MS, Bryant SH. 1995. Threading analysis suggests that the obese gene product may be a helical cytokine. FEBS Lett, 373: 13~18

Marshall GR, Cramer RD 3rd. 1988. Three-dimensional structure-activity relationships. Trends Pharmacol Sci, 9: 285~289

Marshall G, Barry C, Bosshard H et al. The conformational parameter in drug design: the active analog approach. In. Olson E, Christoffersen R ed. Computer-Assisted Drug Design 205~226. Washington DC: American Chemical Society

Martin YC. 1991. Computer-assisted rational drug design. Methods Enzymol, 203: 587~613

McGrath ME, Klaus JL, Barnes MG et al. 1997. Crystal structure of human cathepsin K complexed with a potent inhibitor. Nat Struct Biol, 4: 105~109

McPherson JD, Marra M et al. 2001. A physical map of the human genome. Nature, 409: 934~941

Murcko M. 1997. In: Lipkowitz KB, Boyd DB ed. Reviews in computational chemistry, 11: 1~66. New York: Wiley

Myers EW et al. 2000. A whole-genome assembly of Drosophila. Science, 287: 2196~2204

Nadeau JH, Dunn PJ. 1998. Genomic strategies for defining and dissecting developmental and physiological pathways. Curr Opin Genet Dev, 8: 311~315

Page MJ, Amess B, Rohlff C et al. 1999. Proteomics: a major new technology for the drug discovery process. Drug Discov

Today, 4: 55~62

Pan G et al. 1997. An antagonist decoy receptor and a death domain-containing receptor for TRAIL. Science, 277: 815~818

Pan G et al. 1997. The receptor for the cytotoxic ligand TRAIL. Science, 276: 111~113

Patel VB et al. 1997. Protein profiling in cardiac tissue in response to the chronic effects of alcohol. Electrophoresis, 18: 2788~2794

Persidis A. 1998. The business of pharmacogenomics. Nat Biotechnol, 16: 209~210

Piche A et al. 1998. Modulation of Bcl-2 protein levels by an intracellular anti-Bcl-2 single-chain antibody increases drug-induced cytotoxicity in the breast cancer cell line MCF-7. Cancer Res, 58: 2134~2140

Qian Y et al. 1997. Two-dimensional gel electrophoresis detects prostate-specific antigen-alpha1-antichymotrypsin complex in serum but not in prostatic fluid. Clin Chem, 43: 352~359

Rasmussen RK et al. 1998. Two-dimensional gel database of human breast carcinoma cell expressed proteins: an update. Electrophoresis, 19: 818~825

Rendic S, Di CFJ. 1997. Human cytochrome P450 enzymes: a status report summarizing their reactions, substrates, inducers, and inhibitors. Drug Metab Rev, 29: 413~580

Rosenfeld R, Vajda S, DeLisi C. 1995. Flexible docking and design. Annu Rev Biophys Biomol Struct, 24: 677~700

Rustici M, Lesk AM. 1994. Three-dimensional searching for recurrent structural motifs in data bases of protein structures. J Comput Biol, 1: 121~132

Sanchez JC et al. 1997. Simultaneous analysis of cyclin and oncogene expression using multiple monoclonal antibody immunoblots. Electrophoresis, 18: 638~641

Schena M et al. 1998. Microarrays: biotechnology's discovery platform for functional genomics. Trends Biotechnol, 16: 301~306

Schena M et al. 1996. Parallel human genome analysis: microarray-based expression monitoring of 1000 genes. Proc Natl Acad Sci USA, 93: 10614~10619

Schena M, Shalon D, Davis RW et al. 1995. Quantitative monitoring of gene expression patterns with a complementary DNA microarray. Science, 270: 467~470

Shalon D, Smith SJ, Brown PO. 1996. A DNA microarray system for analyzing complex DNA samples using two-color fluorescent probe hybridization. Genome Res, 6: 639~645

Sheridan JP et al. 1997. Control of TRAIL-induced apoptosis by a family of signaling and decoy receptors. Science, 277: 818~821

Shoichet BK, Stroud RM., Santi DV et al. 1993. Structure-based discovery of inhibitors of thymidylate synthase. Science, 259: 1445~1450

Sinclair DA, Mills K, Guarente L. 1997. Accelerated aging and nucleolar fragmentation in yeast sgs1 mutants. Science, 277: 1313~1316

Spaltmann F, Blunck M, Ziegelbauer K. 1999. Computer-aided target selection-prioritizing targets for antifungal drug discovery. Drug Discov Today, 4: 17~26

Strand M, Prolla TA, Liskay RM et al. 1993. Destabilization of tracts of simple repetitive DNA in yeast by mutations affecting DNA mismatch repair [published erratum appears in Nature 1994 Apr 7; 368 (6471); 569]. Nature, 365: 274~276

Tan KB et al. 1997. Characterization of a novel TNF-like ligand and recently described TNF ligand and TNF receptor superfamily genes and their constitutive and inducible expression in hematopoietic and non-hematopoietic cells. Gene, 204: 35~46

Tartaglia LA et al. 1995. Identification and expression cloning of a leptin receptor, OB-R. Cell, 83: 1263~1271

Varghese JN, Laver WG, Colman PM. 1983. Structure of the influenza virus glycoprotein antigen neuraminidase at 2.9 A resolution. Nature, 303: 35~40

Vermes A, Guchelaar HJ, Koopmans RP. 1997. Individualization of cancer therapy based on cytochrome P450 polymorphism: a pharmacogenetic approach. Cancer Treat Rev, 23: 321~339

Votta BJ et al. 1997. Peptide aldehyde inhibitors of cathepsin K inhibit bone resorption both *in vitro* and *in vivo*. J Bone Miner Res, 12: 1396~1406

Wermuth C, Langer T. 1993. Pharmacophore identification. In. Kubinyi H ed. 3D QSAR in Drug Design 117~136. Leiden: ESCOM

Wiley SR et al. 1995. Identification and characterization of a new member of the TNF family that induces apoptosis. Immunity, 3: 673~682

Williams K, Chubb C, Huberman E et al. (1998). Analysis of differential protein expression in normal and neoplastic human breast epithelial cell lines. Electrophoresis, 19: 333~343

Wimmer K, Kuick R, Thoraval D et al. 1996. Two-dimensional separations of the genome and proteome of neuroblastoma cells. Electrophoresis, 17: 1741~1751

Wlodawer A, Vondrasek J. 1998. Inhibitors of HIV-1 protease: a major success of structure-assisted drug design. Annu Rev Biophys Biomol Struct, 27: 249~284

Wodicka L, Dong H, Mittmann M et al. 1997. Genome-wide expression monitoring in Saccharomyces cerevisiae. Nat Biotechnol, 15: 1359~1367

Wright M et al. 1997. An intracellular anti-erbB-2 single-chain antibody is specifically cytotoxic to human breast carcinoma cells overexpressing erbB-2. Gene Ther, 4: 317~322

Zhao B et al. 1997. Crystal structure of human osteoclast cathepsin K complex with E-64. Nat Struct Biol, 4: 109~111